Die Experimentalisierung des Lebens

Die Experimentalisierung des Lebens

Experimentalsysteme in den biologischen Wissenschaften 1850/1950

Herausgegeben von
Hans-Jörg Rheinberger
und Michael Hagner

Akademie Verlag

Gedruckt mit Unterstützung der Karl Mayer Stiftung, Vaduz, und der Guido Feger Stiftung, Vaduz

Lektorat: Peter Heyl

Die Deutsche Bibliothek – CIP-Einheitsaufnahme

Die **Experimentalisierung des Lebens** : Experimentalsysteme in den biologischen Wissenschaften 1850/1950
Hrsg.: Hans-Jörg Rheinberger ; Michael Hagner – Berlin : Akad. Verl., 1993
ISBN 3-05-002307-4
NE: Rheinberger, Hans-Jörg [Hrsg.]

Der Akademie Verlag ist ein Unternehmen der VCH-Verlagsgruppe.

Gedruckt auf chlorfrei gebleichtem Papier.
Das eingesetzte Papier entspricht der amerikanischen Norm ANSI Z.39.48 – 1984 bzw. der europäischen Norm ISO TC 46.

Satz: deutsch-türkischer fotosatz, Berlin
Druck: GAM Media GmbH, Berlin
Bindung: Dieter Mikolai, Berlin
Einbandgestaltung: Ralf Michaelis, Berlin

Printed in the Federal Republic of Germany

Inhaltsverzeichnis

Hans-Jörg Rheinberger/Michael Hagner

Experimentalsysteme

Anknüpfungspunkte

In den letzten Jahren beginnt eine lange vernachlässigte Dimension des Wissenschaftsgeschehens ins Zentrum der Aufmerksamkeit von Theorie und Geschichte der Naturwissenschaften zu rücken, die in zwei einflußreichen Büchern als „Laboratory Life" und „Science in Action"[1] charakterisiert worden ist. Diese Titel gelten seitdem als Losung für eine grundsätzliche Neuorientierung von Wissenschaftsstudien. Es ist damit nicht einfach die Aufforderung verbunden, das Augenmerk verstärkt auf die apparative und experimentelle Seite des Forschungsprozesses zu richten, sondern sich vielmehr den komplexen Bedingungen der Konstruktion seiner Gegenstände und seiner Phänomene (Elementarteilchen, Gene, neuronale Netzwerke, Proteinbiosynthese, Immunsystem usw.) zuzuwenden.

Wie allerdings derartige Konstrukte und wie umfassend ihr Kontext zu bestimmen seien, darüber gibt es unter verschiedenen Stichworten, von denen ‚social studies of science', ‚science in context', ‚new experimentalism' oder ‚practical reasoning' nur die bekannteren sind, eine anhaltende Debatte.[2] Gemeinsam ist diesen Bemühungen ein prinzipielles Infragestellen der weitverbreiteten Annahme einer Theorie-Dominanz in den Wissenschaften.[3] Verbunden wird damit der Vorwurf an die bisherige Wissenschaftstheorie (von Duhem bis Quine, von Carnap und Hempel bis Nagel, von Popper bis Kuhn, Feyerabend und Lakatos),[4] daß sie sich entweder auf die großen theoretischen Umschwünge beschränkt habe,[5] oder, wenn sie den Experimentalprozeß einbezog, diesen als Testinstanz betrachtete, dem die Rolle zufällt, Hypothesen zu bestätigen oder zurückzuweisen.[6] Die Eigendynamik des Experimentalprozesses der modernen Wissenschaften, so der Einwand, wurde dabei ebensowenig thematisiert wie das Verhältnis des Laborgeschehens zu seinen Instrumenten und im weiteren Sinne zur technologischen, industriellen und gesellschaftlichen Entwicklung.[7]

Die seit etwas mehr als zehn Jahren zu beobachtende ‚praktische Wende' ist jedoch keineswegs nur auf das Interesse am sozialen Kontext zu reduzieren, obwohl es unbestritten ist, daß die Soziologie der Wissenschaften, wie sie vor allem in der Edinburgh School entwickelt wurde, entscheidende Impulse für diese Wende gab, indem sie Wissenschaft als einen Aspekt unserer Kultur betrachtete wie jeden anderen auch.[8] Über die soziale und kulturelle Verortung hinaus wird, wenn auch nicht in allen Studien und bisweilen eher beiläufig, der epistemologische Status des Experiments selbst zum Problem: Was ist eigentlich ein Experiment? Was wird unter welchen Umständen zu einem Experiment? Wie wird es durchgeführt? Wie wird ein erfolgreiches Experiment bestimmt, wie ein gescheitertes? Wie werden im Experiment Daten und Fakten produziert? Warum anerkennen wir das Experiment als Grundlage der Gewinnung von etwas, das man als ‚wissenschaftliche Wahrheit' bezeichnet?[9] Radikaler und gewissermaßen kontra-intuitiv gefragt: Führt uns das Experiment nicht gerade in einen Raum, in dem von Wahrheit in einem traditionellen Sinne gar nicht mehr die Rede sein kann? Kommt hier möglicherweise Jacques Lacans eigentümlich anmutende Bemerkung zu ihrem Recht, daß die unglaublichen Hervorbringungen der modernen Wissenschaften gerade in ihrem Charakter begründet liegen, „nichts-wissen-zu-wollen von der Wahrheit als Ursache"?[10]

Es liegt auf der Hand, daß solche Fragen nach der Natur und dem Status experimenteller Praktiken sowie ihrer theoretischen und sozialen Konsequenzen erstens epochenspezifisch gestellt werden müssen, und daß zweitens ihre Beantwortung zumindest prinzipiell auf eine Rekonstruierbarkeit der meist sehr komplexen experimentellen Tätigkeit angewiesen ist. Während es früher für den Wissenschaftshistoriker ausreichend sein mochte, sich mit den veröffentlichten Daten zufrieden zu geben, finden im Hinblick auf die Rekonstruktion experimenteller Unternehmungen unpublizierte Quellen wie Labortagebücher, Briefe, Forschungsanträge, Forschungsberichte usw. zunehmend mehr Aufmerksamkeit. Daneben ist es nur konsequent, daß derzeit die praktische Reproduktion historischer Experimente großes Interesse findet; denn wenn es nicht gelänge, ein Experiment bis in feinere Verästelungen hinein nachzuvollziehen, erhielten die Überlegungen zu seinem epistemologischen Status einen ganz anderen Stellenwert.[11] Ob nun aber Experimente Ausdruck einer gezielten Strategie sind, ob sie bei der Schaffung oder Bestätigung von Fakten von einem sicheren Punkt aus operieren, oder ob sie grundsätzlich eher einen blinden, tappenden und tastenden Charakter haben, wie er jeder Erschließung von Neuland inhärent ist, dürfte eine der wichtigen Fragen bei der weiteren Beschäftigung mit dem Feld und Umfeld experimenteller Tätigkeit sein.

Mit den in diesem Band versammelten Beiträgen wird angestrebt, sich der ‚Entstehung wissenschaftlicher Tatsachen'[12] dadurch anzunähern, daß jene funktionellen Einheiten in den Mittelpunkt gerückt werden, die der Alltagssprache insbesondere biologischer Wissenschaften folgend *Experimentalsysteme* genannt werden.[13] Damit wird einerseits auf die erwähnte Debatte Bezug genommen, andererseits ein für sie nicht unbedingt charakteristischer Akzent auf das gesetzt, was man als Materialität der Forschung bezeichnen könnte. Experimentalsysteme enthalten in einer ständig fluktuierenden und variierenden Weise das, was Historiker und Philosophen der Wissenschaft oft gerne säuberlich getrennt haben möchten im Rahmen einer Reinheitsvorstellung, die im Prozeß des Machens von Wissenschaft keine Entsprechung hat: Forschungsobjekt, Theorie, Experimentalanordnung, Instrumente sowie disziplinäre, institutionelle und soziale Dispositive[14] bilden hier ein Amalgam, dem man vergeblich versucht hat, im Rahmen der Dichotomie von externen und internen Faktoren der Wissenschaftsentwicklung mit Begriffen wie relative Autonomie, Einfluß, Dominanz oder Abhängigkeit Transparenz zu verleihen. Die Grundannahme ist also, daß Experimentalsysteme der geeignete Ort sind, um jenseits dieses groben Rasters der Feinstruktur solcher Verflechtungen von innen heraus nachzugehen. Damit ist implizit angenommen, daß solche Systeme alle Bedingungen enthalten, die nötig sind, um einen integralen Forschungsprozeß zu ermöglichen. Darüber hinaus sind von der Art, wie verschiedene Experimentalsysteme sich gegeneinander abgrenzen oder überlappen, sich ausschließen oder ergänzen, Hinweise auf die Dynamik in der Entwicklung ganzer Wissenschaftsbereiche zu erwarten.

Auch wenn man die Insuffizienz der gängigen Unterscheidung von Theorie und Experiment als unbestritten gelten läßt und die Notwendigkeit der Suche nach neuen Ansatzpunkten anerkennt, ist es dennoch nicht ausgemacht, wie weit der Begriff des Experimentalsystems trägt und nicht einmal, ob eine Versuchsanordnung als ‚System'[15] adäquat beschrieben werden kann. Bisherige Versuche, denen eine Art Schichtung oder Interkalation von Theorie, Experiment und Instrumentenbau mit jeweils relativ eigenständigen Traditionen zugrunde liegt,[16] brechen zwar mit der allzu formalen Vorstellung einer einseitigen Empirie- oder Theoriedominanz wissenschaftlicher Tätigkeit, sehen sich aber einerseits mit dem Problem der Verallgemeinerbarkeit von avancierten Situationen der modernen Physik, andererseits mit dem grundlegenden Problem der Durchlässigkeit der Bereiche füreinander konfrontiert. Die entscheidende und unterscheidende Frage ist, wie in einem Experimentalsystem Wissenschaftsobjekte disponiert, transportiert, reproduziert und erweitert werden. Anders gefragt: Wie schreiben sich Forschungsprobleme, Theorien (die ihrerseits wiederum ganz unterschiedlicher Natur sein können, wie *ad hoc*-Hypothesen, mathematische Modelle, Globalstrategien), Meßinstrumente, Versuchsanordnungen etc. in ein Experimentalsystem ein, das man als ‚produktiv' bezeichnet und das damit epistemisch, kulturell und sozial organisierend wirkt?[17]

Die Beiträge

Verschiedene Möglichkeiten und unterschiedliche Weisen, sich dem Experiment als dem unbestrittenen, aber unterbestimmten Signum der neuzeitlichen Wissenschaften, seiner Dynamik und seiner historischen Kontextualisierung anzunähern, werden in diesem Band bewußt nebeneinander repräsentiert. Das entspricht zum einen der Unabgeschlossenheit dieser Diskussion, zum anderen ist gerade im Hinblick auf den deutschen Sprachraum das Terrain zunächst einmal zu sondieren. Kognitive und soziale Voraussetzungen für spezifische Experimente werden ebenso thematisiert wie die variablen Beziehungen zwischen Experiment und Theorie bzw. zwischen verschiedenen Experimentalsystemen untereinander. Es wurden einzig chronologische Vorentscheidungen getroffen. Während es in der Geschichte und zunehmend auch in der Wissenschaftsgeschichte üblich ist, den historischen Schnitt von der Frühmoderne zur Moderne in die Zeit um 1800 zu legen, haben wir die Schnittstelle für das Experiment in den ‚life sciences' an der disziplinären und institutionellen Loslösung der Physiologie von der Anatomie orientiert. Um 1850 war die Zeit, in der sich die experimentelle Physiologie als Grundlage und Voraussetzung einer wissenschaftlichen Medizin zu verstehen und darzustellen anschickte. Mit dieser Festlegung ist zugegebenermaßen in Kauf genommen, daß ein gewiß lohnenswerter Blick auf den Status des Experiments in der Romantik – beispielsweise das Ausspielen des ‚künstlichen' Experiments gegen die ‚natürliche' Beobachtung oder der neuartige Stellenwert des Selbstversuchs – unterbleiben muß.[18]

Ein weiterer Schnitt- und Vergleichspunkt zeichnet sich mit der Wende zum 20. Jahrhundert ab, da die eigentlich biologischen Fächer wie Genetik, Cytologie und Biochemie, gefolgt von der Molekularbiologie um die Mitte des 20. Jahrhunderts, sich nach und nach ihre Eigenständigkeit schaffen. Somit ergibt sich innerhalb des gewählten Zeitraums 1850/1950 eine Zweiteilung, die gegenüber einer bloßen Beschränkung etwa auf die Physiologie des 19. oder auf die Molekularbiologie des 20. Jahrhunderts den Vorzug hat, Gemeinsamkeiten und Differenzen der Experimentalpraktiken verschiedener Zeiten und Disziplinen miteinander vergleichen zu können.

Bei aller Unterschiedlichkeit der Ansätze ist jedoch eine Reihe wiederkehrender, teils explizit, teils untergründig präsenter Thematiken unübersehbar, die sich mosaikartig zu einem Problemhorizont verdichten lassen. Einige dieser Themen finden sich in den folgenden Rubrizierungen angedeutet, ohne sich notwendigerweise auf die jeweils genannten Beiträge zu beschränken.

Präskriptionen, Inskriptionen

Daß wissenschaftliche Instrumente, in der Regel aber auch ganze Experimentalanordnungen darauf angelegt sind, Inskriptionen oder, in einem allgemeinen Sinne, Spuren zu erzeugen, hat von Anfang an das Interesse der Labor-Anthropologen gefunden. Solche Spuren, die oft einfach als Daten bezeichnet und damit einer weiteren Interpretation für unwert befunden wurden, stellen jedoch die materiellen Wirklichkeiten dar, in denen und durch die sich Experimentalwissenschaft überhaupt erst konstituiert. Sie sind damit in einem eminenten Sinne epistemische Entitäten, deren Produktion und Verknüpfung nicht nur Aufschluß über das gibt, was zu einer bestimmten Zeit als wissenschaftliches Objekt gilt, sondern die auch die Brücke schlagen zu den jeweiligen technologischen Randbedingungen.

Die Analyse des „investigative enterprise“[19] der Labor-Physiologie des 19. Jahrhunderts bleibt defizitär, wenn sie sich nicht um die instrumentellen Voraussetzungen für die visuelle Repräsentation von Daten kümmert. Mit der Einführung der graphischen Methode in die Physiologie wurde ein neuer Zusammenhang zwischen der Erfassung experimentell evozierbarer Phänomene und dem Modus ihrer Vermittlung hergestellt. Wie Soraya de Chadarevian zeigt, ermöglichte die graphische Methode eine dem Anspruch nach universelle Sprache der Beschreibung, wodurch sich im Gegenzug die Autorität des experimentellen Verfahrens festigte. Durch ihre weite Verbreitung erzeugte sie jedoch aus ihrer eigenen Anwendung heraus unerwartete Probleme der Standardisierung und Kalibration: Allzu oft lieferten vermeintlich gleiche Phänomene, mit verschiedenen Geräten oder auch nur an verschiedenen Orten aufgezeichnet, auch verschiedene Kurven. Der Erfolg eines Verfahrens, das sich als Ausdruck höchster Präzision, ja einer ‚sich selbst schreibenden Natur‘ verstand, erforderte so paradoxerwie charakteristischerweise nachträgliche Festlegungen, die den universalisierten Umgang mit dem, was man als das Selbst der Natur anzusehen geneigt war, überhaupt erst ermöglichten. Den Phänomenen ist es gewissermaßen nicht erlaubt, ‚für sich zu sprechen‘. Vielmehr erlangt die ‚Unmittelbarkeit‘ ihrer graphischen Präsentation nur und erst dadurch ihre Eigenmächtigkeit, daß ihr die Regeln des Spiels vorgeschrieben werden. Die Grammatik der Kurven mag durch ihre mathematische Beschreibbarkeit gegeben sein. Die Semantik der Phänomene konstituiert sich erst mit der Pragmatik ihrer Hervorbringung.

Eine vergleichbare Art von Inskriptionsprozeß spielt sich in der experimentellen Modellierung von Auge und Ohr bei Hermann von Helmholtz ab. Während die sinnesphysiologischen Auseinandersetzungen zwischen Helmholtz und Ewald Hering unter der Etikette von ‚Empirismus versus Nativismus‘ klassisch geworden sind, macht Timothy Lenoir auf eine ganz andere, spezielle Konstellation zwischen Helmholtz' Repräsentation des Sehens und Hörens und den analytischen Werkzeugen seiner Arbeit aufmerksam. Helmholtz' Analyse der Tonempfindungen und seine Vorstellungen vom Farbensehen entwickelten sich in enger Wechselwirkung mit optischen und akustischen Instrumentalvorrichtungen, die gleichzeitig Bestandteil dessen waren, was man als Medientechnologien (Photographie, Telegraphie) des 19. Jahrhunderts bezeichnen kann. In Helmholtz' Experimentalwerkstatt wurden die Sinnesorgane gewissermaßen selbst zu Medienapparaten: das Auge wurde zum Photometer, das Ohr zu einem Stimmgabel-Unterbrecher mit Resonatoren. Umgekehrt waren diese exteriorisierten Formen der Sinnesorgane die entscheidende Folie für die Ausbildung seiner sinnesphysiologischen Konzepte. Die Möglichkeit, Auge und Ohr in Analogie und beide in unmittelbare Beziehung zu instrumentellen Vorrichtungen zu setzen, zeigt an, daß es sich um einen gemeinsamen Repräsentationsraum handelte, in dem Psycho-Physiologie bzw. Sinnesphysiologie und die Medientechnologien des 19. Jahrhunderts sich artikulierten.[20]

Resonanzen zwischen Labor und Klinik

Das Verhältnis von Labor und Klinik zieht neuerdings verstärkt die Aufmerksamkeit einer kontextuell orientierten Medizingeschichte auf sich.[21] In ihm verknoten sich von staatlichen und gesellschaftlichen Entwicklungen vorgegebene Leitvorstellungen über Gesundheit und Krankheit, die Implementierung medizinischer Programme, die Umsetzung von Forschungsstrategien in Diagnoseverfahren, die Wiedereinsetzung diagnostischer oder therapeutischer Routinen in andere Forschungskontexte mit Fragen der institutionellen Allokation, des sozialen Status von Spezialdisziplinen vertretenden Forschergruppen bis hin zur räumlichen, architektonischen Gestaltung des Verhältnisses von Grundlagenforschung und medizinischer Praxis. Gleichzeitig bietet das Spannungsfeld von Labor und Klinik ein immenses Reservoir für Fragen nach Status, Bedeutung und Auswirkung des Experiments, da Forschungs- und Anwendungskontexte sich immer wieder neu definieren und organisieren, soziale Schranken ebenso wie Fächergrenzen immer wieder auf- und abgebaut werden. Das Vokabular zur Beschreibung solcher Zusammenhänge ist wenig standardisiert. Dabei scheint sich der Begriff der Resonanz als ein brauchbares Mittel zu erweisen, um nicht notwendigerweise ursächlich miteinander verknüpfte Erscheinungen in ihrer Beziehung zueinander zu erfassen und die historische Stabilisierung, aber auch Auslöschung von Forschungspraktiken verständlich zu machen.

Das trifft besonders für die von Bettina Wahrig-Schmidt und Friedhelm Hildebrandt erzählte Geschichte einer ‚nicht gemachten Entdeckung' zu. Merkwürdig deformierte und bewegliche rote Blutkörperchen im Harn eines Nierenkranken führten Nikolaus Friedreich zu der Vermutung, daß diese Zellen erstens unter bestimmten Bedingungen amöboide Eigenschaften erlangen, und daß zweitens ihre Deformation ein Unterscheidungskriterium zwischen renal und nicht renal bedingter Hämaturie darstellen könnte. Friedreich versuchte vergeblich, seine Ergebnisse untereinander, mit weiteren klinischen Befunden sowie mit der zeitgenössischen Nephrologie und dem Theoriehorizont der Cytologie in Resonanz zu bringen. Sie fielen in Vergessenheit. Erst 100 Jahre später wurde die zweite These – in historischer Unkenntnis ihres Urhebers – zum Diagnoseverfahren im Rahmen einer ‚wohltemperierten' Nephrologie und unter Einbeziehung rezenter mikroskopischer Techniken. Mit ihrem Bericht werfen Wahrig-Schmidt und Hildebrandt die Frage nach der Fragmentierung des Zeitkontinuums auf, der Beziehung zwischen ‚noch nicht' und ‚nicht mehr', womit letztlich auch das Problem des rechten Anfangs in der Geschichtsschreibung der Wissenschaften auf der Tagesordnung steht: Es geht um die Spannung zwischen Hélène Metzgers Aufforderung,[22] zum Zeitgenossen der untersuchten Wissenschaftler zu werden, und der unvermeidlichen Anachronizität, der notwendig rekurrenten Verfaßtheit alles Historischen.

Die häufig unterschätzte Bedeutung praktischen Wissens, praktischer Fähigkeiten und klinischer Probleme für die Innovation physiologischen Experimentierens läßt sich anhand des berühmt gewordenen Experiments von Eduard Hitzig und Gustav Fritsch zur elektrischen Erregbarkeit der Hirnrinde rekonstruieren. Hitzigs Umgang mit elektrophysiologischen Instrumenten, die er in der ärztlichen Praxis zur Galvanotherapie benutzte, führte zur Produktion von unerwarteten, zunächst unerklärlichen Phänomenen, zu deren weiterer Aufklärung er sein eigenes elektrophysiologisches Wissen um die anatomischen Kenntnisse und Fähigkeiten Fritschs ergänzte. Wie Michael Hagner zu zeigen versucht, war das durch diese pragmatische Verbindung entstandene Experimentalsystem vom Aspekt der experimentellen Machbarkeit geprägt und nicht von den Diskussionen, die in den 50er und 60er Jahren um die Erregbarkeit des Cortex bzw. um die Lokalisierung der geistigen Funktionen geführt wurden. Die Etablierung des ‚Systems Lokalisierung', die sich dann im letzten Drittel des 19. Jahrhunderts vollzog, geschah weniger in den Koordinaten von Lokalisierung versus Anti-Lokalisierung, als vielmehr in einer gegenseitigen Referenz von Labor und klinischer Erfahrung, die – in Abgrenzung von bisherigen Definitionen eines Streits zwischen Lokalisationalisten und Holisten – zu einer weitgehenden Konvergenz der unterschiedlichen sozialen, kognitiven und institutionellen Interessen führte.

Auch ein Vergleich der pathologischen Arbeiten von Rudolf Virchow und Ludwig Traube führt auf die komplizierte Beziehung zwischen Klinik und Pathologie. Sowohl Virchow als auch Traube gingen zunächst von der programmatischen Forderung aus, daß die Pathologie als Teil einer anzustrebenden experimentellen ‚Physik der Organismen' aufzufassen sei. In der Folgezeit jedoch problematisierte Virchow die experimentelle Tätigkeit im Kontext seiner von der Zellenlehre geprägten Organismustheorie, was eher zu einer Marginalisierung des Experimentierens in seiner Wissenschaftspraxis führte. Traube hingegen fuhr fort, das Experiment als Kern und wegweisenden Bestandteil aller weiteren Forschungsbemühung anzusehen, auch wenn es im konkreten Fall nicht die erhofften Aufschlüsse oder Ergebnisse brachte. Heinz-Peter Schmiedebach sieht Virchows Abrücken vom Experiment im Zusammenhang mit seinen vielfältigen Aktivitäten zur Etablierung der Zellularpathologie, die er mit der Vorgabe bedachte, sich nicht allzu eng an eine physiologisch orientierte Experimentalpraxis anzuschließen. Im Gegensatz dazu bekam das Experiment für Traube zunehmend die Funktion, die von ihm in der Klinik gelehrten Diagnosemethoden (Auskultation und Perkussion) abzusichern. Schmiedebach schließt daraus, daß der klinische Kontext die experimentelle Forschungspraxis, ihre Einsetzung und ihre Einschätzung entscheidend mitbestimmt. Gleichzeitig muß man in Rechnung stellen, daß das Experiment nicht unbedingt von Anfang an den Königsweg zu einer produktiven Forschung abgibt. Die entscheidende Frage läuft dann darauf hinaus, zu welchem Zeitpunkt und aufgrund welcher Weggabelungen die Experimentalisierung eines Wissensgebietes stattfindet.

Experimentalsysteme: Die Entgrenzung des Labors

Eine explosive Experimentalisierung scheinbar ganz unterschiedlicher Bereiche der Lebenswissenschaften zeigt sich am Ende des 19. Jahrhunderts. Sie hält in die Hühnerställe und Pflanzgärten ebenso Einzug wie in die intimsten Bereiche menschlichen Verhaltens. Das Thema der Vererbung beginnt, die landwirtschaftliche Produktion ebenso zu bestimmen wie den Umgang mit Sexualität. Im Fadenkreuz von Chromosomen und Geschlecht, Genen und Sexualfaktoren wird das Verhältnis von Natur und Mensch selbst zu einer Frage, über die das Experiment entscheidet. Dabei scheinen die Modellsysteme, die zu den klassischen Grundlagen der Vererbungswissenschaften führen, weitab von aller unmittelbaren Beziehung auf Soziales angesiedelt. Über süße Erbsen und Fruchtfliegen führt der Weg schließlich zum Bakterienrasen und zur Viruskolonie. Diese Systeme bestimmen in einem strengen und engen Sinne die Fragen, die gestellt werden können, und man kann in ihnen paradigmatische Modelle einer sich selbst instruierenden Grundlagenforschung sehen, wie Robert Olby am Beispiel Batesons zeigt. In welch massiver Weise angenommene und auch nachgewiesene biologische Determinationen gleichzeitig in den Diskurs und in die Praxis von Geschlecht und Sexualität einzugreifen vermögen, demonstriert am anderen Ende Nelly Oudshoorn.

Daß Gregor Mendel, eine der biologischen Zentralfiguren des 19. Jahrhunderts, zugleich die Brücke zum 20. Jahrhundert schlägt, hängt mit der spezifischen Rezeption seiner genetischen Experimente zusammen. Olbys Beschäftigung mit der Aufnahme von ‚Mendels Experiment' durch die Gruppe um William Bateson nach 1900 in Cambridge geht von der Frage aus, welch umfassenden Zugriff der Mendelsche Typus des genetischen Experiments auf die vielfältigen Erscheinungen der Vererbung erlaubte. Er fungierte für Bateson zunächst als experimentelle Regel, vor deren Hintergrund sich dann ‚problematische Experimente' als Ausnahmen, Störrigkeiten, ja Perversionen dingfest machen ließen. Batesons hartnäckige Bemühungen, Mendelsche Ergebnisse zu produzieren bzw. Abweichungen mit Hilfshypothesen aufzufangen, war allerdings nur die eine Seite; die andere bestand in dem Streit um die richtige Theorie der Assoziierung von Erbfaktoren. Batesons langes Festhalten an der sogenannten Reduplikations-Hypothese will Olby nicht allein auf experimentelle Befunde und soziale Strukturen zurückführen, sondern auch auf theoretische und methodologische Festlegungen. In Latours und Woolgars soziologischen Kategorien von ‚Netzwerk', ‚Verhandlung' und ‚Ressourcen-Mobilisierung' geht Batesons schließliches Einscheren auf die Chromosomentheorie keineswegs ganz auf. Dagegen plädiert Olby für eine pluralistische Sichtweise, in der theoretische Traditionen, experimentelle Ausrichtung und soziale Netzwerke als gleichberechtigte Faktoren des historischen Prozesses in Anschlag gebracht werden.

Im 19. Jahrhundert war die Homosexualität Gegenstand der Psychiatrie; um die Wende zum 20. Jahrhundert versuchten Sexualwissenschaftler – nicht zuletzt um eine Entkriminalisierung zu erreichen – eine biologische Klassifizierung zu etablieren, die Homosexualität als eine Zwischenstufe zwischen Männlichkeit und Weiblichkeit auffaßte. Nelly Oudshoorn zeigt, daß die experimentelle Umsetzung dieser Vorgabe, die in Versuchen zur Transplantation von Geschlechtsorganen in das jeweils andere Geschlecht bestand und zu Hermaphroditismus führte, nur der Auftakt war für eine anatomische und bald auch biochemische Definition von Sexualität, die immer mehr der Manipulation von Labor-Techniken unterworfen wurde. Daß man schließlich meinte, Homosexualität in endokrinologisch faßbaren Einheiten messen zu können, interpretiert Oudshoorn nicht als Ergebnis von neuen Konzepten oder Theorien über Homosexualität, sondern als Ausdruck von Experimentalpraktiken, die rasch die Einführung von Standardtests nach sich zogen. Diese bestimmten, was der Routine der Praxis zugänglich war und was nicht. Das Ergebnis bestand in einer Verknüpfung der Klassifikationen von Geschlecht und Sexualität, die das ganze 20. Jahrhundert hindurch experimentelle wie auch soziale Gepflogenheit blieben und erst in jüngster Zeit durch neue Vorstellungen abgelöst werden.

Epistemische Dinge, unscharfe Objekte

Die praktische Wende in der Wissenschaftsgeschichte hat die Aufmerksamkeit auf die Dinge gelenkt, mit denen Wissenschaft umgeht, und die Frage, wie diese Dinge verfaßt sind. „Standardisierte Packungen“,[23] „unscharfe Objekte“,[24] „epistemische Dinge“[25] sind Ausdrücke der Bemühung, die Materialität der semantischen Räume zu charakterisieren, in denen sich die Produktion des Wissenschaftswirklichen abspielt. Fragen nach ihrer Beschaffenheit zielen ebenso auf das System sozialer Verweisungen, in denen ihre Produktion vonstatten geht, wie auf ihre Funktion bei der Koordinierung von Forschergemeinschaften und der Perforation disziplinärer Traditionen, wie schließlich auf die eigentlich epistemische Frage nach der materiellen Präsenz dessen, was man allgemein als Theorie bezeichnet. Den Fährten der Artikulation von Wissenschaftsdingen folgend, zeigt sich, daß Erkenntnistätigkeit nicht angemessen rekonstruiert werden kann, wenn nicht auch dem Ungewollten, dem Ungewußten und dem Unscharfen jener Raum belassen wird, aus dem herauszuführen Wissenschaft als rationales und prädiktives Unternehmen nach klassischer Vorstellung gerade berufen erschien.

Am Beispiel der Anfänge der zellulären Ultrastrukturforschung mittels Hochgeschwindigkeitszentrifuge und Elektronenmikroskopie (1935–1955) befaßt sich Hans-Jörg Rheinberger mit ‚Strategien der Repräsentation‘ jener Zellkomponenten, die um 1935 als Tumor erzeugende Agentien in ihr experimentelles Leben eintraten. In der Folge wurden sie mit speziellen Zellorganellen, den Mitochondrien identifiziert, um dann unter dem Terminus Mikrosomen als eine Art Plasmagene angesehen zu werden, bevor sie mit der Proteinbiosynthese in Verbindung gebracht wurden und seit Ende der 50er Jahre als Ribosomen akten- und lehrbuchkundig sind. Rheinberger versucht zu zeigen, daß die Dynamik von Experimentalsystemen weder mit dem traditionellen Begriff Repräsentation noch mit dem der Strategie angemessen erfaßt werden kann. Der Raum wissenschaftlicher Darstellung erweist sich als ein Raum der Herstellung von epistemischen oder ‚graphematischen‘ Objekten. Was vor dem Hintergrund des späteren

Erfolgs solcher Objekte als Strategie erscheinen mag, ist, zugespitzt formuliert, nur die nachträgliche Illusion einer Zielgerichtetheit: Im Experimentalprozeß ist eher eine „blinde Taktik“[26] wirksam, die sich immer nur an der Resonanz verfügbarer Möglichkeiten der Erzeugung experimenteller Signifikanten orientieren kann. In deren Geschiebe entstehen jene Abgrenzungen, die nur aus der historischen Distanz als etwas wahrgenommen werden, das nicht selbst immer schon Repräsentation gewesen ist.

Ilana Löwy untersucht im Rahmen der ‚immunologischen Konstruktion des Selbst‘ die Etablierung föderativer Experimentalstrategien. Durch die Geschichte der Immunologie vom Ende des 19. Jahrhunderts bis zur immunologischen Explosion der 60er und 70er Jahre unseres Jahrhunderts geht sie der Frage nach, welche Rolle ‚unscharfe Objekte‘ (boundary objects) und, korrespondierend dazu, ‚unscharfe Begriffe‘ (boundary concepts) wie der des immunologischen Selbst bei der Strukturierung eines Forschungsfeldes spielen, auf dem verschiedene Professionen – Kliniker, Serologen, Mikrobiologen, Biochemiker – und Disziplinen mit ihren Techniken in Interaktion treten. In Forschungszusammenhängen, die eher durch Probleme definiert sind als durch disziplinäre Abgrenzungen, haben eindeutige Definitionen kaum eine forschungsrelevante Funktion. Vielmehr sind es vage konturierte Vorstellungen, die Experimentalzusammenhänge organisieren, sozusagen ein Feld eingeschränkten Rauschens erzeugen, in dem definierte Objekte und damit scharfe Begriffe, wenn überhaupt, erst entstehen können. Löwy argumentiert, daß die Entwicklung der ‚neuen Immunologie‘ von Macfarlane Burnet bis Niels K. Jerne entscheidend von einer solchen Interaktion von unscharfen Konzepten und föderativen Experimentalstrategien geprägt war, wobei die Verfügbarkeit bzw. das Fehlen geeigneter Experimentalsysteme (und damit geeigneter unscharfer Objekte) erklärt, warum frühere Definitionsversuche eines immunologischen Selbst im Sand verliefen.

‚Die Innenwelt der Außenwelt der Innenwelt‘

Während die bislang dargestellten Ansätze alle, implizit oder explizit, davon ausgehen, daß dem Experiment ein – wie auch immer gearteter – epistemischer Stellenwert in der Produktion von Wissen zukommt, stellt Peter McLaughlin gerade diese Voraussetzung zumindest für eine der Hauptströmungen der modernen Wissenschaftstheorie in Frage. Er argumentiert, daß die Beschäftigung mit dem Experiment sich weniger aus den genuinen Fragestellungen der klassischen ‚philosophy of science‘ ergeben habe; sie sei vielmehr das Resultat eines veränderten Geschichtsverständnisses, das sich als eine externe Herausforderung an die Wissenschaftstheorie gestellt habe. In der Tradition des Empirismus, so McLaughlin, ist das Experiment mit der Technizität der Beobachtung zwar immer schon vorausgesetzt, es kommt ihm aber systematisch nur eine untergeordnete Bedeutung zu. Anders verhält es sich in der rationalistischen Perspektive, die sich grundsätzlich nicht auf eine wissenschaftliche Erkenntnis der Dinge bezieht, wie sie sind, sondern wie sie hervorgebracht werden können. Das Dilemma der rationalistischen Tradition und damit auch des neuen Experimentalismus bleibt es aber – soll das Experiment epistemologisch ernst genommen werden –, daß in letzter Konsequenz der Wahrheitsanspruch der Wissenschaft aufgegeben bzw. an die deskriptiven Wissenschaften abgegeben werden muß.

Während McLaughlin gleichsam von außen den Blick auf den neuen Experimentalismus in der Wissenschaftstheorie lenkt, weisen die beiden Kommentare zu den Beiträgen auf mögliche Verengungen hin, deuten aber auch Erweiterungen einer wissenschaftshistorischen Perspektive an, die in der Zentrierung auf Experimentalsysteme angelegt sein können. Christoph Meinels Erinnerung an das kritische Potential der Wissenschaftsgeschichte zielt auf die Gefahr, durch eine Beschränkung der Perspektive auf das Labor hinter den in den letzten Jahrzehnten entwickelten kritischen Blick auf die soziale Verfaßtheit der Wissenschaften zurückzufallen. Vor allem dürfe sie nicht einem neuen Immanentismus Vorschub leisten. Unabhängig davon schäle sich durch das Konzept Experimentalsystem die Erkenntnis heraus, daß sich die Dynamik des Forschungsprozesses in dem betrachteten Zeitraum und Forschungsfeld in der Regel nicht an etablierte Disziplinen-Grenzen hielt und auch keineswegs in einem direkten Zusammenhang mit der Disziplinen-Bildung stand. Bei dieser kämen noch ganz andere, hier teilweise ausgeblendete Mechanismen ins Spiel, etwa Fragen der Ausbildung, Universitätsstruktur, wirtschaftliche Interessen usw. Kategorien wie Machbarkeit, Resonanz von Darstellungsverfahren, boundary objects oder blinde Taktik machten jedoch auf relevante Aspekte der Forschungspraxis aufmerksam, die dem herkömmlichen Disziplinen-Schema entgehen.

Ausgehend von Foucaults Untersuchungsfeld diskursiver Praktiken und ihrer Anbindung an unterschiedliche Machtmechanismen und -institutionen versucht Bernhard Siegert die Wissenschaften vom Leben und die Medizin in ein übergreifendes System von ‚Wahrheits'produktion, das ab der Mitte des 19. Jahrhunderts sichtbar wird, einzuordnen. Es erscheint gekoppelt an das Aufkommen neuer Technologien der Graphematisierung und bezieht seine diskursive Mächtigkeit aus dem Versprechen eines Sich-selbst-Schreibens der Natur. Damit im Zusammenhang steht eine Transformation des Experimentbegriffs selbst. Wenn – wie Siegert ausführt – seit Leibniz das Experiment mit der Konstituiertheit von

Gegenständen zusammenfällt als das dem Menschen Hin- und Vorstellen des Grundes von Seiendem, ist eine Kritik des Scheins nicht von einer Kritik des Seins zu trennen. Versuche, ‚den Schein zu reinigen', müßten daher als Fortschreibungen einer Metaphysik der Repräsentation bereits in ihren Voraussetzungen als problematisch erscheinen. Nur in einem Teil der Vorträge wird, so Siegert, die permanente Vorgängigkeit der Repräsentation vor dem Repräsentierten betont, sei es im Sinne einer (medialen) Materialität der Kommunikation, die den Gegenstand des Experiments selber bildet; sei es im Sinne eines permanenten Gleitens des Signifikanten unter das Signifikat, in dessen Bewegung jede Repräsentation immer schon verschoben ist. Mit der Dekonstruktion eines Denkens in den Kategorien von Sein und Schein erhalten die im Labor produzierten Fakten den Status des ‚Hyperrealen', der Fragen nach der Fingiert- oder Echtheit der Dinge gegenstandslos macht, insofern nicht mehr das Subjekt Grund von Erkenntnis und Gegenständlichkeit ist, sondern die Kommunikation zwischen Maschinen.

Fortschrift

Die Erinnerung an die kritische Funktion von Wissenschaftsgeschichte – wie fiktional auch immer dieser Anspruch im Einzelfalle sein mag –, sowie das schwierige Verhältnis der Produktion und Ausbreitung von Erkenntnisdingen in seiner Vermittlung mit dem disziplinären Kontext weisen ebenso auf eine offene Problemstellung hin wie der triftige Verweis auf eine grundlegende Veränderung der Rolle des Subjekts von Wissen im fortlaufenden Prozeß der Technologisierung der Bedingungen seiner Aktivität, ja seiner Hervorbringung. Spätestens hier drängt sich die Frage nach der Selbstreflexion wissenschaftlicher Tätigkeit auf, mit deren Verschriftungsverfahren die in der Tradition der Moderne verfestigten Kategorien von Natur, Gesellschaft und Wissen sich als dergestalt verflochten erweisen, daß die säuberlichen ontologischen Schnitte, mit denen sich die neuzeitliche Wissenschaftsphilosophie, gleich ob rationalistischer oder empiristischer Provenienz, hat aus der Affäre ziehen wollen, ihre Zugkraft zunehmend verlieren. In der Etablierung von Experimentalsystemen kann jenen Verordnungen und Verortungen nachgegangen werden, in denen sich Ensembles von ganz heterogenen Elementen zu praktischen Mächten artikulieren. Die Formation von Darstellungssystemen, in deren Namen ‚Wahrheit gesprochen' wird, ist nicht zuletzt eine Funktion der Techniken, derer sie sich bedienen. Nicht nur, daß seit der zweiten Hälfte des 19. Jahrhunderts sprachliche Diskurse zunehmend aus den Identifizierungstechniken herausfallen – im ‚pencil of nature', gerade auch in den verschiedenen Formen selbstschreibender Geräte, wie sie in der Physiologie der zweiten Jahrhunderthälfte populär wurden, wird den Dingen zugemutet, sich quasi selbst zu benennen und zu bekennen. Aber dort, wo der Baconsche Topos der experimentellen Herrschaft über die Natur sich endgültig einzulösen scheint, hat er auch schon begonnen, seinen eigenen Anspruch zu unterlaufen. Im Austausch zwischen Experimentaltechniken findet keine *Übersetzung* mehr statt, kein Entziffern eines ‚Buchs der Natur', sondern eine *Verschiebung* und damit ein Transport. (Und es ist kein Geheimnis, daß bei jedem größeren Transport eine Verlustliste aufgestellt werden muß.)

Experimentalsysteme stellen Formen jener notwendigen Komplexitätsreduktion dar, die empirische Forschung überhaupt erst ermöglicht. Historisch gesehen haben einzelne Experimentalsysteme entscheidend zur Formung von Disziplinen beigetragen. Sie sind aber andererseits auch immer wieder der Ort gewesen, von dem aus klassisch gewordene Fächergrenzen transzendiert, durchbrochen, verschoben, ja aufgelöst worden sind. Der Dynamik solcher Systeme folgend, gerät Wissenschaftsgeschichte auf sehr fruchtbare Weise zwischen die traditionellen historiographischen Verfahren (Geschichte der Institutionen, Disziplinengeschichte, Sozialgeschichte, Ideengeschichte, Biographie) und ermöglicht so, mittlerweile landläufig gewordene Dichotomien (soziale versus immanente Entwicklungsfaktoren der Wissenschaft, Grundlagenforschung versus technische Anwendung, biographische versus historische Rekonstruktion usw.) aus neuen Perspektiven zu betrachten.[27] Folgende Fragen können dabei einen Leitfaden für weitere Untersuchungen bilden:

Wie lassen sich die Objekte von Experimentalsystemen bestimmen? Diese Frage mag auf den ersten Blick trivial aussehen. Sie erweist sich aber bei näherem Hinsehen als eines der Hauptprobleme, die mit dem Konzept des Experimentalsystems verbunden sind. In der Geschichte der Biologie hat die Wahl der Untersuchungsgegenstände seit jeher einen ausgezeichneten Platz beansprucht. Das Interesse, das bestimmten Klassen von Lebewesen und Objekten der Analyse entgegengebracht wird, ist durch einen komplexen Rand von Bedingungen bestimmt, unter denen vermutlich die Manipulationsmittel eine Sonderstellung einnehmen. Was zum System oder zu dessen Bestandteil werden kann und wie dies geschieht, hängt über weite Strecken von den Möglichkeiten seiner technischen Inszenierung ab. Wenn hier auch an avancierte Apparaturen wie Ultrazentrifuge und Elektronenmikroskop zu denken ist, so darf doch keineswegs übersehen werden, daß revolutionierende biologische Techniken oft einen minimalen apparativen Aufwand implizierten, was jedoch nichts über deren interne Komplexität aussagt. Dies ist auch heute noch der Fall. Aus epistemologischer Sicht ist vielmehr entscheidend, ob in solchen Experimentalsystemen eine Unterscheidung zwischen dem Untersuchungsgegenstand und den Mitteln seiner Darstellung überhaupt gemacht werden kann. Überspitzt gefragt: Wird eine Pflanze nicht erst in einem botanischen Garten zu einer taxonomischen Kategorie? Wird eine Zellorganelle nicht erst im Schwerefeld einer Ultrazentrifuge zu einer handhabbaren und damit wissenschaftsrelevanten Entität? Damit steht das, was Bachelard das „Wissenschaftswirkliche"[28] genannt hat, in einem grundlegenden Sinn zur Debatte. Historisch stellt sich die Frage, wie die Graphismen beschaffen sind, mit denen diese Wirklichkeit sich zur Darstellung bringt. Sie implizieren eine technologische Semantik, die keinesfalls in dem aufgeht, was man gewöhnlich einen Materialzwang nennt.

Was bedingt die Dynamik von Experimentalsystemen? Zunächst scheinen solche Systeme dadurch ausgezeichnet zu sein, daß sie eine ausreichende reproduktive Kohärenz aufweisen. Andererseits aber operieren produktive Experimentalsysteme gewissermaßen immer am Rande ihres Zusammenbrechens. Sie müssen laufend Differenzen produzieren, und sie müssen diese laufend in ihren eigenen reproduktiven Hintergrund einschließen, um weiterhin als Attraktor für die Forschung zu fungieren. Annäherungsweise könnte man diese Systeme als Maschinen bezeichnen, die ständig Dinge hervorbringen, die ihrer eigenen Installierung gar nicht haben zugrunde liegen können. Zur Beantwortung der Frage nach der Organisation einer derartigen Dynamik helfen vermutlich historische Fallstudien mehr als allgemeine systemtheoretische Überlegungen. In jedem Falle ist hier der Ort, schwierig zu definierenden Größen wie der Beeinflußbarkeit und Steuerbarkeit von Experimentalsystemen und damit letztlich von Forschungsprozessen im Detail nachzugehen.

Wie verhalten sich Experimentalsysteme zueinander? Solche Anordnungen sind trotz ihrer funktionellen Individualität sowohl vernetzungsfähig als auch vernetzungsbedürftig. Zwischen ihnen ereignen sich ‚Konjunkturen'; sie bilden Felder, die jedoch wenig mit dem zu tun haben, was man klassischerweise als Disziplinen bezeichnet. Vielmehr wird durch die dynamischen Strukturen solcher Felder die Immobilität bereits existierender Disziplinen eher unterlaufen. Und sie sind die materiellen Koordinaten, in denen sich jeweils bestimmt, was zu einem gegebenen Zeitpunkt als wissenschaftliche Kooperation realisierbar ist. Sie stecken auch die Grenzen ab für jene immer wieder spontan entstehenden informellen Wissenschaftlergruppen, die den Informationsfluß unterhalb der Ebene institutionalisierter Verbände regeln. Konjunkturen von Experimentalsystemen produzieren, wie ‚Differenzen' innerhalb solcher Systeme, unvorhergesehene Ereignisse, jedoch in größerem Maßstab, so daß durch sie ganze Forschungsbereiche umstrukturiert oder neu organisiert werden können. (Ein Beispiel dafür wäre die Handhabung von extrachromosomaler DNA, Plasmiden, mit ihrem Einfluß auf die gesamte molekulare Genetik und schließlich die Gentechnologie.)

Diese Fragen sollen nicht zuletzt darauf verweisen, daß Wissenschaftsgeschichte neben Ideen- und Personengeschichte, neben Disziplinen- und Institutionengeschichte auch eine *Geschichte von Dingen* ist.[29] Begriffe wie Experimentalsystem, boundary object, epistemisches Ding, Repräsentationsraum, Resonanz von Repräsentationen, materielle Vermittlung und Konjunktur sind Anzeichen für den Versuch, ihre Kulturfähigkeit und Kulturmächtigkeit gewissermaßen zum Sprechen zu bringen. Foucaults ‚positives Unbewußtes des Wissens' muß man sich in dieser Perspektive vorstellen als die proteushafte Verwandlung des Wissens in immer neue Muster, die aber gerade in dem Moment, da sie produktiv wirken, nichts von sich selbst und ihrer Wirksamkeit wissen. Herkömmliche Vorstellungen vom Kalkül des Wissenschaftlers oder auch von der glücklichen Eingebung oder dem Zufall bei der Entdeckung des Neuen sind Anthropologisierungen, mit denen man sich vergeblich bemüht, derart komplexe Vorgänge auf das ordnungsstiftende Maß des Individuums hin zu fokussieren. Vielmehr geht es darum, das Augenmerk darauf zu richten, was im Wissenschaftswirklichen sich produziert und reproduziert, stabilisiert und instabil wird, sich deformiert und reformiert. Wie es das tut, erscheint uns als ein Gegenstand vorrangiger Reflexion in einer Welt, deren Strukturen zunehmend als ‚ausgestülpte' Formen von Wissenschaft angesehen werden können. Daß es sich dabei um, wenn auch nicht im traditionellen Sinn ideologiekritisch motivierte, Versuche handelt, das reflexive Potential von Wissenschaftsgeschichte so zu mobilisieren, daß die enorme Sprengkraft des Unternehmens moderne Wissenschaft gleichsam von innen heraus sichtbar gemacht wird, braucht trotz ihres womöglich hybriden Anspruchs als ein gemeinsamer Anknüpfungspunkt nicht verleugnet zu werden. Von daher wäre es ein Mißverständnis, die Konstruktion des Experimentalsystems als eine Art Ästhetisierung des Experiments zu lesen, die das Labor zu einer verschlossenen Kammer macht, in der gänzlich autonome Dinge geschehen. Es geht gerade nicht um eine neuerliche Autonomisierung der Wissenschaft, von der Rationalität wissenschaftlichen Denkens nun in die Hermetik des Experimentierens verlegt. Wohl aber scheinen die verschiedenen sozialen Konstruktionen des Experiments noch nicht ausreichend zu sein, der staunenswerten Ökonomie des wissenschaftlichen Geschehens, die uns immer wieder mit neuen ‚Wahrheiten' und Gegebenheiten überrascht, genauer auf die Spur zu kommen.

Im Geflecht solcher Problemkonstellationen stellen die hier versammelten Beiträge jedenfalls klar heraus, daß die im wissenschaftshistorischen Diskurs tief verwurzelten Scheidungen von wissenschaftsimmanenten und externen Entwicklungsfaktoren, aber auch von Grundlagen- und angewandter Forschung, von theoretischer (naturwissenschaftlicher) und klinischer Medizin, letztlich von

Theorie und Praxis überhaupt im Lichte einer näheren Inspektion des experimentellen Tuns einer gründlichen Revision bedürfen. Dabei vermag die von uns gezielt eingehaltene Beschränkung auf die life sciences gegenüber der zumeist und bevorzugt physikgeschichtlich behandelten Problemlage gerade das Verhältnis von Theorie und Praxis einmal anders zu fassen. Es ist nur zu bekannt, daß anti-positivistische Wissenschaftstheoretiker von Kuhn bis Feyerabend und Lakatos, die alle der Theorie einen bestimmenden Einfluß auf das Experiment und die wissenschaftliche Empirie eingeräumt haben, sich im wesentlichen an der Physik orientierten. Letzteres gilt aber auch für die neueren, das Experiment in den Vordergrund stellenden Autoren wie Galison, Hacking, Shapin und Schaffer, Wise, Pickering, Cantor und andere.[30] Der ständige Blick auf die Physik, das traditionelle Argumentieren von der Physik her hängt gewiß damit zusammen, daß diese, und zwar nicht erst seit dem 20. Jahrhundert, als die am meisten entwickelte Wissenschaft betrachtet wird. Das korrespondiert nicht zufällig damit, daß etliche Wissenschaftstheoretiker ursprünglich als Physiker ausgebildet waren oder zumindest einige Semester Physik studiert haben. Diese Beschränkung hat Konsequenzen. Hacking beispielsweise bezieht sich in seinen Überlegungen zum Experiment, in denen er die Anerkennung von dessen Eigenleben programmatisch einfordert, im wesentlichen auf die Geschichte der Physik.[31] Wenn Galison sein Modell einer unabhängigen Tradition von Theorie, Experiment und Instrumenten vorschlägt, weist er explizit darauf hin, daß die disziplinär und sozial wirksame Spaltung der Physik in einen theoretischen und einen experimentellen Bereich ihm Pate steht. Schwierig wird es, wenn er sein Modell auch für die Mikrobiologie annimmt – trotz der Konzession, daß die Spaltung hier viel subtiler sei. Sicherlich hat Galison recht, daß eine „universell fixierte, hierarchische Beziehung zwischen Experiment und Theorie", bei der a priori das eine oder das andere Vorrang hat, in die Sackgasse führt.[32] Gleichwohl wird aber gerade durch die Konzentration auf die life sciences augenfällig, daß hier weder ausgeprägte hierarchische Beziehungen noch wohlbestimmte eigenständige Traditionen von Theorie und Experiment auszumachen sind, sondern vielmehr ein ständiges Fluktuieren und Oszillieren verschiedenster Komponenten, die sich in Experimentalsystemen kristallisieren – und auch wieder auflösen.

Wir wollen nicht näher darauf eingehen, warum tragfähige wissenschaftstheoretische Konzepte, Modelle und Überlegungen, die sich an den bio-medizinischen Wissenschaften orientierten, bis vor etwa 15 Jahren kaum existierten; und wenn sie existierten – wie das Beispiel Ludwik Fleck zeigt –, erst geraume Zeit nach ihrer Formulierung rezipiert wurden. Eine veränderte Situation wurde erst durch die labor-anthropologischen Studien der späten 70er und frühen 80er Jahre geschaffen, als Wissenschaftssoziologen gezielt bio-medizinische Labors aufsuchten.[33] Diese Studien haben seitdem auch den weiteren Kontext der ‚philosophy of science' nicht unberührt gelassen. Daß Latour kurze Zeit danach provozierend von einer „Pasteurisierung Frankreichs"[34] redet, daß der experimentelle Charakter der Physiologie der zweiten Hälfte des 19. Jahrhunderts in wichtigen Facetten herausgestellt wird,[35] daß historische Studien zu rezenten Entwicklungen besonders der Molekularbiologie und der Immunologie allmählich mehr Raum in wissenschaftshistorischen Zeitschriften und Sammelbänden[36] einnehmen, ist zudem nur zum geringen Teil das Produkt der jahrzehntelangen Bemühungen einer ‚History of Biology' oder Biologie-Geschichte, die sich stets vorwiegend als Geschichte von Theorien und Konzepten verstanden hat und vielfach noch versteht.[37] Vielmehr, scheint uns, hängt diese Entwicklung nicht zuletzt damit zusammen, daß das bio-medizinische Wissen und Können immer größere Schatten auf unsere Welt legt. Neben unverzichtbaren Versuchen, die ethischen Dimensionen dieser Schatten auszumessen, ist es dringend an der Zeit, epistemologische Fragen neu aufzurollen. Kein Zufall auch hier, daß viele Historiker zunächst im Labor ausgebildet worden sind. Es wäre zweifelsohne eine voreilige, wiewohl keineswegs haltlose Spekulation, die Prognose zu wagen, daß die life sciences die Physik als Leitwissenschaft im nächsten Jahrhundert ablösen werden. In jedem Falle aber ist darauf hinzuweisen, daß in den Biowissenschaften, zumindest was den ins Auge gefaßten Zeitraum angeht, Experimentalprozeß und Theoriebildung auf eine Weise miteinander verknüpft sind, die sinnfällig macht, daß die übliche Vorstellung vom Experiment als einer bloßen Instanz zum Testen von Theorien nur einen, und den vielleicht unwichtigsten, Sonderfall der Funktion des Experimentierens in den Naturwissenschaften darstellt. In der komplementären Betrachtung biologischer Leitfächer der zweiten Hälfte des 19. Jahrhunderts (hier der Physiologie, vor allem der Neuro- und Sinnesphysiologie sowie der Pathologie) und der ersten Hälfte des 20. Jahrhunderts (Genetik, Virologie, Cytologie, Endokrinologie und Immunologie) wird deutlich, daß wissenschaftliche Innovation in der Regel da stattfindet, wo sie sich über disziplinäre Grenzen hinwegsetzt.[38] Im Sinne einer Methodenreflexion bleibt zu hoffen, daß die Beschäftigung mit dem Machen von Wissenschaft im Machen von Wissenschaftsgeschichte ihren Niederschlag findet. Ob damit Anstöße geliefert werden, die auf Dauer paralysierende Antinomie von interner und externer Wissenschaftsgeschichtsschreibung, weder im Hinblick auf eine jeweils einseitige Reduktion noch im Hinblick auf ein kräftiges, aber unfruchtbares ‚sowohl als auch' aufzulösen, das alles mit allem zur Starre gefrieren läßt – das muß durch weitere Forschungen erwiesen werden. Es mag sein, daß sich die Antinomie, die nur jene umfassendere von Natur- und Humanwissenschaften und schließlich von Natur und Gesellschaft reflektiert, erst aufzulösen beginnt, wenn jenseits von

Wissenschaftsgläubigkeit ebenso wie von Wissenschaftskritik das „Parlament der Dinge“[39] ernst genommen wird, das die neuzeitlichen Wissenschaften unterhalten.

Die Beiträge zu diesem Band sind die mehr oder weniger stark veränderten Fassungen von Vorträgen, die im November 1991 beim ersten Lübecker Symposion über „Experimentalstrategien in den biologischen Wissenschaften 1850/1950“ gehalten wurden. Dieses Symposium wurde ermöglicht durch die großzügige Förderung der Volkswagen-Stiftung, der wir hiermit unseren Dank aussprechen möchten. Dietrich von Engelhardt, dem Lübecker Institutsdirektor, danken wir für seine generöse Unterstützung, Anke te Heesen, Kathrin Hoffmann und Evi Österreich für ihre Hilfe bei der Organisation und Durchführung des Symposiums, den Autoren und dem Akademie Verlag für ihre Kooperationsbereitschaft und zügige Redaktion der Manuskripte sowie der Guido Feger Stiftung (Vaduz) und der Karl Mayer Stiftung (Vaduz) für die Gewährung eines Druckkostenzuschusses.

Anmerkungen

1 B. Latour/S. Woolgar: Laboratory Life. The Construction of Scientific Facts (1979). 2nd edition, Princeton 1986; B. Latour: Science in Action, Cambridge/MA 1987.

2 Eine aktuelle Bestandsaufnahme findet sich in A. Pickering (Hrsg.): Science as Practice and Culture, Chicago 1992.

3 Einen Überblick gibt T. Lenoir: The dialogue between theory and experiment. Practice, reason, context, Science in Context 2 (1), 1988, 3–22. Die ganze Nummer von *Science in Context* (hrsg. von T. Lenoir und Y. Elkana) ist dieser Thematik gewidmet.

4 Für die Wissenschaftsgeschichte gilt dies in gleichem Maße. Pars pro toto seien erwähnt: A. O. Lovejoy: Die große Kette der Wesen. Geschichte eines Gedankens, Frankfurt/M. 1985; A. Koyré: Von der geschlossenen Welt zum unendlichen Universum, Frankfurt/M. 1969.

5 Bei Hacking heißt es: „History of natural sciences is now almost always written as a history of theory.“ (I. Hacking: Representing and Intervening. Introductory topics in the philosophy of Natural Science, Cambridge 1983, 6. Aufl. 1990, S. 249.)

6 Vgl. P. Galison: History, philosophy, and the central metaphor, Science in Context 2 (1), 1988, 197–212, auf S. 207f.

7 An dieser Stelle muß auf Kraffts kompakten Begriff des „historischen Erfahrungsraums“ verwiesen werden. Vgl. F. Krafft: Das Selbstverständnis der Physik im Wandel der Zeit. Vorlesungen zum historischen Erfahrungsraum physikalischen Erkennens, Weinheim 1982.

8 Vgl. z. B. David Bloor: Knowledge and Social Imagery, Chicago 1976, 2. Aufl. 1991; B. Barnes/S. Shapin (Hrsg.): Natural Order. Historical Studies of Scientific Culture, Beverly Hills – London 1979.

9 S. Shapin/S. Schaffer: Leviathan and the Air-pump. Hobbes, Boyle, and the experimental life, Princeton 1985, 3. Aufl. 1989, S. 3.

10 J. Lacan: Die Wissenschaft und die Wahrheit, in: Ders., Schriften II, Olten 1975, S. 231–257, auf S. 254.

11 Ein solcher Vorwurf wird jüngst von Holmes an Shapin und Schaffer gerichtet (vgl. F. L. Holmes: Do we understand historically how experimental knowledge is acquired?, History of Science 30, 1992, 119–136).

12 L. Fleck: Entstehung und Entwicklung einer wissenschaftlichen Tatsache, Frankfurt/M. 1980.

13 Vgl. dazu H.-J. Rheinberger: Experiment, Differenz, Schrift. Zur Geschichte epistemischer Dinge, Marburg 1992.

14 Zum Begriff des Dispositivs vgl. M. Foucault: Dispositive der Macht, Berlin 1978.

15 Der Begriff wird hier „unscharf" (vgl. zu diesem Konzept Ilana Löwy in diesem Band) gebraucht und jedenfalls nicht im Sinne von „Wissenschaft als System" (N. Luhmann: Die Wissenschaft der Gesellschaft, Frankfurt/M. 1990).

16 Galison, Anm. 6.

17 Lynch und Woolgar nähern sich diesem Problemfeld mit der Formel von der „representational practice in science" an, worunter sie folgende Elemente subsumieren: „graphs, diagrams, equations, models, photographs, instrumental inscriptions, written reports, computer programs, laboratory conversations, and hybrid forms of these". Wie sie selbst einräumen, folgt aus dieser bricolage eine gewisse „heterogeneity of representational order", wodurch der Begriff erheblich aufgeweicht wird. Vgl. M. Lynch/S. Woolgar: Introduction: Sociological orientations to representational practice in science, in: Dies. (Hrsg.), Representation in Scientific Practice, Cambridge/MA 1990, S. 1–18, auf S. 1f.

18 Vgl. dazu die einschlägigen Beiträge in A. Cunningham/N. Jardine (Hrsg.): Romanticism and the Sciences, Cambridge 1990; M. Hagner/B. Wahrig-Schmidt (Hrsg.): Johannes Müller und die Philosophie, Berlin 1992.

19 W. Coleman/F. L. Holmes (Hrsg.): The Investigative Enterprise. Experimental physiology in nineteenth-century medicine, Berkeley 1988.

20 Vgl. auch das Kapitel „Psychophysik" in F. A. Kittler: Aufschreibesysteme 1800/1900, München 1985, 2. Aufl. 1987, S. 211–234.

21 Für das 19. Jahrhundert vgl. u. a. die verschiedenen Beiträge in: A. Cunningham/P. Williams (Hrsg.): The Laboratory Revolution in Medicine, Cambridge 1992. Für das 20. Jahrhundert vgl. z. B. A.-M. Moulin: Le dernier langage de la médecine: Histoire de l'immunologie de Pasteur au SIDA, Paris 1991; J.-P. Gaudillière: Oncogenes as metaphors for human cancer: articulating laboratory practices and medical demands, unpubl. Mss. 1992; vgl. auch den Beitrag von Ilana Löwy in diesem Band.

22 H. Metzger: La méthode philosophique dans l'histoire des sciences, Archeion 19, 1937, 204–216.

23 J. H. Fujimura: Crafting science: standardized packages, boundary objects, and 'translation', in: Pickering, Anm. 2, S. 168–211.

24 S. L. Star/J. R. Griesemer: Institutional ecology, 'translations', and boundary objects: amateurs and professionals in Berkeley's museum of vertebrate zoology 1907–1939, Social Studies of Science 19, 1988, 387–420.

25 H.-J. Rheinberger: Experiment, difference, and writing. I. Tracing protein synthesis; und II. The laboratory production of transfer RNA, Studies in the History and Philosophy of Science 23, 1992, 305–331; 389–422.

26 J. Derrida: Die différance, in: Ders., Randgänge der Philosophie, Wien 1988, S. 29–52, auf S. 32–33.

27 Daß die Naturwissenschaftsgeschichte sich hier eindeutig ‚verspätet' hat, führt die französische

Geschichte bzw. Archäologie der Humanwissenschaften vor Augen. In *Das Normale und das Pathologische,* München 1974, zeigt G. Canguilhem, daß die Stabilisierung des Verhältnisses von Normalität und Anomalität in der Medizin sich erst nach einem Transformationsprozeß durch verschiedene wissenschaftliche Disziplinen ergeben hat. Foucault wiederum enhüllt das „positive Unbewußte des Wissens" durch eine vergleichende Analyse von Naturgeschichte, Ökonomie und Grammatik im 18. Jahrhundert und zeigt, daß die jenseits fachlicher Schranken existierenden Gemeinsamkeiten untereinander ungleich größer sind als mit den jeweiligen scheinbaren Nachfolgern Biologie, Politische Ökonomie und Philologie (M. Foucault: Die Ordnung der Dinge. Eine Archäologie der Humanwissenschaften, Frankfurt/M. 1971). Vgl. dazu auch W. Lepenies: Soziologische Anthropologie, Frankfurt/M. – Berlin – Wien 1977, S. 135f.

28 G. Bachelard: Der neue wissenschaftliche Geist, Frankfurt/M. 1988, S. 11.

29 Vgl. B. Latour: The force and reason of experiment, in: H. Le Grand (Hrsg.), Experimental Inquiries. Historical, philosophical and social studies of experimentation in science, Dordrecht 1990, S. 49–80.

30 Aufschlußreicherweise enthält der wichtige Band *The Uses of Experiment. Studies in the Natural Sciences,* D. Gooding, T. Pinch and S. Schaffer (Hrsg.), Cambridge 1989, keinen einzigen Beitrag über die ‚life sciences'.

31 Hacking, Anm. 5, S. 149–166.

32 Galison, Anm. 6, S. 208.

33 Vgl. etwa Latour/Woolgar, Anm. 1; K. Knorr-Cetina: Die Fabrikation von Erkenntnis, Frankfurt/M. 1984.

34 B. Latour: The Pasteurization of France, Cambridge/MA 1988.

35 Vgl. Coleman/Holmes, Anm. 19; Williams/Cunningham, Anm. 21.

36 Vgl. etwa die verschiedenen Beiträge in Le Grand, Anm. 29, sowie Lynch/Woolgar, Anm. 17, die sich auf Physik, Chemie, Biologie, Anthropologie, Geologie und Medizin erstrecken.

37 Das heißt jedoch nicht, daß es nicht bedeutsame Entwicklungen in der Biologie-Geschichte gegeben habe. Vgl. dazu R. Olby: A retrospect on the historiography of the life sciences, in: J. D. North/J. J. Roche (Hrsg.): The Light of Nature, Dordrecht 1985, S. 95–109.

38 Das setzt natürlich voraus, daß Disziplinen erst einmal da sein müssen und ein tragfähiges Fundament für moderne Wissenschaft abgeben. Vgl. R. Stichweh: Zur Entstehung des modernen Systems wissenschaftlicher Disziplinen. Physik in Deutschland 1740–1890, Frankfurt/M. 1984.

39 B. Latour: Nous n'avons jamais été modernes, Paris 1991, S. 194.

Soraya de Chadarevian

Die ‚Methode der Kurven' in der Physiologie zwischen 1850 und 1900*

„Um mit Hilfe des Poiseuille'schen Manometers unter allen Umständen genaue Druckhöhen und ihre Zeitdauer zu bestimmen, setzt man auf die freie Quecksilbersäule einen stabförmigen Schwimmer, versieht diesen am oberen Ende mit einer Feder und läßt durch sie die Schwankungen auf eine Fläche zeichnen, welche sich mit stetiger Geschwindigkeit an der Feder vorbeibewegt." Auf diese Weise erhält man Kurven, „deren Höhe ein Ausdruck für den Blutdruck, deren Breite eine Bestimmung der Zeit enthält".[1] In dieser sehr sachlichen und sensationslosen Weise beschrieb 1847 der deutsche Physiologe Carl Ludwig, damals Prosektor am anatomischen Institut in Marburg, in Müllers Archiv ein Gerät, das er selbst nur als „Modifikation" des bereits bekannten Spenglerschen Apparates zur Bestimmung des seitlichen Arteriendrucks bezeichnete und das später den Namen Kymographion (Wellenschreiber) erhielt.[2] (Abb. 1) Anlaß für die Entwicklung des Gerätes, das von Ludwig anscheinend selbst gebaut wurde, war nach seiner eigenen Darstellung ein rein technisches Problem, auf das er in seinen Untersuchungen über den Blutkreislauf gestoßen war. Um den Einfluß der Atembewegung auf den Blutkreislauf zu untersuchen, waren nicht nur sehr genaue manometrische Messungen nötig. Die Schwankungen des Blutdrucks und des Luftdrucks in der Brusthöhle mußten auch unbedingt synchron erfaßt werden. Die Forderung, die Druckwerte an zwei Manometern gleichzeitig abzulesen, konnte auch von den geschicktesten Experimentatoren nicht erfüllt werden. Die Entwicklung der automatischen Registrierung hingegen erlaubte es, parallele Messungen problemlos durchzuführen. Im Anhang desselben Artikels, in dem Ludwig auch eine detaillierte Beschreibung zum Nachbau des Gerätes lieferte, befinden sich Reproduktionen der von ihm registrierten Kurven (Abb. 2), auf die er im Text rekurriert. Sie bilden die Grundlage seiner seitenlangen tabellarischen Aufstellungen.

Ludwigs Zurückhaltung in der Propagierung seines Instruments – auch in seinem einflußreichen Lehrbuch (1852–1856) wird das Kymographion ohne großes Aufheben und nur im Kontext der Darstellung der spezifischen Forschungen,

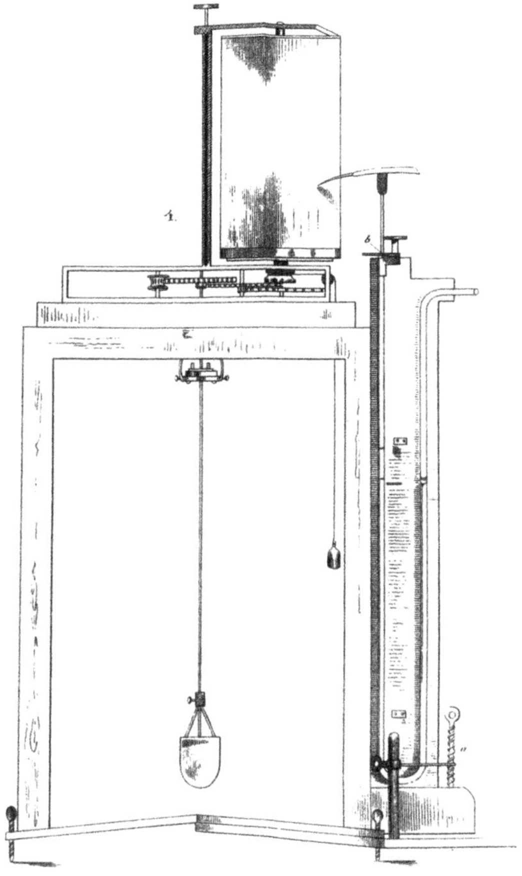

Abb. 1: Aufrißzeichnung des Kymographions aus Ludwigs Erstveröffentlichung in *Müllers Archiv* (1847); Wellcome Institute Library, London.

für die es eingesetzt wurde, erwähnt[3] – steht in Kontrast zu dem großen Einfluß, den seine Erfindung im Urteil seiner Zeitgenossen auf die Entwicklung der physiologischen Instrumente, die Untersuchungspraxis und die disziplinäre Identität der Physiologie ausgeübt hat. Wenn es auch sicher übertrieben ist, von einer „Legion von Forschern" zu sprechen, die sich auf das von Ludwig eröffnete Arbeitsgebiet stürzten, wie dies Beer in seinem Nachruf auf Ludwig tut[4] (so viele Forscher arbeiteten zu dieser Zeit einfach nicht auf dem Gebiet), so ist es doch richtig, daß innerhalb weniger Jahre erst von deutschen Physiologen, dann besonders auch durch Marey in Frankreich eine Vielzahl selbstregistrierender Geräte entwickelt und in der physiologischen Forschung eingesetzt wurden.

Die ersten nach dem Prinzip des Kymographions entwickelten Geräte waren Helmholtz' Myographion, ein Gerät zur Registrierung von Muskelkontraktionen

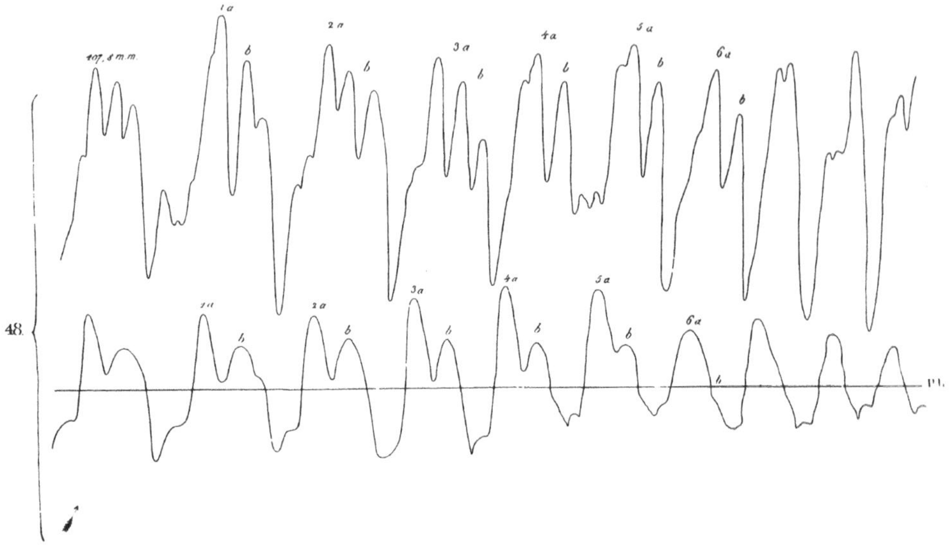

Abb. 2: Von Ludwig mit seinem Kymographion registrierte Kurven zur Untersuchung des Zusammenhangs von Blutdruck und Pleuradruck (PL), aus seiner Erstveröffentlichung in *Müllers Archiv* (1847); Wellcome Institute Library, London.

(1850) (Abb. 3) und Vierordts Pulsschreiber (1855). Helmholtz benutzte das Myographion in einer verbesserten Version zur Bestimmung der Fortpflanzungsgeschwindigkeit der Nervenreizung. Auf diese Experimente, die von Olesko und Holmes sehr detailliert rekonstruiert worden sind,[5] werde ich weiter unten zurückkommen.

Marey scheint besonders von Vierordts Gerät, dessen Gebrauch im Gegensatz zu Ludwigs Kymographion keines blutigen Eingriffs bedurfte, beeindruckt gewesen zu sein.[6] Nur wenige Jahre nach Vierordts Publikation stellte er in seiner Doktoratsthese über den Blutkreislauf einen von ihm gebauten Sphygmographen vor.[7] (Abb. 4) Mareys Leistung bestand in diesem Fall darin, die Empfindlichkeit und Genauigkeit des Vierordtschen Geräts verbessert zu haben. Dasselbe gilt auch von anderen Konstruktionen Mareys. In seinem Vorlesungszyklus „Du mouvement dans les fonctions de la vie“ am Collège de France im Jahre 1868 stellt Marey eine beeindruckende Batterie selbstschreibender Geräte vor. Zu den bereits genannten, dem Kymograph, Myograph und Sphygmograph, gesellten sich ein Kardiograph, ein Hämodromograph, ein Pneumograph, ein Thermograph, ein selbstregistrierendes Manometer, eine selbstregistrierende Waage und, emblematisch, ein Polygraph (Abb. 5), ein vielseitig einsetzbares und dazu

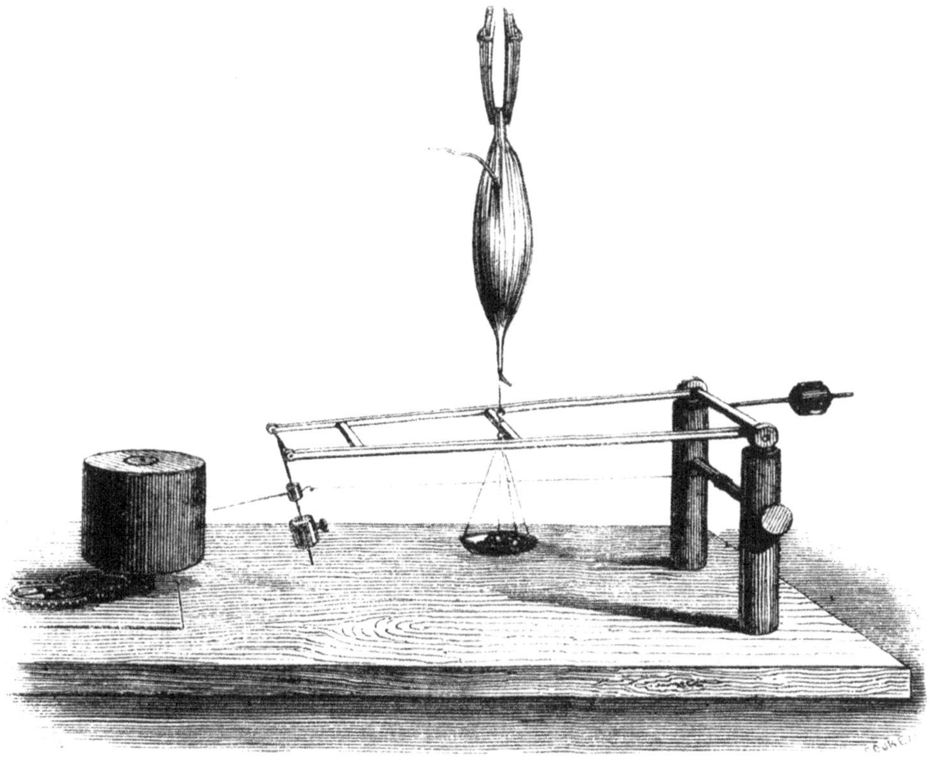

Abb. 3: Helmholtz’ „Froschzeichenmaschine“ nach Marey. Aus E. J. Marey, Du mouvement dans les fonctions de la vie, Paris 1868, S. 133, Abb. 28; Wellcome Institute Library, London.

transportierbares Gerät.[8] Ende der 60er Jahre findet die graphische Methode mit Sachs’ Auxanometer, einem Gerät zur Messung des Längenwachstums von Pflanzen, auch in die pflanzenphysiologische Forschung Eingang. Sachs führt die Erfindung seines Apparates explizit auf Ludwigs „sinnreiches Instrument“ zurück.[9]

Daß die instrumentelle Entwicklung weitere Implikationen hatte, wird daran deutlich, daß Ludwigs Kymographion und die graphische Methode in späteren Stellungnahmen zum Symbol physiologischer Forschung erhoben wurden. „So wenig zu Ende dieses Jahrhunderts ein Culturstaat möglich ist ohne Eisenbahn, Telegraph und Telephon“, schreibt Beer 1895, „so wenig ist heutezutage physiologische, pharmakologische, pathologische Forschung denkbar ohne graphische

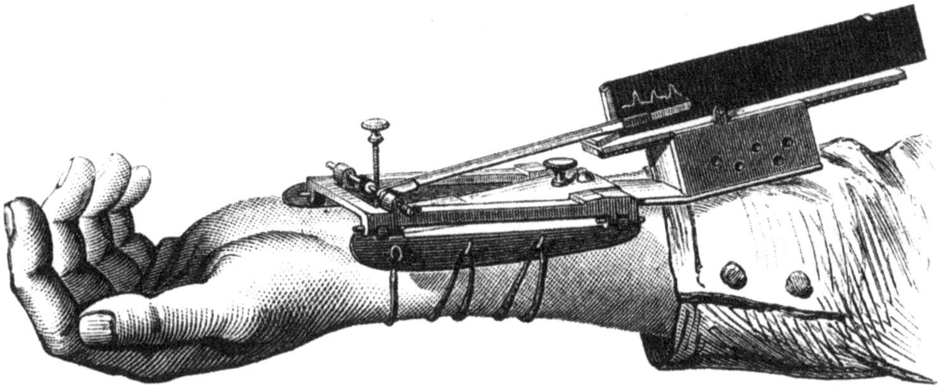

Abb. 4: Mareys Sphygmograph. Aus E. J. Marey, La méthode graphique, 2. Aufl., Paris 1885, S. 281, Abb. 142; Wellcome Institute Library, London.

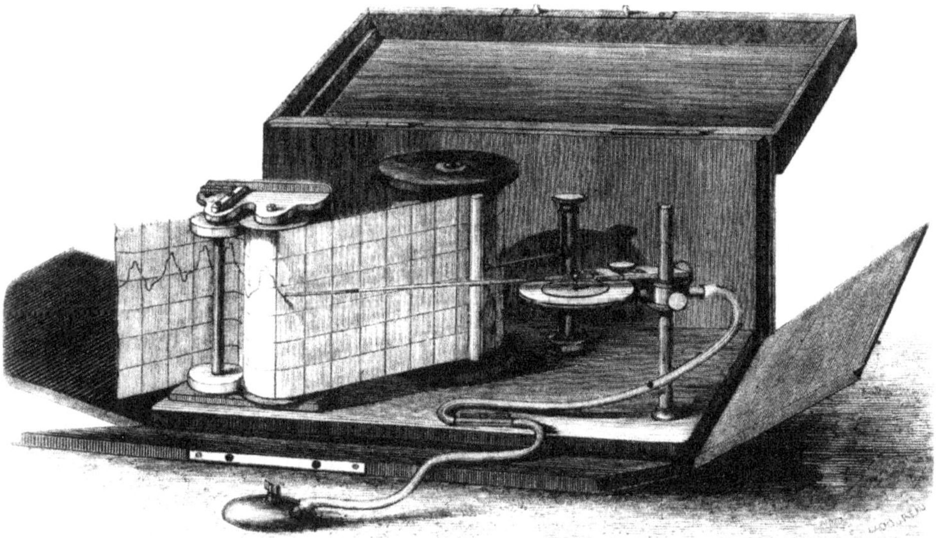

Abb. 5: Mareys Polygraph. Aus E. J. Marey, Du mouvement dans les fonctions de la vie, Paris 1868; Wellcome Institute Library, London.

Methode. ... Es ist nicht zu viel behauptet, wenn man sagt, daß mit ihrer Einführung das moralische Niveau der Physiologie ... gehoben wurde. Denn von nun an genügte oft nicht mehr die blosse Behauptung, man verlangte sie ‚mit Curven belegt' zu sehen."[10]

Die Bezeichnung „graphische Methode“ (méthode graphique) ist von Marey in seinem gleichnamigen Buch (La méthode graphique dans les sciences expérimentales, Paris 1878) propagiert worden. Marey ist sicher der engagierteste und beredteste Vertreter der graphischen Methode, und man ist daher leicht verführt, immer wieder ihn als Sprecher fungieren zu lassen. Das ist jedoch aus mehreren Gründen nicht unproblematisch. Auch wenn die graphische Methode mit dem Anspruch auftritt, eine universale Methode zu sein, die disziplinübergreifend anwendbar und über alle Sprachgrenzen hinweg verstehbar sei, kann nicht bedenkenlos vom französischen Kontext auf den deutschen geschlossen werden. Trotz der internationalistischen Rhetorik Mareys ist auf die konkreten Entwicklungen in Frankreich und Deutschland zu achten. In der Geschichte der französischen Physiologie selbst nimmt Marey eine partikuläre Stellung ein. Während Ludwig mit Helmholtz, Brücke und Du Bois-Reymond zu den hervorragendsten Vertretern einer „modernen (exakten) Physiologie“ zählte und in entscheidender Weise disziplinbildend gewirkt hat, spielte Marey in Paris eine, wenn auch prominente Außenseiterrolle. Dagognet plädiert in seinem kürzlich erschienenen Buch über Marey dafür, diesen neben Pasteur und Bernard zu den „großen“ französischen Naturforschern des 19. Jahrhunderts zu zählen.[11] Tatsächlich schiene es mir lohnend, das Verhältnis von Bernard und Marey und ihren Einfluß auf die Entwicklung der Physiologie in Frankreich einer genaueren Untersuchung zu unterziehen. Beide unterrichteten am Collège de France, Bernard folgte 1855 Magendie auf den Lehrstuhl für Medizin, Marey erhielt 1869 den Lehrstuhl für *Histoire naturelle des corps organisés*. Marey verdankte seine Berufung offenbar entscheidend der Vermittlung Bernards. Bewußt und polemisch aber setzte Marey seinen Zugang zu den Phänomenen der Bewegung als den eigentlichen Lebensfunktionen gegen die „blutige Methode“ der Vivisektion ab.[12] 1881 wurde ihm von der Stadt Paris ein Gelände am Parc des Princes zugesprochen, wo in Angliederung an seinen Lehrstuhl kein Labor, sondern die *Station physiologique* entstand. Dort untersuchte er lokomotorische Bewegungen unter „natürlichen Bedingungen“ mit Hilfe komplexer graphischer und photographischer Verfahren. Diese Arbeiten liegen am Rande der disziplinären Entwicklung der Physiologie. Dagognet weist einige der Verbindungslinien auf, in denen sich Mareys Arbeit bewegt. So steht beispielsweise hinter der Finanzierung der *Station* ein nationales Interesse an der Optimierung körperlicher Erziehung sowohl auf sportlichem als auch auf militärischem Gebiet. Die genaue Erfassung menschlicher Bewegungsabläufe versprach auch Anwendungen in Richtung auf eine Rationalisierung menschlicher Arbeitskraft in Produktionsprozessen. Marey selbst betont die Brauchbarkeit seiner Untersuchungen für diese Zwecke.[13] 1902 entstand auf demselben Gelände das *Institut Marey,* das der Standardisierung und Kontrolle physiologischer Instrumente diente. Die Gründung dieser Institution, auf deren Funktion ich später noch genauer eingehen werde, weist auf die wichtige Rolle, die Marey in einem internationalen Netzwerk von Wissenschaftlern spielte. Ein Schauplatz von Bedeutung sind hier auch die Pariser Weltausstellungen von 1867, 1878, 1889 und 1900. In diesem Lichte gesehen mag es kein Zufall sein, daß das Erscheinen der *Méthode graphique* mit der Ausstellung von 1878 zusammenfiel.[14]

Sollten diese Bemerkungen dazu dienen, die Probleme aufzuzeigen, Marey „für alle" sprechen zu lassen, so weisen sie doch zugleich auf den weiteren kulturellen Kontext, in dem die Entwicklung der graphischen Methode zumindest in Frankreich stattfindet. Diesen Aspekt möchte ich hier festhalten.

Ich werde im folgenden versuchen, die graphische oder genauer, die autographische Methode als ein Forschungsinstrument[15] zu fassen, in dem Forschungsobjekt, Theorie, Experiment, Instrument und disziplinärer, institutioneller und sozialer Kontext in komplexer Weise miteinander verflochten sind. Dabei möchte ich drei Punkte ansprechen: Ich möchte (1) auf die über die Physiologie hinausreichende Verbreitung selbstschreibender Geräte eingehen und den kulturellen Zusammenhang dieser Entwicklung aufzeigen, (2) auf den disziplinären Kontext der Physiologie eingehen, dabei besonders den Begriff der Exaktheit experimenteller Untersuchungen diskutieren und das Verhältnis von Physiologie und Medizin ansprechen, und (3) den konventionellen und normierenden Charakter der graphischen Methode in der Physiologie aufzeigen.

1. Aufschreibesysteme[16]

In einem Versuch, die Geschichte der Entwicklung von Ludwigs Kymographion zu rekonstruieren und damit die monolithische Leistung von Ludwig in einen Kontext zu stellen, haben Hoff und Geddes in einer detaillierten Studie den „ballistischen Hintergrund" der graphischen Methode aufgearbeitet.[17] Die Verwandtschaft zwischen Poncelets und Morins Versuchsaufbau zur graphischen Aufzeichnung der Fallgesetze (um 1830) und Ludwigs Gerät ist unleugbar (Abb. 1 und 6). Über einen technikgeschichtlichen Zusammenhang hinaus ist hier jedoch ein gemeinsames Interesse an der genauen Erfassung schneller Bewegungen und also an der Visualisierung und Messung kurzer Zeitabschnitte auszumachen. Die Geschichte der graphischen Methode ordnet sich damit ein in die Geschichte exakter Meßmethoden. Über die disziplinären Veränderungen, die mit der Einführung graphischer Registriergeräte in der Astronomie einhergingen, hat Schaffer einen wichtigen Beitrag geliefert.[18] Die Bedeutung genauer

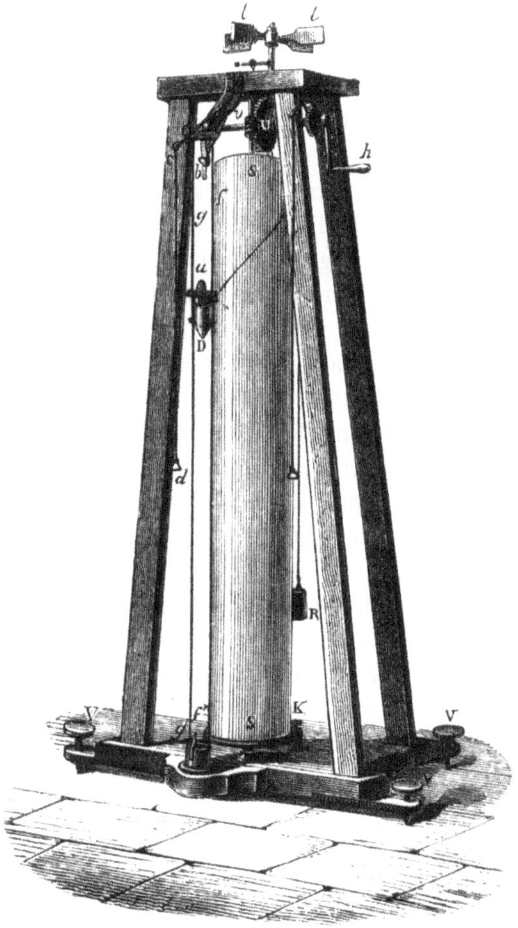

Abb. 6: Poncelets und Morins Instrument zur graphischen Aufzeichnung der Fallgesetze. Nach E. J. Marey, La méthode graphique, 2. Aufl., Paris 1885, S. 168, Abb. 85; Wellcome Institute Library, London.

Meßdaten ist nicht selbstverständlich, und sowohl Schaffer wie Olesko stellen die Frage nach der wissenschaftlichen und kulturgeschichtlichen Bedeutung exakter Methoden in England bzw. Deutschland im 19. Jahrhundert. Auf den Begriff der mathematischen Exaktheit und seiner disziplingeschichtlichen Bedeutung in der Physiologie werde ich im nächsten Abschnitt zurückkommen.

Marey setzt die graphische Methode jedoch noch in einen ganz anderen Zusammenhang. „Lange schon", so schreibt er, „gibt es einen graphischen Ausdruck (expression graphique) von sehr flüchtigen, sehr feinen, sehr komplexen Bewegungen, die keine Sprache beschreiben könnte. Diese bewundernswerte

Schrift wird in allen Ländern gelesen: sie ist im wahrsten Sinne des Wortes eine universale Sprache. Ich meine die musikalische Notation."[19] Marey betont den Vorbildcharakter dieser Notationsmethode für die Entwicklung der graphischen Schrift in der Physiologie. Deren Erfinder, Guido von Arezzo (um 992–1050), hat nach Marey „die analytische Geometrie, die am Anfang der graphischen Methode stand, vorausgeahnt".[20] Wie eng die Verbindungslinien zwischen den Notationssystemen in Musik und Physiologie laufen, mag man daran ersehen, daß Chauveau, später der engste Mitarbeiter Mareys bei seinen sphygmographischen Versuchen, sich der musikalischen Notation bediente, um die Herztöne zu beschreiben. Anders als bei den früheren kosmologischen Verbindungen, die zwischen Puls und Musik geknüpft wurden, steht hier die musikalische Notation durchaus im Dienste einer mechanischen Erforschung des Blutkreislaufes.[21] Indem Marey Notensystem und graphische Methode in einen systematischen Zusammenhang bringt, betont er den Aspekt der (schriftlichen) Visualisierung akustischer oder jedenfalls flüchtiger Phänomene und die Schaffung eines Kommunikationssystems, das die Grenzen konventioneller Sprachen sprengt und in diesem Sinne universal und natürlich ist. Unsere Sprache ist diesem Ansatz nach in einem doppelten Sinne defizitär: Nicht nur vermag sie nicht die Phänomene angemessen und präzis zu erfassen, sie schafft auch (künstliche) Sprachbarrieren. Beide Aspekte werden bei dem Versuch, die graphische Methode in die medizinische Praxis einzuführen, die bis dahin auf einer mündlichen Kultur basierte, geltend gemacht. Die zugrundeliegende Vorstellung, daß durch die mechanische Registrierung die Phänomene unverzerrt ‚eingefangen' werden können, verdeckt allerdings den konventionellen und normierenden Charakter der graphischen Methode selbst. Auf dieses Problem werde ich im letzten Abschnitt zurückkommen.

Die mechanische Analyse des Sprechapparates und der Töne durch verschiedene Techniken der Visualisierung bilden ein zentrales Forschungsgebiet der Physiologie in der zweiten Hälfte des 19. Jahrhunderts. Ich erinnere an die Entwicklung des Laryngoskops durch Türck (1857) und Czermak (1860), an Müllers künstlichen Larynx zur Nachahmung menschlicher Töne, an Helmholtz' akustische Untersuchungen in den 50er und 60er Jahren.[22] Die Anwendung der graphischen Methode auf akustische Probleme jedoch erlaubt es auch, die Stimme sich selbst telegraphieren zu lassen und damit Stenographen und Drucker zu ersetzen. Der 1857 von Scott an der Pariser Akademie der Wissenschaften patentierte und dann von König realisierte Phonoautograph (Abb. 7) bestand aus eben denselben Elementen wie die physiologischen Geräte: einem Empfänger (hier eine bewegliche Membran), einem Schreiber (eine Wildschweinborste) und einem drehenden, mit berußtem Papier bespannten Zylinder. Hier wird Sprache nicht nur

Abb. 7: Von König konstruierter Phonoautograph nach Scott. Aus E. J. Marey, La méthode graphique, 2. Aufl., Paris 1885, S. 643, Abb. 340; Wellcome Institute Library, London.

durch Graphen ersetzt (Mareys Programm), sondern in Graphen übersetzt. Die weitere Entwicklung geht natürlich dahin, die Registrierung als Matrix zu benutzen, um die Stimme wieder zu reproduzieren. Edisons *speaking machine* (1878) und Carpentiers *mélographe répétiteur* (1880) sind Schritte in dieser Richtung.

Diese Entwicklungen haben andere kulturelle Wurzeln und eine andere Reichweite als die Entwicklungen in der Physiologie, doch bilden sie den Kontext, in dem die graphische Methode auch in der Physiologie Fuß faßt. Was ich durch die Aufzählung ähnlicher Apparate, die in den verschiedensten Bereichen auftauchen, suggerieren wollte, war also nicht, daß ähnliche technische Lösungen für verschiedene Probleme gewählt wurden, sondern daß die Anwendung der graphischen Methode gemeinsamen Interessen entspringt und diesen gemeinsamen kulturellen Kontext entscheidend mitformt. Zu den gemeinsamen Interessen, die in die graphische Methode einfließen, gehören eine Faszination mit der Transformation und Übersetzung verschiedener sinnlicher Qualitäten ebenso wie verschiedener Energieformen ineinander, ein Interesse an der exakten mechanischen Registrierung und Einschreibung natürlicher Phänomene, der Versuch einer weitestgehenden Ausschaltung menschlicher Intervention und konventioneller Kommunikationssysteme.

2. Exaktheit und disziplinärer Kontext

Wie nun werden die selbstregistrierenden Geräte in der Physiologie eingesetzt? Inwiefern wird die Physiologie durch die Einführung der graphischen Methode zu einer exakten Wissenschaft, und was bedeutet das für die Disziplingeschichte der Physiologie?

Ich möchte Oleskos und Holmes' detaillierte Analyse von Helmholtz' Versuchen zur Muskelkontraktion dazu benutzen, die Bedeutung zu analysieren, die der graphischen Methode in der experimentellen Praxis der Physiologie zukam.[23] Das Interessante an Helmholtz' Versuchsreihen zur Aktivität der Muskeln, die er zwischen 1848 und 1850 unternahm, und die ihn zur Bestimmung der Fortpflanzungsgeschwindigkeit der Reizung in den Nerven führten, ist nämlich, daß ein doppelter Wechsel in der von ihm angewandten Versuchstechnik auftritt. Die erst kurz zuvor von Ludwig beschriebene autographische Methode scheint Helmholtz die Möglichkeit zu bieten, sehr schnelle Prozesse, im Prinzip also auch eine Muskelzuckung in ihrem Zeitverlauf registrieren zu können. Helmholtz und nach ihm Marey haben in diesem Sinne von den selbstschreibenden Geräten als „Mikroskopen der Zeit" oder, allgemeiner, von „Chronographen" gesprochen.[24] Indem Helmholtz die Vorgänge bei der einfachen Zuckung statt das Verhalten des anhaltend erregten Muskels zum Gegenstand seiner Untersuchung wählte, erweiterte er Eduard Webers grundlegende Arbeiten auf diesem Gebiet. Nach dem Vorbild des Kymographions baut Helmholtz eine seinen Zwecken angepaßte „Froschzeichenmaschine" (Abb. 3). Mit diesem später als Myographion bezeichneten Gerät gelingt es ihm, die scheinbar momentan nach einer kurzen Reizung eintretende Muskelkontraktion in ihrem zeitlichen Verlauf aufzuzeichnen. Die registrierten Kurven zeigten eine kurze Verzögerung des Effektes, dann einen Anstieg, ein Maximum und einen Abfall der Kraftentwicklung. Die Laufspuren des Myographions waren allerdings so winzig klein, daß Helmholtz sie mit dem Mikroskop beobachten mußte. Die entscheidende Limitierung der Methode schien weiter in der unvermeidlichen Reibung der einzelnen Teile des Apparates zu liegen. Für genauere Untersuchungen und besonders um sich des beobachteten Effektes zu versichern, war ein anderer Zugang nötig. Helmholtz machte sich

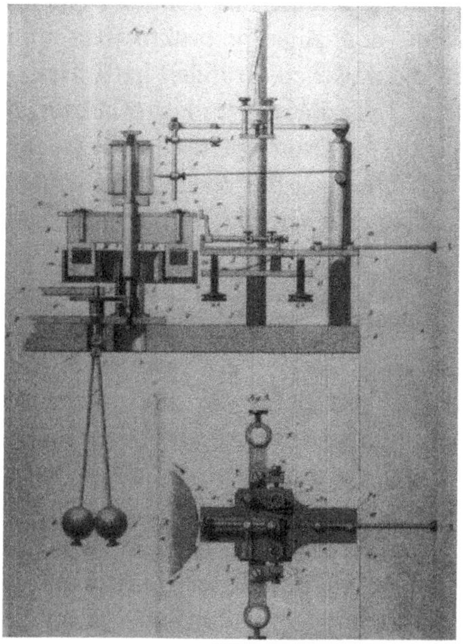

Abb. 8: Helmholtz' verbessertes Myographion. Aus Helmholtz' Veröffentlichung in *Müllers Archiv* (1852); Bibliothek des Instituts für Medizin- und Wissenschaftsgeschichte, Lübeck.

hierzu Pouillets elektromagnetische Methode zur Bestimmung kurzer Zeitintervalle zunutze und wendete verschiedene Fehlerbetrachtungen, insbesondere die Methode der kleinsten Quadrate, auf die von ihm erzielten Messungen an. Das entscheidende Ergebnis dieser genaueren Untersuchungen war, daß das Zeitintervall zwischen Reizung und (verzögerter) Reaktion in Abhängigkeit vom Ort der Reizung variierte. Das bedeutete, daß die Reizleitung in den Nerven ein realer physikalischer Effekt war, der in Raum und Zeit ablief. Seine Messungen erlaubten es Helmholtz schließlich, die Fortpflanzungsgeschwindigkeit der Nervenreizung zu bestimmen. Als es jedoch darum ging, die physiologische Bedeutung des gefundenen Effektes genauer zu untersuchen und besonders die erhaltenen Ergebnisse überzeugend darzustellen, kehrte Helmholtz zur graphischen Methode zurück. Noch bedeutsamer: Die allerdings nun sehr verfeinerte graphische Methode (Abb. 8) lieferte einen Wert für die Fortpflanzungsgeschwindigkeit, der „ungefähr ebenso groß" war wie der Wert, den er mit der genaueren, aber viel langwierigeren und weniger anschaulichen Methode galvanometrischer Messungen und statistischer Berechnungen erzielt hatte. Wegen der Langwierigkeit der Messungen stellte letztere Methode auch besondere Anforderungen an die Qualität des Froschpräparates.[25]

Am Ende seiner ausgedehnten Untersuchungen erwies sich also die graphische

Methode für Helmholtz als die Methode, die eine hinreichend genaue Behandlung physiologischer Phänomene ermöglichte und zugleich praktikabler und didaktisch wirksamer war. Aus eben diesen didaktischen Gründen hatte Helmholtz auch in einer ersten Mitteilung über seine Experimente zur Fortpflanzungsgeschwindigkeit der Nervenreizung, obwohl die elektromagnetischen Versuche im Vordergrund standen, doch mit einer Beschreibung der zu untersuchenden Phänomene an Hand der damals noch kritischer eingeschätzten graphischen Methode begonnen.[26]

Die größere Überzeugungskraft der graphischen Methode lag für Helmholtz in ihrer Zugänglichkeit und in der leichten Erfaßbarkeit der aufgezeichneten Kurven. Nicholas Jardine hat kürzlich eine Geschichte der Ästhetik oder der sinnlichen Affektion wissenschaftlicher Praktiken gefordert, die hier ansetzen könnte.[27] Daston und Galison haben die Verbreitung selbstschreibender Geräte in der zweiten Hälfte des 19. Jahrhunderts unter dem Aspekt des Ideals einer „mechanischen Objektivität" diskutiert, in dem Automatisierung und Authentizität über Präzision stehen.[28] Zu vereinfacht, wenn nicht unkorrekt ist es jedenfalls, wenn Steven Turner in seinem Artikel über Helmholtz im „Dictionary of Scientific Biography" feststellt, daß das Myographion genauere Messungen als jede andere Methode ermöglichte.[29] Wohl aber definierte die graphische Methode fortan, was eine „mathematische Auffassung" der Physiologie bedeutete. Die Forderung, organische Vorgänge einer mathematischen Behandlung zu unterziehen, so betont der deutsche Physiologe und Mediziner Adolf Fick 1866, bedeutet nicht, daß nur noch in Formeln gesprochen werden dürfe. Worauf es ankomme, sei vielmehr „eine Behandlung ... in mathematischem Geiste", d. h. eine Behandlung, die die Korrelation veränderlicher Größen zu ermitteln versuche.[30] Dieses Vorgehen impliziert eine Reduktion physiologischer Funktionen auf die Frequenz, Amplitude und Dauer graphischer Aufzeichnungen. „Die Auffassung der Größe sogenannter Lebenserscheinungen als Funktion von Variablen", resümiert Du Bois-Reymond in seiner Rede zur Eröffnung des Physiologischen Instituts in Berlin 1877, „und die sozusagen leibhaftige Aufzeichnung ihres Verlaufes in Curven, verbanden sich zu ganz neuer Behandlung alter Aufgaben."[31] Physiologische Vorgänge, so läßt sich Du Bois' Bemerkung ausführen, wurden durch ihre graphische Aufzeichnung visualisierbar und analysierbar in einer Weise, die den Phänomenen angemessen erscheint (sie schreiben sich selbst ein!), doch zugleich instrumental und physikalisch ist. Bedeutsam für den Erfolg der selbstschreibenden Geräte war weiterhin, daß diese vor ihrer Anwendung in der Physiologie schon erfolgreich für die Analyse physikalischer Vorgänge wie der Ermittlung der Arbeitsleistung von Dampfmaschinen oder des Verlaufes fallender Körper eingesetzt worden waren. Die graphische Behandlung physiologi-

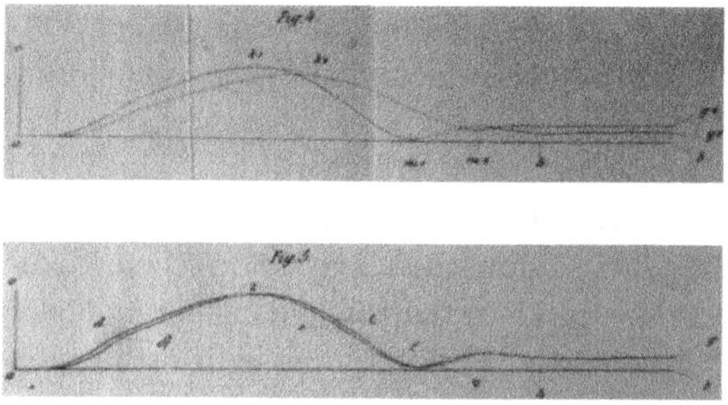

Abb. 9: Myographische Kurven aus Helmholtz’ Versuchen zur Bestimmung der Fortpflanzungsgeschwindigkeit der Nervenreizung. Aus Helmholtz’ Veröffentlichung in *Müllers Archiv* (1852); Bibliothek des Instituts für Medizin- und Wissenschaftsgeschichte, Lübeck.

scher Phänomene wies zudem deren Analogie zu physikalischen Prozessen auf. An Helmholtz’ Froschzeichenmaschine ließ sich statt eines Froschmuskels auch eine Feder hängen, und die Wellenbewegung eines kontrahierenden Muskels ließ sich mit dem Verhalten einer Flüssigkeit in einem elastischen Schlauch vergleichen.[32]

Die graphische Methode bestimmte auf diese Weise Gegenstand und Zugang der Physiologie. Für ihre disziplinäre Identität waren jedoch nicht nur Nähe und Abstand zur Physik, sondern auch das Verhältnis zu Ausbildung und Praxis der Medizin entscheidend. Auch hier nahmen die graphischen Geräte eine Schlüsselstellung ein. Wie Christopher Lawrence überzeugend argumentiert hat, stand bei dem Versuch, die graphischen Geräte in die ärztliche Praxis einzuführen, nicht nur die diagnostische Leistungsfähigkeit der Apparate zur Debatte.[33] Den Verfechtern einer wissenschaftlichen Medizin, als welche die Physiologen aus Überzeugung, aber auch aus opportunistischen (sprich disziplinären) Gründen auftraten, dienten die selbstregistrierenden Geräte als eine Art trojanisches Pferd, um die Bedeutung der experimentellen Wissenschaften für die Medizin zu demonstrieren und diese als Grundlagenwissenschaften der Medizin zu etablieren. Die medizinische Praxis sollte auf ein wissenschaftliches Fundament gestellt, und damit durchsichtiger, kontrollierbar und kommunizierbar gemacht werden. Die etablierten Mediziner verteidigten dagegen ihre humanistische Bildung, die Kultivierung der Sinne und, dies gilt besonders in England, ihren *Gentleman-Status*.[34] Mit der Frage nach dem epistemischen Status medizinischen Wissens – ist Medizin eine Kunst oder eine angewandte Wissenschaft – stand zugleich die soziale Stellung des Arztes und, dies hat Warner in seinem kürzlich erschienenen Artikel besonders betont, die moralische Legitimierung seiner Arbeit zur Diskussion.[35] Graphische Registriergeräte konnten im Prinzip auch von nicht-medizinischem Personal gehandhabt und eine Diagnose in Abwesenheit des Patienten gestellt werden. Das waren Veränderungen des ärztlichen Metiers, die nicht problemlos absorbiert werden konnten.

Wie aus Lawrences und anderen Studien hervorgeht, lief die Einführung physiologischer Laborkurse für Mediziner der Anwendung physiologischer Forschung in der Klinik voraus. Der Nutzen einer wissenschaftlichen Ausbildung wurde anfänglich mehr in einer logischen Schulung und in einem gewissen Prestige gesehen, das dem angehenden Mediziner damit erteilt würde.[36] Doch sind hier auch lokale Unterschiede zu beachten. Ein Gegenbeispiel für die vorgebrachte These mag Carl Wunderlichs Programm einer „physiologischen Medizin" sein, das er als Direktor des Jakobshospitals in Leipzig in den 50er und 60er Jahren durchzuführen versuchte. Physiologische Praktika für Medizinstudenten wurden erst später, mit der Gründung von Ludwigs Institut, in Leipzig eingeführt. Ludwigs Berufung nach Leipzig (1865) stand tatsächlich in Zusammenhang mit der Absicht, Wunderlichs begonnene Arbeit zu unterstützen.[37]

Für die Einführung in studentische Praktika mußten die physiologischen Geräte in ihrer Handhabung vereinfacht und serienmäßig sowie billig hergestellt werden. Das passierte exemplarisch an der Medical School in Harvard, wo 1871 das erste Laborpraktikum für Mediziner in Amerika entstand und der Physiologieunterricht in den 90er Jahren durch Porter revolutioniert wurde.[38] Porter, der dem praktischen Unterricht aller Studenten besondere Bedeutung zumaß, benötigte für die Durchführung seines ersten Kurses über hundert Laborplatzausrüstungen, wozu insbesondere auch eine entsprechende Anzahl graphischer Registriergeräte gehörte. Waren die Instrumente für die Einrichtung des ersten Labors und auch später noch aus Deutschland importiert worden, so wurden die von Porter benötigten Geräte unter seiner Regie in der laboreigenen Werkstatt selbst entwickelt und produziert. Die Einführung eines Ludwigschen Kymographions, das jeweils einzeln auf Bestellung von Baltzar in Leipzig hergestellt wurde, hätte 200 $ gekostet, außerdem war es schwer und unbeweglich. Über das von ihm entwickelte Kymographion bemerkt Porter lakonisch: „The new one did essentially the same work, cost 16 $, and could be lifted in one hand."[39]

Die Entwicklung von Instrumenten, die eine bestimmte Forschungspraxis etablieren, die Ausbildung einer disziplinären Identität und die Entwicklung von Institutionen, deren Gründung zudem von weitergespannten wissenschaftspolitischen Entscheidungen abhängt,[40] erweisen sich damit als in vielfacher Weise miteinander verzahnt.

3. Standardisierung der Geräte und Normierung der Natur

Wenn die graphische Methode ab den 50er Jahren so vielfache Verbreitung in der Physiologie gefunden und in so starkem Maße disziplinbildend gewirkt hatte, was führte dann Marey dazu, auf dem Internationalen Kongreß für Physiologie in Cambridge 1898, über den er später in einem Bericht vor der Academie des Sciences in Paris referierte, von einer „peinlichen Lage" (situation ... embarassante) in bezug auf die Anwendung der graphischen Geräte und gar von einer „Krise der Physiologie" zu sprechen?[41] Auch der deutsche Physiologe Fick, der sich in den 60er Jahren intensiv mit den selbstschreibenden Geräten auseinandergesetzt hatte, konstatiert bereits Mitte der 70er Jahre in einem rückblickenden Bericht über 25 Jahre physiologische Forschung einen Rückgang der mathematisch-mechanischen Betrachtung der Lebensvorgänge. Er führt dies, ganz generell, auf die außerordentlichen Schwierigkeiten zurück, die mit der Anwendung physikalisch-mathematischer Methoden und so auch mit der graphischen Methode in der Physiologie verbunden sind.[42] Während Ficks Haltung etwas fatalistisch klingt – das neue Interesse an mikroskopischen Untersuchungen habe ja auch zu sehr wichtigen Ergebnissen geführt –, benennt Marey exakt die Probleme, die einer stärkeren Durchsetzung der graphischen Methode im Wege stehen. „Bei ihrem Erscheinen", führt Marey vor der versammelten Gesellschaft aus, „versprachen die selbstschreibenden Geräte der Physiologie den authentischen Ausdruck der Phänomene selbst zu liefern. Unglücklicherweise jedoch waren die Dinge nicht so einfach. Man merkte bald, daß dieselben Phänomene, durch verschiedene Geräte inskribiert, verschiedene Kurven lieferten."[43] Der Grund lag in den verschiedenen Eigenschwingungen der Geräte, die sich um so stärker bemerkbar machten, je schneller die registrierten Phänomene waren. „Wieviele hypothetische Interpretationen", fährt Marey fort, „sind nicht vorgebracht worden, um eine physiologische Erklärung von den Flexionen einer Kurve zu geben, die auf den Eigenschwingungen des Schreibers beruhten, und umgekehrt, wie oft hat man nicht Details des Kurvenverlaufs, die in Wirklichkeit den registrierten Phänomenen zugehörten, den Schwingungen des Schreibarms zugesprochen."[44] Das Problem rührte daher, daß die Konstruktion der Geräte außerordentliche Feinheit verlangte, eine Feinheit, die vielen Geräten abging. Die Anzahl der in Gebrauch befindlichen defekten Geräte war nach Marey so groß, daß es für einen Wissenschaftler oft schwierig war, in einer Kurve ein Phänomen, dessen Form ihm bekannt war, und das er selbst schon oft inskribiert hatte, wiederzuerkennen. Marey nannte eine Reihe von Konstruktionsprinzipien, mit denen die genannten Probleme in den Griff zu bekommen waren. Hierunter zählte die Aufforderung, Federn statt Gewichte zur Ausbalancierung der zu messenden Kräfte zu verwenden und den Zeigerausschlag möglichst stark zu drosseln. Die mikroskopisch kleinen Kurven, die man durch die letzte Maßnahme erhielt, ließen sich später optisch vergrößern. Marey zählte weiter eine Reihe von Testverfahren auf, mit denen die Treue der konstruierten Geräte überprüft und der verläßliche Anwendungsbereich bestimmt werden konnten. Das einfachste Prinzip bestand darin, das Gerät gegen eine bekannte Referenzkurve zu testen. Jedes übliche, regulär gebaute Gerät, das mit dem Anspruch auftrat, ein Meßgerät zu sein, mußte einer solchen Prüfung unterzogen werden. Den improvisierten Geräten, die die Forscher eigenhändig für erste qualitative Untersuchungen neuer Phänomene konstruierten, räumte Marey mehr Spielraum ein. Die Graphen, die mit ungenauen Geräten registriert waren, waren nach Marey nicht nur unnütz, sondern schädlich. „Sie füllen die Bibliographien mit falschen Dokumenten, die man oft nicht von den exakten unterscheiden kann. Jeden Tag verschlimmert sich diese ärgerliche Situation und kompromittiert eine Methode, auf die man berechtigterweise die schönsten Hoffnungen gründete."[45]

Ein weiterer Aspekt, den Marey in seinem Bericht vor dem versammelten Kongreß nur flüchtig erwähnte, aber an anderer Stelle moniert hatte, betraf die Willkürlichkeit der graphischen Konventionen. Die Verwendung von schwingenden Platten oder drehenden Scheiben statt des üblicheren Drehzylinders oder der vorbeigleitenden Platte als Schreiboberfläche führte ganz offensichtlich zu völlig unvergleichbaren Aufzeichnungen. Die Form der Graphen wurde darüber hinaus über die Geschwindigkeit der verschiedenen Schreibvorrichtungen bestimmt.[46] Marey forderte, daß die Instrumente „reelle Kurven" der Phänomene lieferten, d. h., Manometerschwankungen oder Muskelverkürzungen in ihrer manifesten Höhe oder um einen bekannten Faktor verkleinert wiedergeben würden. Er schlug weiterhin vor, die Aufzeichnungsparameter immer so zu wählen, daß Amplitude und Dauer der Kurven gleich und also in einem Quadrat einschreibbar wären.[47]

Um eine Vereinheitlichung und Kontrolle der Geräte und der Parameter der Registrierung durchzusetzen, forderte Marey die Einsetzung einer internationalen Kommission. Marey unterschätzte die Arbeit dieser Kommission nicht. Jede Nation sollte einen Kommissar wählen, der sich Mitarbeiter ernennen und mit den Physiologen, Medizinern und Mechanikern seines Landes beraten sollte. Die Ergebnisse sollten dann gesammelt und diskutiert werden. Die erste gemeinsame Sitzung der Kommission sollte zwei Jahre später in Paris stattfinden. Marey, der den Vorsitz der Kommission hatte, erhielt für seinen Plan Unterstützung von der französischen Regierung, der Stadt Paris, der Royal Society of London und anderen wissenschaftlichen Akademien. Mit den konzidierten Mitteln errichtete er auf dem Gelände des Parc des Princes das bereits oben erwähnte Institut, das der Arbeit der Kommissare dienen sollte.

Ich erwähne dies nicht, um Latours These zu unterstützen, daß Aufgaben der Standardisierung einen entscheidenden Posten in den Staatsausgaben ausmachen,[48] sondern um den Aufwand zu zeigen, der nötig war, um die graphische Methode zu dem zu machen, was sie, wie Marey noch im selben Bericht der Kommission wiederholte, von Anfang an zu sein versprach, nämlich: expression naturelle, langue universelle.

Damit die Graphen miteinander vergleichbar und in diesem Sinne „lesbar" waren, mußten die Geräte standardisiert und die Aufzeichnungen normiert werden. Bevor dies geschah, mußte beispielsweise Ludwig mit seinem recht unhandlichen Kymographion von Marburg nach Halle reisen, um dort bei seinen Versuchen mit Volkmann (1848) vergleichbare Ergebnisse zu erzielen.[49] Auch dann sind die Geräte jedoch nicht „durchsichtig", neutrale Medien der Vermittlung natürlicher Botschaften. Sie funktionieren eben nicht „von selbst".[50] Die graphische Sprache entpuppt sich vielmehr als eine konventionelle Sprache, die zudem, wie ich an anderer Stelle versucht habe zu zeigen, entscheidend von unseren schriftlichen Kommunikationsformen bestimmt[51] und an die Registrierpraxis selbst gebunden ist. Nur ein internationales Gremium vermag die Konventionen einer gemeinsamen Praxis auszuhandeln. Und nur soweit die Forscher auf diese gemeinsame Praxis rekurrieren, werden die Graphen lesbar. Das Lesen der Graphen braucht darüber hinaus Übung – ich muß wissen, wie ein „normaler" Pulsverlauf aussieht, um Abweichungen zu erkennen und mit anderen Beobachtungen korrelieren zu können – und Vertrautheit im Umgang mit den Geräten. Die graphischen Geräte werden zudem nicht nur genormt, sondern wirken selbst normierend. Sie repräsentieren eine Praxis, welche die Natur zwingt, Dauer und Verlauf der Ereignisse auf Papier aufzuschreiben[52] und damit graphisch sichtbar, analysierbar und kommunizierbar zu machen. Die Universalität der Phänomene beruht also auf den ausgehandelten Standardisierungen einer gemeinsamen experimentellen Praxis und der damit verbundenen Normierung der Erfahrung. Sie wird zur Selbstverständlichkeit nur für die Teilnehmer eben dieser Kultur.

Nach Marey gleicht die Arbeit des Physiologen am ehesten der eines Archäologen, der die Spuren vergangener Kulturen entziffert.[53] Doch diese Spuren sind kulturelle Produkte nicht nur in dem Sinne, daß sie von vergangenen Kulturen stammen. Sie werden zu Spuren, sinnvollen Einschreibungen auch erst durch die Arbeit des Archäologen, der sie als solche identifiziert, sammelt, vergleicht, katalogisiert und ihnen damit allererst Bedeutung verleiht.

Auch die musikalische Notation, die Marey zur Erläuterung des universalen Charakters der graphischen Aufzeichnungen heranzieht, weist einen konventionellen Charakter auf. Die uns vertraute Notation entbehrt zwar nicht einer bestimmten Logik, was uns hilft, sie schnell zu erlernen. Sie entwickelte sich jedoch im 19. Jahrhundert in Konkurrenz mit verschiedenen Notationssystemen, die verschiedenen Zwecken dienten, und verdankt ihre Durchsetzung vor allem der Verbreitung der römischen Liturgie. Auch sie ist also nicht „natürlicher" oder „universeller" als die Praxis, der sie sich verdankt.

Nur weil Ludwig ein Teilnehmer der wissenschaftlichen Kultur seiner Zeit war, konnte ihm die Einführung der graphischen Methode in der Physiologie, die sich in meiner Rekonstruktion zu einem Geflecht forschungspraktischer, disziplinärer, institutioneller und kultureller Verknüpfungen verkompliziert hat, als Lösung eines rein technischen Problems erscheinen. Daß er um die Zusammenhänge sehr wohl Bescheid wußte, zeigt sich an der umsichtigen und erfolgreichen Weise, in der er sich in ihnen bewegte. Die These, die ich hier versucht habe zu verteidigen oder die zumindest meinen Ausführungen zugrunde lag, lautet, daß eine Rekonstruktion dieser Kultur nötig ist, wenn man als Historiker nicht nur die Ergebnisse der Wissenschaften wiedergeben, sondern wissen möchte, wie Wissen produziert und Wissenschaft gemacht wird.

Anmerkungen

* Eine umgearbeitete englische Fassung dieser Arbeit erscheint in: Studies in the History and Philosophy of Science 24 (1993).

1 C. Ludwig: Beiträge zur Kenntnis des Einflusses der Respirationsbewegungen auf den Blutlauf im Aortensysteme, Archiv für Anatomie, Physiologie und wissenschaftliche Medizin, 1847, 242–302, auf S. 244, 257.

2 Das Kymographion wird allgemein als das erste selbstschreibende Gerät in der Physiologie zitiert. Über Prioritätsstreitigkeiten in diesem Zusammenhang vgl. H. Schröer: Carl Ludwig. Begründer der messenden Experimentalphysiologie. 1816–1895, Stuttgart 1967, S. 111–113.

3 C. Ludwig: Lehrbuch der Physiologie des Menschen, Bd. 2, Heidelberg 1856, S. 85f.

4 T. Beer: Carl Ludwig, Wiener klinische Wochenschrift 8, 1895, 354–357, auf S. 357.

5 K. M. Olesko/F. L. Holmes: Experiment, quantification, and discovery. Helmholtz' early physiological researches, 1843–1850, in: D. Cahan (Hrsg.), Hermann von Helmholtz and the Foundation of Nineteenth Century Science (im Druck).

6 E.-J. Marey: La méthode graphique dans les sciences expérimentales et principalement en physiologie et en médicine, Paris 1881, S. 112. – Frank gibt an, daß Marey bei einem Besuch in Deutschland Ende der 50er Jahre Ludwig getroffen und sich so für das begeistert habe, was er später die graphische Methode genannt habe; vgl. R. G. Frank, Jr.: The telltale heart: physiological instruments, graphic methods, and clinical hopes 1854–1914, in: W. Coleman/F. L. Holmes (Hrsg.), The Investigative Enterprise. Experimental Physiology in Nineteenth-Century Medicine, Berkeley – Los Angeles 1988, S. 276, Anm. 13.

7 E.-J. Marey: Recherches sur la circulation du sang à l'état sain et dans les maladies (thèse n. 45, Faculté de médicine), Paris 1859.

8 E.-J. Marey: Du mouvement dans les fonctions de la vie. Leçons faites au Collège de France, Paris 1868.

9 J. Sachs: Über den Einfluß der Lufttemperatur und des Tageslichtes auf die stündlichen und täglichen Änderungen des Längenwachstums (Streckung) der Internodien (1872), Arbeiten des Botanischen Instituts in Würzburg I, 1874, 99–192, auf S. 113.

10 Beer, Anm. 4, S. 354. Vgl. auch E. Bauereisen: Carl Ludwig as the founder of modern physiology, The Physiologist 5, 1962, 93–299, auf S. 296 und W. Wundt: Erlebtes und Erkanntes, 2. Aufl., Stuttgart 1921, S. 103f.

11 F. Dagognet: Etiénne-Jules Marey. La passion de la trace, Paris 1987.

12 Vgl. E.-J. Marey: La station physiologique de Paris, La Nature (sept.), 1883, 226–230, auf S. 227. Ob Marey in der sich in Frankreich erst in den 80er Jahren formierenden breiteren Antivivisektionsbewegung eine Rolle spielte, ist mir nicht bekannt; seine Ablehnung der Vivisektion mag eher taktisch als prinzipiell gewesen sein. 1884 bestanden in Frankreich zwei größere Gesellschaften gegen die Vivisektion, die Société française contre la vivisection unter dem Präsidium von Victor Hugo und Alphonse Karr und die Ligue populaire contre l'abus de la vivisection. Sie verfügten über das Publikationsorgan Le Zoophile; vgl. H. Bretschneider: Der Streit um die Vivisektion im 19. Jahrhundert, Stuttgart 1962, S. 24ff.

13 Vgl. Marey, Anm. 12, S. 227 und ders.: Sur la marche de l'homme, La Nature (Jan.) (1885) 119–123, auf S. 119. Georges Demenÿ, Mareys Assistent an der *Station*, war zuvor schon unter anderem als Gründer einer Schule für rationelle Gymnastik hervorgetreten. Zur Entwicklung der Physiologie in dieser angewandten Richtung vgl. Dagognet, Anm. 11, S. 124–131.

14 Ich danke Robert Brain für diesen Hinweis.

15 Marey spricht von der graphischen Methode unter Einsatz selbstschreibender Geräte als einem moyen de recherche (Marey, Anm. 6, S. VI und VIII). Nur von dieser (auto-)graphischen Methode ist im folgenden die Rede.

16 Diesen Begriff entleihe ich F. Kittler: Aufschreibesysteme 1800/1900, München 1985.

17 H. E. Hoff/L. A. Geddes: The technological background of physiological discovery: Ballistics and the graphic method, Journal of the History of Medicine and Allied Sciences, 15, 1960, 345–363. Vgl. auch dies.: Graphic registration before Ludwig. The antecedents of the kymograph, Isis 50, 1959, 5–21.

18 S. Schaffer: Astronomers mark time: Discipline and the personal equation, Science in Context 2, 1988, 115–145. – Die Leiter astronomischer Laboratorien, an der Spitze Airy in Greenwich 1854, reagierten mit der Einführung graphischer Registriergeräte auf die Entdeckung der persönlichen Reaktionszeit jedes Beobachters.

19 Marey, Anm. 8, S. 93.

20 Ebenda.

21 Vgl. W. F. Kümmel: Puls und Musik (16.–18. Jahrhundert), Medizinhistorisches Journal 3, 1968, 269–293. – Das ist übrigens nur einer von einer ganzen Reihe interessanter Versuche, die Herztöne zu notieren. Die in der Praxis übliche Methode der Beschreibung der Herztöne mittels imitativer Verbindung verschiedener Konsonanten hält der englische Kardiologe Gairdner zur Notierung auf Papier für beschwerlich und möglicherweise mißverständlich. Als Ersatz entwikkelt er 1861 eine eigene graphische Notationsmethode, die er für einfach, effektiv, ökonomisch und für in einer Weise anschaulich hält, wie sprachliche Beschreibungen es nie sein könnten; vgl. W. T. Gairdner: A short account of cardiac murmurs, Edinburgh Medical Journal 7, 1861/62, 438–453. Entsprechende Versuche finden sich noch Anfang des 20. Jahrhunderts, also nach der Etablierung der Elektrokardiographie; vgl. H. N. Segall: A simple method for graphic description

of cardiac auscultatory signs, American Heart Journal 8, 1933, 533–536. Auch bei der Analyse der Töne, die mit der Muskelkontraktion einhergehen, arbeitete man mit der Zuordnung von Tonhöhen; vgl. Marey, Anm. 8, S. 213f.

22 Vgl. H. Helmholtz: Die Lehre von den Tonempfindungen als physiologische Grundlage für die Theorie der Musik, Braunschweig 1863.

23 Olesko/Holmes, Anm. 5.

24 Helmholtz bezieht sich allgemeiner auf eine „Mikroskopie der Zeit", während Marey speziell die selbstschreibenden Geräte im Blick hat; vgl. H. Helmholtz: Über die Methoden kleinste Zeittheile zu messen und ihre Anwendung für physiologische Zwecke, Königsberger naturwissenschaftliche Unterhaltungen 2, 1851, 169–189, repr. in H. Helmholtz: Wissenschaftliche Abhandlungen, Bd. 2. Leipzig 1882, S. 862–880, auf S. 870 und Marey, Anm. 6, S. XII und S. 109.

25 Vgl. H. Helmholtz: Messungen über die Fortpflanzungsgeschwindigkeit der Reizung in den Nerven, Archiv für Anatomie, Physiologie und wissenschaftlicher Medizin, 1852, 199–216. Die mit der graphischen Methode erzielte Fortpflanzungsgeschwindigkeit belief sich auf 27,25 m/sec; die elektromagnetische Methode lieferte eine Geschwindigkeit von 26,4 m/sec.

26 Vgl. H. Helmholtz: Messungen über den zeitlichen Verlauf der Zuckung animalischer Muskeln und die Fortpflanzungsgeschwindigkeit der Reizung in den Nerven, Archiv für Anatomie, Physiologie und wissenschaftliche Medizin, 1850, 276–364, S. 280. – Zu Mareys Beschreibung von Helmholtz' Versuchen und seiner Weiterentwicklung der graphischen Methode zur Bestimmung der Fortpflanzungsgeschwindigkeit der Nervenreizung vgl. Marey, Anm. 8, S. 410–429.

27 N. Jardine: The laboratory revolution in medicine as rhetorical and aesthetic accomplishment, in: A. Cunningham/P. Williams (Hrsg.), Medicine and the Laboratory in the Nineteenth Century, Cambridge 1992, S. 304–323.

28 Vgl. L. Daston/P. Galison: The image of objectivity, Representations 37, 1992, 67–106. – Im Verständnis der Autoren hat der Begriff der „mechanischen Objektivität" sowohl epistemische als auch moralische Implikationen.

29 R. S. Turner: Helmholtz, Hermann von, in: C. C. Gillispie (Hrsg.), Dictionary of Scientific Biography, Bd. VI, New York 1972, S. 241–253, auf S. 245.

30 A. Fick: Die medizinische Physik, 2. Aufl. 1866 (Einleitung), in: Ders., Gesammelte Schriften, Bd. 2, Würzburg 1903, S. 4.

31 E. Du Bois-Reymond: Der Physiologische Unterricht sonst und jetzt. Bei Eröffnung des neuen physiologischen Instituts der Berliner Universität am 6. November 1877 gehaltene Rede, in: Ders., Reden, Bd. 2. Leipzig 1887, S. 359–383, auf S. 366. – Interessanterweise hatte Du Bois schon in seinen *Untersuchungen über die thierische Elektrizität* (Bd. 1, Berlin 1848, S. XXV ff.) die „Methode der Curven" in der Physiologie empfohlen, ohne auf die das Jahr davor zurückgehende Einführung von Ludwigs Kymographion einzugehen. In einem späteren Nachtrag (Bd. 2, Berlin 1884, S. 505) wird der Zusammenhang hergestellt. Du Bois bietet dabei die Interpretation an, daß er die Methode auf einer theoretischen Ebene vertrat, während Ludwig die autographische Methode in den physiologischen Versuch eingebracht hat. Welchen Einfluß Ludwigs Arbeit auf Du Bois' Plädoyer gehabt hat und welche Rolle ihrerseits Du Bois' Stellungnahme in der Rezeption von Ludwigs Registriermethode gespielt hat, wäre genauer zu untersuchen. Zu Du Bois' mathematischer Auffassung der Physiologie vgl. auch B. Lohff: Emil Du Bois-Reymonds Theorie des Experiments, in: G. Mann (Hrsg.), Naturwissen und Erkenntnis im 19. Jahrhundert. Emil Du Bois-Reymond, Hildesheim 1981, S. 117–128.

32 Vgl. R. L. Kremer (Hrsg.): Letters of Hermann von Helmholtz to His Wife, 1847–1857, Stuttgart 1990, S. 42–44 (zit. in: Olesko/Holmes, Anm. 5) und Marey, Anm. 6, S. 345.

33 Zu diesem Aspekt vgl. Frank, Anm. 6.

34 Vgl. C. Lawrence: Incommunicable knowledge. Science, technology, and the clinical art in Britain 1850–1914, Journal of Contemporary History 20, 1985, 503–520.

35 J. H. Warner: Ideals of science and their discontents in late nineteenth-century American medicine, Isis 82, 1991, 454–478.

36 Vgl. G. Geison (Hrsg.): Physiology in the American Context 1850-1940. Bethesda, Md 1987. – Zur Bedeutung wissenschaftlicher Rhetorik für die Professionalisierung der Medizin vgl. auch S. E. D. Shortt: Physicians, science and status. Issues in the professionalization of Anglo-American medicine in the nineteenth century, Medical History 27, 1983, 51–68. Lenoir führt die Etablierung physiologischer Laboratorien in den medizinischen Fakultäten auf einen allgemeineren „Diskurs praktischer Interessen“ zurück, der von der aufstrebenden Mittelklasse vorgebracht wurde; vgl. T. Lenoir: Laboratories, medicine and public life in Germany 1830–1849. Ideological roots of the institutional revolution, in: Cunningham/Williams, Anm. 27, S. 14–71.

37 Vgl. T. Lenoir: Science for the clinic. Science policy and the formation of Carl Ludwig's institute in Leipzig, in: Coleman/Holmes, Anm. 6, S. 139–178, bes. S. 171 f.

38 Zu folgendem vgl. die sorgfältige Studie von M. Borell: Instruments and an independent physiology. The Harvard physiological laboratory, 1871–1906, in: Geison, Anm. 36, S. 293–321.

39 Aus einem Memorandum von W. T. Porter, zit. nach Borell, Anm. 38, S. 301. Die kommerzielle Ausweitung der Produktion von Instrumenten forderte eine Verlegung des Betriebs außerhalb der Universität und führte 1904 zur Gründung der unabhängigen Harvard Instrument Company.

40 Vgl. hierzu Lenoir, Anm. 37.

41 E.-J. Marey: Mesures à prendre pour l'uniformisation des méthodes et le contrôle des instruments employés en physiologie, Comptes rendus des séances de l'Académie des Sciences 127, 1898, 375–381, S. 376 bzw. 378.

42 A. Fick: Die Methoden und Richtungen in der physiologischen Forschung (1874), in: Ders., Gesammelte Schriften, Bd. 4, Würzburg 1905, S. 387–394.

43 Marey, Anm. 41, S. 376.

44 Ebenda.

45 Marey, Anm. 41, S. 378.

46 Marey, Anm. 8, S. 222–230.

47 An diesen Vorschlägen wird deutlich, daß Marey mehr an der graphischen Form der Kurven interessiert war, als daran, die graphische Registrierung zur Zeitmessung zu verwenden. Die graphische Methode konnte also verschiedenen Zwecken dienen.

48 Nach Latour übertreffen in unserer Gesellschaft die Ausgaben für „Metrologie“ dreimal das Gesamtbudget für Forschung und Entwicklung; vgl. B. Latour: Drawing things together, in: M. Lynch/S. Woolgar (Hrsg.), Representation in Scientific Practice, Cambridge/MA – London 1990, S. 19–68, S. 57.

49 Vgl. E. Du Bois-Reymond (Hrsg.): Zwei große Naturforscher des 19. Jahrhunderts. Ein Briefwechsel zwischen Emil Du Bois-Reymond und Carl Ludwig, Leipzig 1927, S. 28.

50 Marey spricht von „appareils qui fonctionent d'eux-mêmes“, vgl. Marey, Anm. 8, S. 106.

51 Vgl. S. de Chadarevian: Die Handschrift der Natur, in: M. Cahn (Hrsg.), Der Druck des Wissens, Wiesbaden 1991, S. 21 f.

52 Zum Aspekt des Zwanges, der der Natur in diesem Sinne angetan wird, vgl. u. a. E.-J. Marey: Le mouvement, Paris 1894, S. 3 und ders., Anm. 6, S. 139: „... recourir aux signaux automatiques et forcer le phénomène lui meme à inscrire mécaniquement son début et sa fin.“

53 Marey, Anm. 8, S. 24.

Timothy Lenoir

Farbensehen, Tonempfindung und der Telegraph

Helmholtz und die Materialität der Kommunikation*

Einer der wichtigsten Beiträge von Hermann Helmholtz zur physiologischen Optik war die experimentelle Ausarbeitung der Drei-Farben-Theorie des Sehens, die zuerst von Thomas Young vorgeschlagen worden war. Ursprünglich hatte Helmholtz Youngs Hypothese öffentlich zurückgewiesen. Bei der Revision seiner Haltung gegenüber Young spielten, so möchte ich im folgenden zeigen, Experimente und Instrumente eine wichtige Rolle, vor allem neue Medientechnologien wie elektrische, photographische und telegraphische Inskriptionsverfahren. Die materiellen Eigenschaften dieser Medien dienten Helmholtz als Modelle für die sensorischen Prozesse und ermöglichten Meßuntersuchungen zur Aufklärung der Arbeitsweise des Auges und des Ohres. Darüber hinaus hat Helmholtz das Nervensystem geradezu als einen Telegraphen betrachtet – und das nicht einfach im Sinne einer popularisierenden Darstellung. Die Sinnesorgane als Medienapparate betrachten hieß: das Auge war ein Photometer, das Ohr ein Stimmgabel-Unterbrecher mit Resonatoren. Die Materialität dieser Kommunikationsmittel erlaubte nicht nur, theoretische Probleme des Sehens und Hörens zu übersetzen, zu externalisieren, sie medientechnisch zu konkretisieren und manipulierbar zu machen; sie ermöglichten auch Analogien zwischen den Vorrichtungen selbst. Ich möchte behaupten, daß die Analogien zwischen den Techniken der Ton- und Farbproduktion für die Entwicklung der Drei-Farben-Theorie zentral waren. Die Juxtaposition der Medien, die durch die materiellen – exteriorisierten – Formen der Kommunikation möglich wurde, war eine treibende Kraft bei der Theorienbildung.

Helmholtz' Modell der Repräsentation war das eines abstrakten Systems von Beziehungen zwischen Sinnesdaten. Wie Bernhard Riemann, jedoch unabhängig von ihm, betrachtete er die mentale Repräsentation von Empfindungen als n-dimensionale Mannigfaltigkeiten. Verschiedene Sinnesmodalitäten waren durch Mannigfaltigkeiten charakterisiert, die unterschiedlichen metrischen Relationen gehorchten.[1] Gemäß den physikalischen Eigenschaften jedes Sinnes und durch Erfahrung reguliert, wurden die Sinnesdaten durch ein System von Parametern zu einem Zeichen-Code organisiert.[2] Diese Ideen zur Repräsentation stammten aus drei Untersuchungsbereichen – Optik, Akustik und Elektrotelegraphie. Die Periode zwischen 1850 und 1863 umspannt Helmholtz' Arbeit zur Geschwindigkeit der Nervenleitung, zur physiologischen Farbenmischung und zur Physiologie des Hörens; sie kulminiert in der Publikation des zweiten Teils der *Physiologischen Optik*. Im Hinblick auf das Farbensehen lag das innovativste Moment von Helmholtz' Arbeit in der Übernahme einer Reihe von technischen Vorrichtungen in die Sinnesphysiologie, die in der Telegraphie dazu verwendet wurden, kleine, zeitlich aufeinanderfolgende Ereignisse zu messen und graphisch aufzuzeichnen. Seit 1850 zog Helmholtz Vergleiche zwischen dem elektrischen Telegraphen und dem Wahrnehmungsvorgang. In diesem Rahmen stellte er sich das virtuelle Netzhautbild aufgelöst in eine Menge elektrischer Impulse vor, die, in Analogie zum Morse-Code,[3] im Gehirn durch Symbole als „Bild" repräsentiert werden. Gleichzeitig arbeitete Helmholtz mit dem Myographen und einer Reihe modifizierter elektrischer Vorrichtungen aus der Telegraphenindustrie, um die Geschwindigkeit der Nervenleitung und andere, mit der Nerventätigkeit und der Muskelkontraktion zusammenhängende Vorgänge zu messen. Aber die Telegraphie war nicht nur ein brauchbares Modell für das Verständnis des Seh- und Hörvorgangs. Zwischen 1855 und 1860 revidierte Helmholtz auch seine frühere Ablehnung der Youngschen Drei-Farben-Theorie des Sehens, und interessanterweise zog er selbst eine Parallele zwischen seiner neuen Sicht und einer vergleichenden Analyse des Hörens.[4]

Zur Darstellung der Produktion und Rezeption von Tönen benutzte Helmholtz eine Reihe von Komponenten eines telegraphischen Stromkreises, die er mit technischen Vorrichtungen zur graphischen Sichtbarmachung von Wellenbewegungen kombinierte. Sie waren entscheidend für seine Untersuchungen über Kombinationstöne, den Analoga zur Farbenmischung aus Primärfarben. Helmholtz postulierte Netzhautstrukturen – drei Rezeptoren, die für Wellenlängen im Rot-, Grün- und Violettbereich besonders empfänglich waren –, die den Corti-Bögen im Ohr entsprachen. Das ermöglichte es ihm, an die Drei-Farben-Theorie anzuknüpfen. Wiederum spielten die neuen Medientechnologien eine entscheidende Rolle bei diesem Übergang: Helmholtz bezog sich auf die Herstellung von Photo-Negativen, um die positiven und negativen Nachbilder zu erklären, die bei der Verfeinerung der Drei-Farben-Hypothese zentral waren.[5]

Nun ist es allerdings anachronistisch, Telegraphen und photographische Technologien in den 50er und 60er Jahren des 19. Jahrhunderts als „Medien" zu bezeichnen; weder Helmholtz noch sonst jemand in seiner Generation nannte sie so. Ich habe zwei Aspekte der Kommunikations- und Repräsentationstechnologien im Auge, wenn ich von Medien rede. Zum einen sind die Technologien, auf die ich mich beziehe, als Verlängerungen der Sinnesorgane anzusehen. Als solche wurden sie auch von Helmholtz und seinen Zeitgenossen wahrgenommen. Tatsächlich war es gerade die Ähnlichkeit mit bestimmten Aspekten der Empfindung, die diese Vorrichtungen als Werkzeuge der Sinnesphysiologie besonders relevant erscheinen ließ. Zum anderen funktionierten sie auf eine durchschlagende Weise als etwas, das Norton Wise als „Mediations-Maschinen" bezeichnet hat. Auf beide Aspekte will ich näher eingehen.

Die Konzentration auf Kommunikations- und Repräsentationstechnologien als Verlängerungen der Sinne führt zu einem Punkt, auf den Wolfgang Schivelbusch in seiner *Geschichte der Eisenbahnreise* hingewiesen hat. Nach Schivelbusch hat Eisenbahnfahren die Wahrnehmung verändert. Das Bewegungsgefühl und die visuelle Erfahrung relativer Bewegung in einem fahrenden Zug sind verschieden von der propriozeptiven Erfahrung der Bewegung beim Reiten oder auf einem fahrenden Schiff. Es führt zur Erfahrung einer „Panoramatisierung der Außenwelt".[6] Auch das Verhältnis zur Umgebung ist völlig verändert. Statt sich an die Gegend anzupassen, bewegt man sich auf einem weitgehend horizontalen Schienenstrang, der Hügel durchschneidet und Berge durchbohrt. Solche Erfahrungen führten zu neuen Vorstellungen von Zeit und Raum und veränderten vor allem das Gefühl für die Beziehungen von menschengemachten Artefakten und Natur.[7] Es ist diese Veränderung der Sensibilität durch die Erfahrung mit Technologien, die für mein Thema relevant ist.

Schivelbuschs Behandlung von Technologie und Sensibilität erfährt für meine Zwecke eine Präzisierung durch Wises Konzeption von Technologien als Mediatoren wissenschaftlicher, technologischer und kultureller Praktiken. Der zentrale Gedanke der „Mediations-Maschinen" ist, daß wissenschaftliche Theorien sich durch einen Dialog mit Modellen ausbilden, die der Technologie entstammen.[8] Ein Beispiel ist die Rolle der Dampfmaschine für Thomsons Reformulierung der Mechanik. Mathematische Formalismen und Problemlösungstechniken werden nach Wise durch ihren Bezug auf Maschinen angepaßt und stabilisiert. Diese Überlegung ist wichtig für neuere kontextualistische Versuche, von einer theoriedominierten Wissenschaftsbetrachtung wegzukommen und der Experimentalpraxis sowie der Instrumentierung in der Erkenntnisproduktion gerechter zu werden. Anstatt Wissen zu behandeln, als wäre es stabilisiert durch Bezug auf eine unabhängige, objektive, der wissenschaftlichen Arbeit vorgängige Realität, betont Wise mit seinen Mediations-Maschinen einen pragmatischen Realismus. Dieser beruht auf der Annahme, daß die Repräsentationen der Natur ihre Artikulation durch Techniken des Experimentierens finden. Aus dieser Sicht werden Theorie, Experiment und Instrumentierung durch Maschinen koordiniert und stabil gehalten.

In den gleichen Kontext gehören Untersuchungen, die dem scheinbar universalen Charakter wissenschaftlicher Erkenntnis mit dem Verweis auf ihre lokalen Produktionsbedingungen begegnen und zeigen, wie dieser Schein entstehen kann. Simon Schaffer hat die Kontroversen um Maßeinheiten wie das Ohm,[9] Standard-Demonstrationsexperimente wie Newtons Prismen-Experiment[10] und Standard-Verrichtungen wie die Gewöhnung von Technikern in astronomischen Observatorien an die persönliche Gleichung[11] untersucht und sie als Ausdruck der Disziplinierung, Legitimierung und Etablierung von Autorität gedeutet, durch die lokales Wissen reproduzierbar gemacht wird. Die Bündelung von Maschinen, Praktiken und Disziplin ist wesentlich für jenen Prozeß, den Schaffer die „Multiplikation der Orte" genannt hat. Eine viel raschere Weitergabe von „implizitem Wissen" erfolgt jedoch, wenn man die Kommunikations- und Repräsentationstechnologien als Multiplikatoren betrachtet. Sie können als „Maschinen" angesehen werden, die unsere Repräsentationen in der wissenschaftlich-technischen Praxis vermitteln und stabilisieren, und die als Verlängerungen der Sinne viele verstreute Personen gleichzeitig erreichen.

Die Berliner Physikalische Gesellschaft und die neuen Medien-Technologien

Etliche eng verbundene Kollegen von Helmholtz in den späten 40er und frühen 50er Jahren waren mit der Elektrotelegraphie und der Photographie assoziiert. Sie hatten die Berliner Physikalische Gesellschaft begründet und aufgebaut. Ihre Zeitschrift, *Die Fortschritte der Physik,* verstand sich als das programmatische Organ der sogenannten „Physikalistischen Schule" und stand für Berichte über Meßtechnologien und angewandte Physik aus den verschiedensten Bereichen offen: So findet sich im ersten Jahrgang 1845 ein Übersichtsartikel von Gustav Karsten zur Literatur über Photographie und Daguerreotypie und ein weiterer von Werner Siemens zur Telegraphie. Ganz oben auf der Interessenliste der jungen Physiker rangierten Methoden zur Messung kleiner Zeitintervalle und zur graphischen Darstellung von schnellen Prozessen. 1850 faßte Helmholtz diese Entwicklungen zusammen und bezeichnete die graphischen Methoden als „Mikroskopie der Zeit".[12] Bereits 1845 hielt Siemens einen Vortrag über die Messung der Geschwindigkeit von Mörserkugeln mittels Strichen auf Graphenpapier, die durch Funken des Projektils beim Durchgang durch das Kanonenrohr zustande kamen. Auf der gleichen Sitzung diskutierte Karsten Methoden der Benutzung von Daguerreotypen für die Messung von Solarspektren; ebenfalls 1845 stellte Emil Du Bois-Reymond Methoden zur Messung der Geschwindigkeit der Nervenleitung und der Muskelkontraktion vor und Ernst Brücke hielt den ersten von mehreren Vorträgen über Zapfen der Netzhaut und über die Undurchlässigkeit der optischen Medien des Auges für Infrarot. Brücke zog in seiner Diskussion den Schluß, daß die Sensitivität der Netzhaut für Licht im Bereich zwischen rot und violett das empfindlichste aller bekannten Actinoscope darstelle.[13] Auf der Sitzung vom 31. Oktober 1845 wurde D'Arrests Abhandlung über die verschiedenen Methoden zur Bestimmung der Isochronie von Pendeln diskutiert. Einige Monate später stellte der Berliner Instrumentenmacher Leonhardt seinen neuen elektrischen Telegraphen vor.[14] Helmholtz hielt seinen ersten Vortrag am 23. Juli 1847 „Über die Erhaltung der Kraft". In der vorangegangenen Sitzung hatte Brücke über Nachbilder und physiologische Kontrastfarben gesprochen. Ein weiterer Vortrag Brückes über Methoden zur Sichtbarmachung der Bewegung einer schwingenden Saite folgte am 15. Oktober. Du Bois-Reymond stellte seinen „Multiplikator" vor, ein Galvanometer, das in der Lage war, bioelektrische Ströme zu registrieren; und im Zusammenhang damit präsentierte er mit Johannes Halske den Magnetoelektromotor. 1850 stellte Siemens seine neue Arbeit über den Telegraphenapparat vor, Helmholtz sprach über die Geschwindigkeit der Nervenleitung, und am 18. Juli 1850 wurde Helmholtz' Myograph demonstriert. Mehrere Sitzungen waren Wilhelm Beetz' akustischen Arbeiten gewidmet. Was den Telegraphen angeht, so waren die Jahre zwischen 1854 und 1857 wahrscheinlich die produktivsten der Berliner Physikalischen Gesellschaft. Siemens hielt neun Vorträge, einschließlich einiger über den elektromagnetischen Telegraphen, über sein System zur Sendung mehrerer Botschaften durch das gleiche Kabel sowie über die Probleme bei Unterwasserkabeln. Johannes Halske berichtete über seine und Siemens' Verbesserungen des Morse-Telegraphen, sein neues Polarisations-Kaleidoskop und seine Arbeit über bewegte stereoskopische Bilder. Helmholtz setzte seine Berichte über die Geschwindigkeit der Nervenleitung fort. Telegraphie, Vorrichtungen zur Bilderzeugung, elektromagnetische Vorrichtungen zur Zeitmessung sowie die graphische Sichtbarmachung von Licht-, Ton- oder neurophysiologischen Phänomenen: Das waren die nachhaltigsten Interessen der aktiven Mitglieder der Berliner Physikalischen Gesellschaft.

Musik fürs Auge: Physiologische Akustik, Visualisierungs-Vorrichtungen und die Rezeptor-Hypothese

Es kann angenommen werden, daß Helmholtz seine Haltung gegenüber Youngs Theorie des Farbensehens während der Niederschrift der neuen Experimente änderte, die den Kern seiner Arbeit von 1855 über die Zusammensetzung der Spektralfarben ausmachten.[15] Jedoch sagt die ursprüngliche Version des Artikels nichts über die Drei-Farben-Theorie des Sehens. Tatsächlich merkte Helmholtz in einer Fußnote zum Wiederabruck in den *Wissenschaftlichen Abhandlungen* an, daß er Youngs Hypothese erstmals im zweiten Teil der *Physiologischen Optik* (1862) zustimmend erwähnt habe.[16] Nichts darüber, daß die Begegnung mit Hermann Grassmann ihn gezwungen hätte, seine Position zur physiologischen Basis der Farben zu revidieren. Die Auseinandersetzung mit Grassmann, auf die hier leider nicht eingegangen werden kann, hatte zur Bestätigung von Newtons Methode der Darstellung des Systems der Farben geführt. Newtons ingeniöse Idee bestand für Helmholtz darin, „dass die einfachen und zusammengesetzten Farben in einer gewissen Weise in einer Ebene vertheilt gedacht werden, dass man ihre Helligkeit durch entsprechende Gewichte darstellt und dann die Mischfarbe der gegebenen Farben in dem Schwerpunkte dieser Gewichte findet".[17] Als eine Konsequenz dieser Überlegung konnte Helmholtz zeigen, daß die geometrische Form der Farbskala eher in konischer Form als in Kreisform, welche Newton und Grassmann favorisiert hatten, aufzufassen war. Darüber hinaus war nichts Konkretes über physiologische Ursachen der wahrgenommenen Farbenmischungen bekannt. Helmholtz hatte gezeigt, daß beliebige drei Farben ausreichten, um die Farbskala zu erzeugen, aber seine Methoden gaben keine Auskunft darüber, welche drei Farben möglichen retinalen Rezeptoren entsprechen könnten. Zwar hatte er festgestellt, daß Newtons Methode zur Darstellung von Farbkombinationen hilfreich war; aber er wollte weitergehen und nachweisen, daß die zugrundeliegenden Prinzipien einen allgemeineren Mechanismus zur Darstellung von Empfindungen verkörperten. Er wollte sie mithin als ein psychophysisches Prinzip verstanden wissen. Was führte Helmholtz zwischen 1855 und 1862 dazu, seine Meinung über Youngs Hypothese zu ändern? Wie kam er auf Rot, Grün und Violett als die drei primären physiologischen Farben?

Durch unpubliziertes Material, experimentelle Notizen oder Korrespondenz läßt sich diese Frage nicht eindeutig beantworten. Ich möchte vorschlagen, daß es seine Arbeiten zur physiologischen Akustik und vor allem die Analogisierung von Auge und Ohr waren, die Helmholtz zur Neubewertung der Youngschen Hypothese führten. Diese Vermutung stützt sich auf Helmholtz' populäre Vorträge über die neueren Fortschritte in der Theorie des Sehens, die er 1868 in Köln hielt. In diesem Zusammenhang versuchte Helmholtz seine Zuhörer durch eine Analogie mit den Tonempfindungen von der Plausibilität der Drei-Farben-Theorie zu überzeugen:

„Eine ganz ähnliche Hypothese habe ich später äusserst geeignet und fruchtbar gefunden, um ebenso räthselhafte Eigenthümlichkeiten, welche sich bei der Wahrnehmung musikalischer Töne zeigen, höchst einfach zu erklären. Nämlich in der sogenannten Schnecke des Ohres liegen die Enden der Nervenfasern nebeneinander regelmässig ausgebreitet und sind mit kleinen elastischen Anhängseln, den Corti'schen Bögen, versehen, welche regelmässig wie Tasten und Hämmer eines Klaviers neben einander geordnet sind. Meine Annahme ist nun, dass hier jede einzelne Nervenfaser zur Wahrnehmung einer bestimmten Tonhöhe befähigt sei, für die ihr elastisches Anhängsel am stärksten in Mitschwingungen komme. Es ist hier nicht der Raum, um auf die besonderen Charaktere der Tonempfindungen einzugehen, welche mich zur Aufstellung einer solchen Hypothese veranlassten, deren Analogie mit Young's Farbentheorie in die Augen springt, und die die Entstehung der Obertöne, der Schwebungen, die Wahrnehmung der Klangfarben, den Unterschied von Consonanz und Dissonanz, die Bildung der musikalischen Scala u.s.w. auf ein ebenso einfaches Prinzip zurückführt, wie das von Young's Farbentheorie ist."[18]

Diese Passage klingt so, als wäre Youngs Theorie der Ausgangspunkt für die Suche nach einem ähnlichen Mechanismus des Hörens gewesen. Ich meine jedoch, daß die tatsächliche Reihenfolge genau umgekehrt war, d. h., daß die Arbeiten zur physiologischen Akustik die Rezeptor-Hypothese stützten, bevor ihre Bedeutung für die physiologische Optik klar wurde. Das Hin und Her des Modellvergleichs beider Sinnessysteme führte Helmholtz in dieser Periode dazu, seine Position gegenüber Youngs trichromatischer Rezeptor-Hypothese zu revidieren.

Die Analogie zwischen der physiologischen Akustik und dem Farbensehen beruhte darauf, daß, so wie im Ohr die Grund- oder Primärtöne objektiv auf den Cortischen Bögen basieren, auch im Auge die Primärfarben auf spezifischen Nervenendungen in den Stäbchen und Zapfen beruhen. Keine der beiden Annahmen ließ sich vorerst beim Menschen erhärten. Vergleiche zwischen Auge und Ohr waren ein hervorstechendes Merkmal von Helmholtz' Arbeit zur physiologischen Akustik.[19] Nun waren solche Analogien nicht neu, und Helmholtz war vertraut mit ähnlichen Vergleichen bei anderen Autoren; immerhin hatte er die Berichte über die Fortschritte in der physiologischen Akustik für die Jahre 1848 und 1849 in den *Fortschritten der Physik* verfaßt. August Seebeck beispielsweise, auf den Helmholtz sich immer wieder beziehen sollte, nahm an, daß unter bestimmten Bedingungen transversale (Licht-) und longitudinale (Schall-)Wellen sich ähnlich verhalten und postulierte damit ein optisches Analogon zur akustischen Resonanz.[20]

Ohne näher auf frühere Analogien zwischen Schall und Licht als Wellenerscheinungen einzugehen, ist es doch bemerkenswert, daß Helmholtz die physiologische Akustik ernsthaft im Jahre 1855 aufnahm, genau zu der Zeit also, als er nach einer anatomischen und physiologischen Grundlegung der Drei-Farben-Theorie suchte. Basis für die Analogie war Alfonso Cortis Entdeckung der cochlearen Membran. In zwei Artikeln über Kombinationstöne wollte Helmholtz nachweisen, daß alle musikalischen Töne aus einer Anzahl Grund- oder einfacher Töne zusammengesetzt sind. Sein Ziel war, eine Analogie zwischen Spektralfarben und Primärtönen herzustellen: „Wir wollen solche Töne nach Analogie der einfachen Farben des Spectrums einfache Töne nennen, im Gegensatz zu den zusammengesetzten Tönen der musikalischen Instrumente, welche eigentlich Accorde mit dominirendem Grundton sind."[21]

Helmholtz' Absicht bei seinen akustischen Untersuchungen war genau die gleiche, welche die weitere Entwicklung der Youngschen Drei-Rezeptor-Hypothese ins Stocken gebracht hatte. Es ging um den Nachweis, daß die mathematische Beschreibung des Hörens eine materielle physikalische Grundlage in der Physiologie des Ohres hat. Helmholtz wollte zeigen, daß die Fourier-Analyse nicht bloß ein nützliches mathematisches Werkzeug zur Darstellung der Phänomene ist, sondern vielmehr, daß das Ohr selbst einen Fourier-Analysator darstellt. In der Arbeit über Kombinationstöne wollte er zeigen, daß die Grundtöne wie die Spektralfarben eine unabhängige, objektive Existenz besitzen, und daß auch die Kombinationstöne eine objektive Existenz haben, also nicht bloß eine psychologische Erscheinung sind:

„Das hier erwähnte Theorem von Fourier ergiebt zunächst nur, dass es mathematisch möglich ist, einen Klang als eine Summe von Tönen zu betrachten, die Worte in dem von uns festgesetzten Sinne genommen, und die Mathematiker haben es auch immer bequem gefunden, diese Art der Zerlegung der Schwingungen ihren akustischen Untersuchungen zu Grunde zu legen. Aber daraus folgt noch keineswegs, dass wir gezwungen seien, die Sache so zu betrachten. Wir müssen vielmehr fragen, bestehen denn diese Theiltöne eines Klanges, welche die mathematische Theorie ausscheidet, und welche das Ohr empfindet, auch wirklich in der Luftmasse ausserhalb des Ohres? Ist diese Art, die Schwingungsformen aufzulösen, wie sie das Theorem von Fourier vorschreibt und möglich macht, nicht bloss eine mathematische Fiction, welche zur Erleichterung der Rechnung erlaubt sein mag, aber nicht nothwendig irgendeinen entsprechenden reellen Sinn zu haben braucht? [...] Ebenso wenig berechtigt uns die durch Fourier nachgewiesene mathematische Möglichkeit, alle Schallbewegung aus einfachen Schwingungen zusammenzusetzen, daraus zu folgern, dass dies die einzig erlaubte Art der Analyse sei, wenn wir nicht nachweisen können, dass dieselbe auch einen wesentlichen reellen Sinn habe. Der Umstand, dass das Ohr dieselbe Zerlegung ausführt, spricht nun allerdings schon sehr dafür, dass die genannte Zerlegung einen Sinn hat, der sich auch in der Aussenwelt, unabhängig von aller Theorie, werde bewähren müssen, ebenso gut wie auch schon der andere genannte Umstand, dass diese Art der Zerlegung bei den mathematischen Untersuchungen sich als so viel vortheilhafter erwiesen hat, als jede andere, dieselbe Vermuthung unterstützen mag. [...] Wir wollen daher zuerst im nächsten Abschnitte untersuchen, ob die Zerlegung in einfache Schwingungen auch in der Aussenwelt unabhängig vom Ohre eine thatsächliche Bedeutung habe, und wir werden in der That im Stande sein, nachzuweisen, dass bestimmte mechanische Wirkungen davon abhängen, ob in einer Klangmasse ein gewisser Theilton enthalten sei oder nicht. Dadurch erst erhält die Existenz der Theiltöne ihre reelle Bedeutung, und die Kenntniss ihrer mechanischen Wirkungsfähigkeit wird dann ein neues Licht auf ihre Beziehungen zum menschlichen Ohre werfen."[22]

Es war möglich, die Entsprechung zwischen Theorie und Experiment mittels der Schwingung einer Saite zu zeigen. In den meisten anderen Fällen jedoch war die mathematische Analyse der Klangbewegungen nicht in der Lage festzustellen, welche Obertöne anwesend sind und welche Intensität sie besitzen. Um zu demonstrieren, daß Kombinationstöne unabhängig vom Ohr existieren, verwendete Helmholtz Resonatoren, und um die Defizite der Theorie zu kompensieren, führte er eine Anzahl von Anordnungen zur Visualisierung und mechanischen Zerlegung einer Schallwelle in ihre konstituierenden Grundtöne ein.

Unter der Klangfarbe eines Tones verstand Helmholtz den klanglichen Unterschied z. B. zwischen einer Violine und einer Flöte. Der gleiche, mit der gleichen Intensität produzierte Ton ist charakteristisch verschieden je nach Instrument. Die plausible Annahme der meisten Physiker vor Helmholtz war, die Klangfarbe werde durch die Form der Schallwelle bestimmt. Auch Helmholtz verglich in einer ersten Zusammenfassung seiner Theorie die Klangfarbe mit Wasserwellen.[23] Die Aufklärung der Beziehung zwischen der Form der Schallwelle und der Klangfarbe leitete seine Untersuchungen zwischen 1857 und 1862. Und auch hier suchte er, die Beschränkungen der Theorie durch die Konstruktion von Visualisierungsanordnungen zu kompensieren. Die Lösung des Problems stellte Helmholtz dann in der ersten Auflage seiner *Tonempfindungen* 1863 vor:

„Für die Bewegung der mit dem Violinbogen gestrichenen Saiten kann noch keine vollständige mechanische Theorie gegeben werden, weil man nicht weiss, in welcher Weise der Bogen auf die Bewegung der Saite einwirkt. Doch habe ich es für möglich gefunden, mittels einer eigenthümlichen, von dem französischen

Physiker Lissajous in ihren Grundzügen vorgeschlagenen Methode die Schwingungsform der einzelnen Punkte einer Violinsaite zu beobachten, und aus der beobachteten Schwingungsform, welche verhältnissmässig sehr einfach ist, dann die ganze Bewegung der Saite und die Stärke ihrer Obertöne zu berechnen."[24]

Neben der Konstruktion von Visualisierungsvorrichtungen waren Helmholtz' Untersuchungen in diesen Jahren durch die stets präsente Analogie von Auge und Ohr geleitet. Die Farbempfindung war durch drei Variablen bestimmt: Helligkeit, Farbe und Sättigung. In Analogie dazu war der Klang durch drei Variablen bestimmt: Lautstärke, Tonhöhe und Klangfarbe. Obwohl Licht und Schall verschiedene Arten von Wellenerscheinungen waren, wurden sowohl Helligkeit als auch Lautstärke mit der Amplitude assoziiert, während Farbe und Tonhöhe von der Frequenz abhingen.[25] In Verfolgung der Analogie konnte also die Klangfarbe nicht in der Wellenform untergebracht werden. Wenn die Sättigung von der Farbenmischung abhing, dann konnte auch erwartet werden, daß die Klangfarbe eines Tones aus der Kombination von Grundtönen resultierte. Der Klang von Musikinstrumenten wird durch einen Grund- und zahlreiche Obertöne charakterisiert. Der Unterschied zwischen diesen akustischen Erscheinungen und der Farbempfindung besteht darin, daß das Auge die Komponenten einer zusammengesetzten Farbe nicht unterscheiden kann.[26] Das Ohr dagegen kann die Elemente eines zusammengesetzten Tons identifizieren. Nach Helmholtz ist dafür die innere Organisation des Ohrs verantwortlich. Er nahm an, daß jede der verschiedenen in die Corti-Membran eingelagerten Fasern auf einen bestimmten Grundton ‚reagierte'. Musikalische Töne wären demnach Kombinationen dieser primären Empfindungen. Im Fall der Tonempfindungen läge die Basis von Johannes Müllers spezifischer Sinnesenergie in dieser Organisation.

Um die Zusammensetzung der Schallwellen plausibel zu machen, zog Helmholtz Instrumente heran, mit deren Hilfe er Grundtöne „künstlich" produzierte und visuell darstellte. Dann verglich er die Wellenformen von z. B. auf einer Violine gestrichenen Noten mit der Wellenform des Grundtons. Die Anordnung zur Produktion von Primärtönen war eine Modifikation des von seinem Freund Werner Siemens patentierten selbstregulierenden Strom-Unterbrechers. In den verschiedenen Patentanmeldungen als eine Art oszillierende Gabel beschrieben, hatte der Unterbrecher die synchrone Operation verschiedener Teile des Telegraphenapparates und die konstante Weitergabe der Botschaft zwischen verschiedenen Telegrapheninstrumenten zu gewährleisten.[27] Anstelle der Feder und des schwingenden Hebels, die in Siemens' Instrument einen kontinuierlichen direkten Strom unterbrachen, führte Helmholtz eine Stimmgabel ein. Elektromagneten nahe den Enden der Gabel zogen alternierend deren Zacken an, so daß ein Kontakt zustande kam und Stromstöße mit der Frequenz der Gabel weitergeleitet wurden. Diese Ströme wurden zu einem zweiten Stimmgabel-Apparat geleitet. Die Gabel in diesem Apparat stand zwischen einem durch die ankommenden Stromstöße aktivierten Elektromagneten. Die besten Resultate wurden mit den schwächsten Grundtönen erzielt. Dies erforderte die Verwendung von Gabeln, deren Töne kaum hörbar waren. Sie wurden durch einen nahe der Gabel aufgestellten Resonator verstärkt, der auf die entsprechende Frequenz eingestellt war. Durch Verbindung dieser Resonator-Vorrichtungen war Helmholtz in der Lage, zahlreiche Töne hervorzubringen, die von denen musikalischer Instrumente nicht zu unterscheiden waren.

Helmholtz beschrieb mehrere Methoden zur Sichtbarmachung von Tonschwingungen. Die erste nannte er die „graphische Methode", die „das Gesetz solcher Bewegungen dem Auge übersichtlicher [darlegt], als es durch weitläuftige Beschreibungen geschehen kann".[28] Er illustrierte die graphische Methode mit dem Phonoautographen. Dessen schwingende Gabel produzierte eine Kurve auf einem mit Lampenruß geschwärzten, auf einer Trommel befestigten Papier. Die Anordnung entsprach der in Carl Ludwigs Kymographen oder in Helmholtz' eigenem Myographen. Die eindrücklichste dieser Visualisierungsvorrichtungen war das Schwingungsmikroskop, das auf

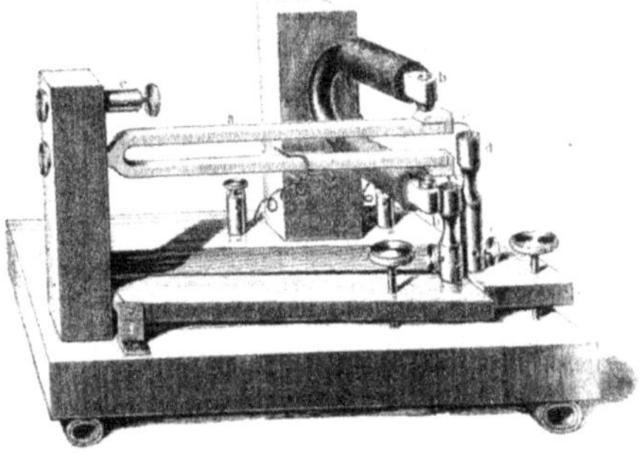

Abb. 1: Stimmgabel-Unterbrecher.

Abb. 2: Stimmgabel-Resonator.

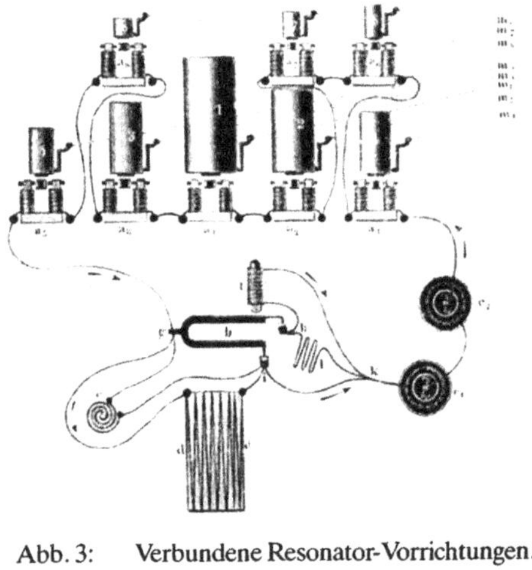

Abb. 3: Verbundene Resonator-Vorrichtungen.

Lissajous' Methoden zur Beobachtung zusammengesetzter Schwingungsbewegungen beruhte. Es war so konstruiert, daß sich die Objektivlinse an einem der Arme einer Stimmgabel befand. Das Okular des Mikroskops war auf einer Platte befestigt, so daß der Tubus an die Rückseite der Klammer zu liegen kam, welche die Stimmgabel hielt. Wenn die Stimmgabel durch zwei Elektromagneten in Bewegung versetzt wurde, begann die Objektivlinse vertikal auf einer Linie zu schwingen. Wenn das Mikroskop auf ein ruhendes Korn weißer Stärke fokussiert wurde, konnte man eine weiße vertikale Linie sehen. Wurde das Stärkekorn auf einer vertikalen Saite montiert, so daß es horizontal zu schwingen anfing, wenn die Linse sich vertikal bewegte, dann war das Bild im Sehfeld des Mikroskops eine Linie, die sich aus beiden um 45° geneigten Bewegungen zusammensetzte.

Helmholtz machte von diesen Instrumenten hauptsächlich Gebrauch, um zu zeigen, daß Phasenunterschiede in den Grundtönen eines Kombinationstones keinen Einfluß auf die wahrgenommene Klangfarbe des Tons hatten. In diesem Zusammenhang verwendete er das Schwingungsmikroskop, um die Form der Wellen zu untersuchen, die aus nicht in gleicher Phase befindlichen Grundtönen zusammengesetzt waren. Die Stimmgabel des Resonators und die Gabel des Schwingungsmikroskops wurden durch den gleichen Unterbrecher in Bewegung gesetzt. Um die Phase der Gabel im Resonator zu ändern, brachte Helmholtz schmale Klümpchen Wachs auf der Gabel an. Die Gabel des Schwingungsmikroskops brachte er in eine horizontale Position. Die Stimmgabel des Resonators wurde vertikal gestellt und hatte weiße Stärkekörnchen auf einer ihrer Zacken. Die Objektlinse des Mikroskops vibrierte also vertikal, während das Stärkekorn, auf welches das Mikroskop fokussiert war, horizontal schwang. In dem Maße, wie die Phase der Resonatorgabel sich änderte, verwandelte sich die Linie im Sehfeld des Mikroskops von einer um 45° geneigten geraden Linie über verschiedene schiefe Ellipsen bis zu einer Phasendifferenz von einer Viertelperiode und dann zurück.[29] Wenn die gewählte Resonatorgabel die obere Oktave der Unterbrechergabel war, erzeugten die Phasenverschiebungen die zweite Reihe von den in Abbildung 4 gezeigten Wellenformen.

Helmholtz wollte mit diesen Experimenten verdeutlichen, daß solche Wellenformen nicht die Klangfarbe bestimmten. Sie wurde bestimmt durch den Druck auf das Ohr, d. h. durch die Amplituden der in den zusammengesetzten Ton eingehenden Grundtöne. Solange die relativen Intensitäten der Grundtöne gleich blieben, würde auch der Ton für das Ohr der gleiche bleiben, und zwar unabhängig davon, wie die Phasenänderung der Partialtöne die Wellenform veränderte. In einer zweiten Reihe von Experimenten ohne das Mikroskop brachte Helmholtz den Resonator mit seiner Gabel außer Schwingung, indem er den Deckel der Resonanzröhre teilweise verschloß.[30] Für das Ohr ergab sich aus der

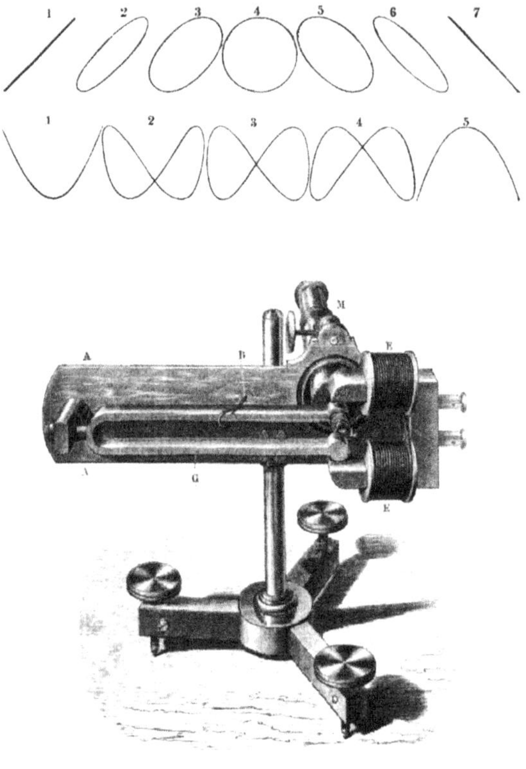

Abb. 4: Lissajous-Figuren im Schwingungsmikroskop.

Schließung des Lids eine Verminderung der Lautstärke des Tones. Der gleiche Effekt konnte jedoch erreicht werden, wenn man die Röhre ganz offen ließ und durch eine Adjustierung der beweglichen Resonatorplattform (k) den Resonator von der Stimmgabel entfernte. Die erste Methode änderte die Phase der zusammensetzenden Töne, die zweite jedoch nicht:

„In der beschriebenen Weise lassen sich also alle möglichen Phasenunterschiede zwischen je zwei Röhren hervorbringen. Dasselbe Verfahren kann natürlich auch für jede beliebige Zahl von Röhren angewendet werden. Ich habe in dieser Weise mannigfache Combinationen der Töne mit verschiedenen Phasenunterschieden versucht, aber niemals gefunden, dass sich die Klangfarbe im geringsten dabei veränderte. Es war für den Klang immer vollständig gleichgültig, ob ich einzelne Partialtöne durch unvollständige Oeffnung der Röhren, oder durch deren Entfernung von den Stimmgabeln abschwächte, wodurch also die von uns aufgestellte Frage dahin entschieden wird, dass die Klangfarbe des musikalischen Theiles eines Klanges nur abhängt von der Zahl und Stärke der Theiltöne, nicht von ihren Phasenunterschieden."[31]

Diese Experimente und besonders die entscheidende Rolle des Schwingungsmikroskops stellten die Basis für einen direkten Vergleich zwischen Auge und Ohr dar. Die Visualisierungsvorrichtung enthüllte, daß das Auge in der Lage ist, selbst relativ kleine Unterschiede zwischen Wellenformen zu entdecken; „das Ohr dagegen unterscheidet nicht alle verschiedenen Schwingungsformen, sondern nur solche, welche, in pendelartige Schwingungen zerlegt, verschiedene Bestandtheile ergeben".[32] Mit dieser Schlußfolgerung kamen Unterschiede und Ähnlichkeiten im Mechanismus des Farbensehens und des Hörens in Sicht. Das

Ohr ist in der Lage, die Partialtöne in einem Kombinationston zu unterscheiden, weil unter den etwa 4 500 Nervenfasern der Corti-Bögen spezifische Fasern in Übereinstimmung mit dem Spektrum der Primärtöne schwingen. Die Tatsache, daß Amateure mit minimalem Training in der Lage sind, die Partialtöne in einem Kombinationston zu unterscheiden, während ausgebildete Musiker Differenzen der Tonhöhe unterscheiden können, die nicht mehr als eine halbe Schwingung pro Sekunde in einer doppelt akzentuierten Oktave betragen, wäre demnach erklärbar durch die Intervallgröße zwischen der Tonhöhe zweier Fasern. Ähnlich fand die Tatsache, daß Änderungen der Tonhöhe kontinuierlich stattfinden, ihre Erklärung in der sympathetischen Schwingung von Bögen mit fast identischen Eigentönen.

Die physiologische Organisation, die Helmholtz als die Basis der Tonempfindung ansah, wurde direkt durch die Stimmgabel und den Resonatorapparat modelliert. Tatsächlich war die Gesamtheit der Resonatoren und der mit ihnen verbundenen Stimmgabeln ein reverses materielles Modell des Ohrs. Der Resonatorapparat wurde verwendet, um künstlich Kombinationstöne aus einfachen Tönen zu produzieren, die ihrerseits durch den Stimmgabel-Unterbrecher hervorgebracht wurden. Aber man konnte sich auch vorstellen, daß diese Übertragungsvorrichtung umgekehrt als eine Aufzeichnungsvorrichtung arbeitete. In diesem Sinne war sie eine materielle Repräsentation des funktionierenden Ohres; ihre Resonatoren waren die materiellen Analoga der Fasern in der Corti-Membran; ihre Stimmgabel und der akustische Unterbrecher waren die Vorrichtung für die Übertragung, Verschlüsselung und Telegraphie der Grundtöne, welche die Schallwelle zusammensetzten.

Darüber hinaus stellte die durch diese Kommunikationstechnologien materialisierte Repräsentation auch eine Quelle für das Verständnis der Unterschiede zwischen dem Auge und dem Ohr dar, und sie brachte Anhaltspunkte für die weitere Entwicklung der Theorie des Farbensehens.

„Die Empfindung verschiedener Tonhöhen wäre hiernach also eine Empfindung in verschiedenen Nervenfasern. Die Empfindung der Klangfarbe würde darauf beruhen, dass ein Klang ausser den seinem Grundtone entsprechenden Corti'schen Bögen noch eine Anzahl anderer in Bewegung setzte, also in mehreren verschiedenen Gruppen von Nervenfasern Empfindungen erregte."[33]

Einige Nervengruppen würden also durch gemeinsame Resonanz stimuliert, während andere nicht affiziert wurden. Die Analogie zum Auge und zu Youngs Hypothese war offensichtlich:

„Wie das Ohr Schwingungen von verschiedener Dauer als Töne verschiedener Höhe auffasst, erregen Aetherschwingungen von verschiedener Dauer im Auge die Empfindung verschiedener Farben; die schnellsten die des Violett und Blau, die mittleren des Grün und Gelb, die langsamsten des Roth. Die Gesetze der Farbenmischung führten Thomas Young zu der Hypothese, dass es im Auge dreierlei Nervenfasern gebe, denen verschiedene Art der Empfindung zukäme, nämlich Rothempfindende, Grünempfindende und Violettempfindende. In der That giebt diese Annahme eine sehr einfache und vollständig consequente Erklärung sämmtlicher Gesichtserscheinungen, die sich auf die Farben beziehen. Dadurch werden also die qualitativen Unterschiede der Gesichtsempfindungen zurückgeführt auf die Verschiedenartigkeit der empfindenden Nerven. Es bleiben dann für die Empfindungen jeder einzelnen Sehnervenfaser nur die quantitativen Unterschiede stärkerer und schwächerer Reizung übrig.

Dasselbe thut die Hypothese, auf welche uns unsere Untersuchung der Klangfarbe geführt hat, für das Gehör. Die Verschiedenheiten der Qualität des Tones, nämlich Tonhöhe und Klangfarbe, werden zurückgeführt auf die Verschiedenheit der empfindenden Nervenfasern, und für jede einzelne Nervenfaser bleiben nur die Unterschiede der Stärke der Erregung übrig."[34]

So wie das Vermögen des Ohres, Myriaden musikalischer Töne zu unterscheiden, in einem organischen Fourier-Analysator begründet liegt, schien auch das Auge in ähnlicher Weise verstehbar als ein Generator, der Farben aus Primärempfindungen erzeugt, denen spezifische Nervenfasern zugrunde liegen. Das erstaunliche Unterscheidungsvermögen des Ohres konnte erklärt werden durch die große Zahl an spezifischen Fasern. Entsprechend war die Unfähigkeit des Auges, Farben in Elementarempfindungen aufzulösen, durch die geringe Zahl verschiedener Typen sensitiver Nervenfasern zu erklären, sowie durch die Annahme, daß alle drei Nerventypen in verschiedenem Maße auf die Stimulierung durch Licht reagieren. Die Annahme, daß die hauptsächlich für Rot, Grün oder Violett empfänglichen Fasern schwach auf Licht anderer Wellenlängen reagieren, würde die Kontinuität der Übergänge in der Farbempfindung ebenso erklären wie die Unfähigkeit des aufmerksamen Geistes, zusammengesetztes Licht zu zerlegen. Das Auge kennt keine Musik, da es nur drei anstelle der etwa 1000 „Resonator"-Typen der Corti-Membran besitzt.

Die Revision von Youngs Drei-Farben-Theorie

Die Tatsache, daß bei der Konstruktion des Farbenraums komplementäre Farbenpaare in unterschiedlicher Entfernung angeordnet werden mußten, um dem Unterschied im Sättigungsgrad der eine Empfindung von Weiß hervorrufenden Farben gerecht zu werden, führte Helmholtz dazu, Youngs Theorie noch einmal zu überdenken.[35] Es lag nahe, daß unter physiologischen Gesichtspunkten die

Spektralfarben nicht die sattesten oder reinsten Farben sind. Dieser Gedanke wurde gestützt durch Experimente zur akustischen Resonanz, bei denen Resonatoren mit ähnlichen Eigentönen sich zu einem Kombinationston verbanden. Die mögliche Analogie zum Auge lag in Youngs Annahme, daß die physiologische Basis für das Farbensehen in der Stimulierung dreier verschiedener retinaler Zelltypen liegt. Helmholtz' Experimente legten nahe, daß diese drei Typen sensitiv für den Rot-, den Grün- und den Violettbereich des Spektrums waren.

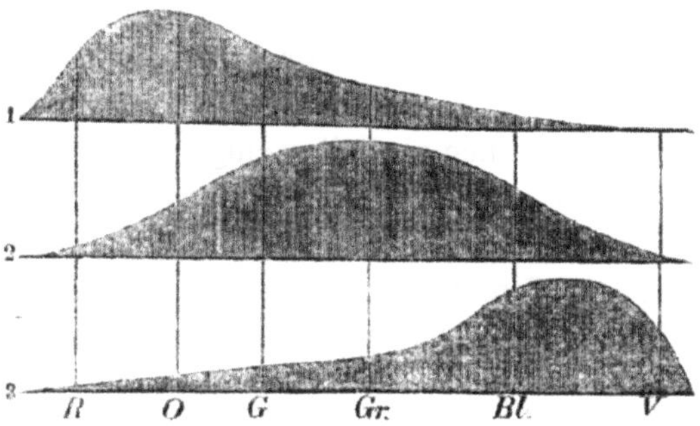

Abb. 5: Helmholtz' graphische Darstellung der Nervensensitivität für Farbe und Intensität.

Er fügte der Youngschen Hypothese mehrere Zusatzannahmen hinzu, um eine umfassende physiologische Interpretation des Farbenraum-Modells zu ermöglichen. So nahm er an, daß die Stimulierung eines jeden Rezeptors nicht nur eine starke Reaktion im Bereich seiner Grundfarbe hervorruft, sondern auch eine schwache Antwort in den benachbarten Bereichen. Helmholtz nahm zudem an, daß die Stärke der Reaktion jedes einzelnen Rezeptortyps von der Licht-Intensität des Reizes abhängt. So werden die violett-sensitiven Rezeptoren (der Graph ist hier von rechts nach links zu lesen) durch weißes Licht schon bei niedriger Intensität stimuliert; sie antworten nicht nur schneller, sondern erreichen auch ihre volle Erregung bei niedrigeren Lichtintensitäten als die grün- oder rot-sensitiven Rezeptoren.

Alle diese Annahmen waren mit Johannes Müllers Doktrin der spezifischen Sinnesenergien konsistent. Zwar gab es noch keine sicher differenzierbaren anatomischen Äquivalente für die verschiedenen Typen der Nervenaktivität; doch das alternative Modell, nämlich daß die Nervenstruktur in der Retina homogen war und die Fähigkeit besaß, drei verschiedene Arten von Reaktionen hervorzurufen, widersprach den elektrophysiologischen Messungen von Helmholtz und Du Bois-Reymond, bei denen keinerlei Unterschiede in der meßbaren Aktivität sensorischer und motorischer Nerven festgestellt wurden. Aus optischen und physiologischen Experimenten erschien es mithin plausibler, drei verschiedene Rezeptorentypen anzunehmen, die auf verschiedene Frequenzbereiche ansprachen.[36]

Klinische Untersuchungen zur Farbenblindheit unterstützten die Drei-Farben-

Theorie, und am vielversprechendsten waren in diesem Zusammenhang die Untersuchungen von Nachbildern, die dadurch zustande kommen, daß man einen hellen Gegenstand vor dunklem Hintergrund oder einen dunklen Gegenstand vor hellem Hintergrund fixiert und dann die Augen schließt bzw. abwendet. Ähnlich wie bei photographischen Bildern gibt es positive und negative Nachbilder. Bei ersteren führen helle Bereiche im Gegenstand auch zu hellen Bereichen im Bild; bei letzteren kehrt sich das Verhältnis um.[37] Helmholtz erklärte diese Erscheinungen damit, daß die Erregung der Netzhaut auch dann noch anhalte, wenn keine Licht-Reizung mehr erfolge, und daß die affizierten Netzhautareale weniger sensitiv für eine neuerliche Licht-Reizung seien als die nicht affizierten.[38] Die Retina ist hauptsächlich empfindlich für Intensitäts-*Unterschiede,* so daß heftiger stimulierte Regionen als hell, weniger stimulierte Regionen als dunkel interpretiert werden. Bei der Bildung eines positiven Nachbildes werden die Nerven im stimulierten Bereich aktiviert und bleiben aktiv, selbst nachdem die Augen geschlossen werden. Die relativen Aktivitätsunterschiede werden als unterschiedliche Bereiche von Hell und Dunkel interpretiert. Wenn dann das Auge nach Entstehung eines positiven Nachbildes auf eine erleuchtete Oberfläche gerichtet wird, werden die vorher inaktiven Regionen nun stärker aktiviert als der Bereich des Nachbildes selbst, so daß es nun als ein dunkler Bereich gegen einen heller erleuchteten Hintergrund gesehen wird.

Farbige Nachbilder folgen ähnlichen Mustern, nur daß hier das Negativbild in der komplementären Farbe auftritt. Wenn das farbige Objekt plötzlich weggenommen wird, erscheint das Nachbild in der zur Farbe des fixierten Gegenstandes komplementären Farbe: So wird etwa das Nachbild eines roten Gegenstandes blau-grün und *vice versa.* Das Auftauchen negativer Nachbilder farbiger Gegenstände vor einem farbigen Hintergrund ließ sich ähnlich erklären: Die in der primären Empfindung vorherrschenden Farben verschwinden vom Hintergrund. So ruft ein grüner Gegenstand vor einem gelben Hintergrund ein rötlich-gelbes Nachbild hervor, während er vor einem blauen Hintergrund ein violettes Nachbild erzeugt.

Mit diesen Prinzipien wandte sich Helmholtz der experimentellen Evozierung von Farbempfindungen zu, die gesättigter sind als die Spektralfarben. Hierzu arrangierte er einen Vergleich von drei verschiedenen Nachbildern. Zunächst fixierte er ein schwarzes Quadrat vor einem roten Hintergrund. Nach der Entfernung des Quadrats ergab sich ein Nachbild mit einem intensiveren und satteren Rot als dem des Hintergrunds. Der Hintergrund in der Nähe des Quadrats erschien fahl. Auch diese Erscheinung wurde der differentiellen Aktivität der Rezeptoren in den beiden Teilen des Feldes vor und nach dem Entfernen des Quadrates zugeschrieben. Helmholtz nahm an, daß die rot-sensitiven Rezeptoren während der Fixierungsperiode ermüden. Im Vergleich zu der ungeschwächten Empfindung im Bereich des Nachbildes mußte dann die das Quadrat umgebende Fläche fahler erscheinen.

Da alle drei Rezeptortypen in unterschiedlichem Maß durch rotes Licht affiziert werden, ist der Empfindung von Rot bei der Entstehung des Nachbildes tatsächlich etwas Weiß beigemischt. In der Tat besagte die Helmholtz-Young-Hypothese, daß das rote Nachbild selbst nicht den sattesten Rotton aufweist, da bei seiner Produktion auch die beiden anderen Rezeptorentypen schwach aktiv sind. Um diese Konsequenz zu bestätigen, fertigte Helmholtz ein Quadrat an, das zur Hälfte schwarz und zur Hälfte blau-grün war, stellte es vor einen roten Hintergrund und fixierte einen Punkt, an dem die drei Farben aufeinandertrafen. Nach dem Entfernen des Quadrats beobachtete er, daß das rote Nachbild des blau-grünen Sektors intensiver und satter war als der Hintergrund.

Das Drei-Rezeptor-Modell bot eine Erklärung für diese Ergebnisse. Es führte zu der Annahme, daß in der Empfindung des roten Hintergrunds Weiß als ein Resultat der Stimulierung aller drei Rezeptorentypen enthalten ist. Es konnte angenommen werden, daß die Rot-Rezeptoren durch Schwarz nicht affiziert werden, und somit war das fahle Rot des Hintergrunds im Nachbild des schwarzen Sektors in voller Stärke präsent. Dem Modell zufolge reduziert sich, wenn das Auge dem roten Hintergrund ausgesetzt wird, die Aktivität der Rot-Rezeptoren, so daß hier die anderen Komponenten, welche die Empfindung von Weiß hervorrufen, stärker vertreten sind. Deshalb erscheint das Rot des Nachbildes in dieser Region als weißlich grau. Andererseits wird das Netzhautareal, das dem blau-grünen Licht ausgesetzt war, unempfindlich für diesen Teil der zu Rot komplementären Farbe des Hintergrunds, so daß das Rot des Nachbildes hier relativ frei von der Mischung ist und in seiner sattesten Form auftritt. Helmholtz konnte mithin die Schlußfolgerung ziehen, daß die gesättigtsten objektiven Farben, nämlich die reinen Spektralfarben, die Empfindung der subjektiv gesättigtsten Farben nicht im unermüdeten Auge hervorrufen, sondern erst dann, wenn man das Auge unempfindlich für die Komplementärfarben macht.[39]

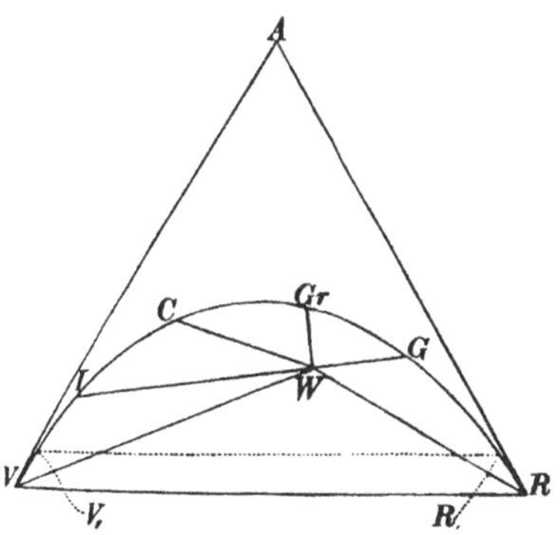

Abb. 6: Helmholtz' Farbdreieck für subjektive Farben.

Damit hatte Helmholtz die empirische Basis für seine modifizierte Version der Youngschen Hypothese geschaffen. Der Farbraum der subjektiven Farben war nicht die Kurve *RGV* gemäß der Konstruktion von Weiß aus komplementären Farben. Er wurde besser repräsentiert durch ein Dreieck *VAR*, in dem die Spektralfarben Violett und Rot nach *V1* und *R1* verschoben waren. In diesem Schema enthielt also die Fläche *V1ICGrGR1* die möglichen Farben, die man durch Mischung objektiver Farben erhalten konnte, während *R, V* und *A* die reinen Primärfarben repräsentierten. Die Basis für diese physiologischen Farben waren die drei Rezeptortypen mit ihren spezifischen Sinnesenergien.

Schluß

Ich habe zu zeigen versucht, daß die neuen Medientechnologien, die das Interesse von Helmholtz und seinen Berliner Freunden erregten – besonders der Telegraph und eine Reihe von neuen, das Hören und Sehen betreffenden Inskriptionsvorrichtungen –, den Rahmen seiner Experimente zur physiologischen Optik und Akustik entscheidend mitbestimmten. Diese Vorrichtungen ermöglichten es, den Bereich der Wissenschaftsobjekte in einer Form abzustecken, in der sie differenziert, charakterisiert, manipuliert und rekombiniert werden konnten. Wir verfehlen jedoch die Bedeutung dieser Vorrichtungen zur Spurenerzeugung, wenn wir sie als bloße Instrumente betrachten, um theoretische Behauptungen zu testen und Kontroversen beizulegen, wie etwa den Disput über Youngs Hypothese. Vielmehr bildeten die neuen Technologien eine Grundlage für die Repräsentation des Wissenschaftsobjekts; in ihrer Materialität waren sie nicht einfach „Repräsentanten" eines durch die Theorie beschriebenen Objekts; sie schufen vielmehr den Raum, in dem die Wissenschaftsobjekte „Auge und Ohr" in materieller Form existierten. Die Repräsentationstechnologien waren mächtiger als die Theorie. Damit meine ich nicht, daß die Theorie Helmholtz ein Stück weit brachte, und daß die Repräsentationstechnologien dann ein bloßes Supplement darstellten, das die Forschung auf Bereiche ausdehnte, in welche die Theorie nicht hineinreichte. Ich denke eher, daß wir der Materialität der Inskriptionsvorrichtungen selbst mehr Aufmerksamkeit schenken müssen, vor allem der Art und Weise, wie sie für die „signifying scene" der Technowissenschaften konstitutiv werden.[40] Wir sind daran gewöhnt, über das Verhältnis der Theorie zu ihrem Gegenstand zu sprechen, als wären wissenschaftliche Instrumente und Experimentalsysteme ein transparentes und passives Medium, durch welches das Objekt nur noch präsent gemacht zu werden braucht. In unserer traditionellen Sprechweise ist das Instrument einfach eine Extension der Theorie, ein bloßes Supplement, das dazu dient, die ideelle Bedeutung zu exteriorisieren. Wenn wir das Experimentalsystem als ein Modell für die Theorie behandeln, tendieren wir dazu, in ihm ein unproblematisches System zum Transfer der ideellen Segmente der Theorie in eine repräsentative Hardware-Sprache zu sehen. Dabei vernachlässigen wir jedoch den empirischen, materiellen Charakter des Experimentalsystems als eine graphische Spur, ein Graphem im Sinne Derridas.[41] Diese externe Materialität ist den Zwecken der Theorie nicht gefügig; sie ist widerständig und erlegt der Bedeutungsproduktion Zwänge auf. Wie Derrida bemerkt: „Die Äußerlichkeit des Zeigens affiziert die Innerlichkeit des Ausdrucks nicht in einer bloß beiläufigen Weise. Ihre Verflechtung ist originär."[42] Aus Derridas Sicht gibt es kein „bloßes" Supplement; das Supplement, in diesem Fall die Materialität des Experimentalsystems, ist ein notwendiger Bestandteil der Repräsentation.

Derridas Sichtweise hilft, Helmholtz' Experimentalstrategien zu verstehen. In den angeführten Passagen bezieht sich Derrida auf den materiellen Charakter des Signifikanten, der Zeichen eines geschriebenen Texts. Um dieses Denkmuster auf Helmholtz' wissenschaftliche Theoriebildung auszudehnen, müssen wir der graphischen Methode und den Produkten der Visualisierungstechnologien einen zentralen Platz einräumen. Dazu gehört die Bedeutung der Manipulierbarkeit von Elementen physikalischer Modelle wie das System der Stimmgabel-Resonatoren, die sowohl physikalisch als auch graphisch die Tonempfindung repräsentierten. Um es mit Derrida zu sagen: die Materialität dieser Signifikanten war nicht beiläufig für die Strukturierung des Inhalts von Helmholtz' Sinnesphysiologie. Wie dieser bemerkte, war die mechanische Theorie nicht zureichend, um das Funktionieren des Ohrs bei der Empfindung der Tonqualität darzustellen. Die Mathematisierung der Resonanztheorie mit Hilfe der Greenschen Funktion und der Fourier-Analyse gab keinen Hinweis darauf, ob die Phasendifferenz und die Wellenform die Tonqualität affizierten. Durch die Verwendung der Stimmgabel und der Resonator-Vorrichtung wurde es jedoch möglich, die Entstehung der Klangfarbe visuell darzustellen. Damit konnte Helmholtz nicht nur eine detailliertere graphische Darstellung der Elemente geben, die in die Produktion verschiedener Klangfarben involviert waren; noch wichtiger war, daß die Repräsentation des Ohrs als telegraphische Vorrichtung zu jenem Objekt wurde, mit dem Helmholtz experimentierte, um eine von den meisten Physikern seiner Zeit geteilte Annahme über die Wellenform zu korrigieren. Die Repräsentation beeinflußte also auf eine grundlegende Weise die Formulierung der Theorie.

Darüber hinaus verkörperten telegraphische Vorrichtungen ein System von Bedeutungen, das im Zentrum von Helmholtz' Ansichten über mentale Repräsentationen und ihre Beziehung zur Welt stand, weil das System zur Konstruktion räumlicher Repräsentationen ähnlich der Codierung von Botschaften im Telegraphen operierte:

„Man hat die Nerven vielfach nicht unpassend mit Telegraphendrähten verglichen. Ein solcher Draht leitet immer nur dieselbe Art elektrischen Stromes, der bald stärker, bald schwächer oder auch entgegengesetzt gerichtet sein kann, aber sonst keine qualitativen Unterschiede zeigt. Dennoch kann man, je nachdem man seine Enden mit verschiedenen Apparaten in Verbindung setzt, telegraphische Depeschen geben, Glocken läuten, Minen entzünden, Wasser zersetzen, Magnete bewegen, Eisen magnetisiren, Licht entwickeln u. s. w. Aehnlich in den Nerven. Der Zustand der Reizung, der in ihnen hervorgerufen werden kann und von ihnen fortgeleitet wird, ist, so weit er sich an der isolirten Nervenfaser erkennen lässt, überall derselbe, aber nach verschiedenen Stellen theils des Gehirns, theils der äusseren Theile des Körpers hingeleitet, bringt er Bewegungen hervor, Absonderungen von Drüsen, Ab- und Zunahme der Blutmenge, der Röthe und der Wärme einzelner Organe, dann wieder Lichtempfindungen, Gehörempfindungen u. s. w. Wenn jede qualitativ verschiedene Wirkung der Art in verschiedenenartigen Organen hervorgebracht wird, zu denen auch gesonderte Nervenfasern hingehen müssen, so kann der Vorgang der Reizung in den einzelnen Fasern überall ganz derselbe sein, wie der elektrische Strom in den Telegraphendrähten immer derselbe ist, was für verschiedenartige Wirkungen er auch an den Enden hervorbringen möge. So lange wir dagegen annehmen, dass dieselbe Nervenfaser verschiedenartige Empfindungen leitet, würden auch verschiedene Arten des Reizungsvorganges in ihr vorhanden sein müssen, die wir bisher nachzuweisen noch nicht im Stande gewesen sind. In dieser Beziehung hat also die hingestellte Ansicht, eben so gut wie die Hypothese von Young über den Unterschied der Farben, noch eine weitere Bedeutung für die Nervenphysiologie im Allgemeinen."[43]

(Übersetzung: Hans-Jörg Rheinberger und Michael Hagner)

Anmerkungen

* Ich danke M. Norton Wise, Bernhard Siegert und Peter Galison für ihre hilfreichen Bemerkungen zu einer früheren Fassung des Manuskripts. Eine andere Version des Artikels wurde auch auf dem Workshop über ‚The State of Measurement' an der Princeton University am 8. Februar 1992 vorgetragen.

1 Ich kann hier nicht auf Helmholtz' Zeichentheorie der Wahrnehmung und das Verhältnis seiner Ansichten zu denen Herbarts eingehen. Vgl. dazu T. Lenoir: The eye as mathematician, in: D. Cahan (Hrsg.), Hermann von Helmholtz and the Foundation of Nineteenth Century Science (im Druck); T. Lenoir: Helmholtz, Müller und die Erziehung der Sinne, in: M. Hagner/B. Wahrig-Schmidt (Hrsg.), Johannes Müller und die Philosophie, Berlin 1992, S. 207–222.

2 Helmholtz beschloß seinen Vortrag über *Die neueren Fortschritte in der Theorie des Sehens* mit den folgenden Sätzen über die Korrespondenz zwischen Wahrnehmung und Außenwelt: „Jen-

seits dieser Grenzen, zum Beispiel im Gebiete der Qualitäten, können wir zum Theil die Nichtübereinstimmung bestimmt nachweisen. Nur die Beziehungen der Zeit, des Raumes, der Grösse, der Gesetzlichkeit, kurz das Mathematische, sind der äusseren und inneren Welt gemeinsam, und in diesen kann in der That eine volle Uebereinstimmung der Vorstellungen mit den abgebildeten Dingen erstrebt werden." (H. Helmholtz: Die neueren Fortschritte in der Theorie des Sehens (1868), in: Ders., Vorträge und Reden, Bd. 1, 5. Aufl., Braunschweig 1903, S. 265–365, auf S. 365.

3 Siehe H. Helmholtz: Über die Methoden, kleinste Zeittheile zu messen, und ihre Anwendung für physiologische Zwecke (1850), in: Ders., Wissenschaftliche Abhandlungen, 3 Bde., Leipzig 1882–1895 (im folgenden: WA), Bd. 2, S. 862–880, besonders S. 873.

4 Helmholtz, Anm. 2, S. 314.

5 Relevant für Helmholtz' Zeichentheorie der Repräsentation war auch die Diskussion Herbarts, der im Rahmen der Grundlegung seiner Psychophysik eine ähnliche Vorstellung über die Wahrnehmungsrepräsentation entwickelt hatte. Helmholtz war mit diesen Diskussionen sicherlich ebenso vertraut wie Riemann, der sich in seiner Arbeit über Mannigfaltigkeiten direkt auf sie bezog. Auf dieses Thema gehe ich ausführlicher in *Reforming Vision: Optics, Painting, and Ideology in Germany* ein (in Vorbereitung).

6 W. Schivelbusch: Geschichte der Eisenbahnreise, Frankfurt/M. 1989, S. 65.

7 Vgl. besonders die Kapitel über „Das maschinelle Ensemble" und „Eisenbahnraum und Eisenbahnzeit".

8 M. N. Wise: Mediating machines, Science in Context 2, 1988, 77–113.

9 S. Schaffer: A manufactory of Ohms (im Druck).

10 S. Schaffer: Newton's glassworks, in: D. Gooding/T. Pinch/S. Schaffer (Hrsg.), The Uses of Experiment, Cambridge 1989, S. 67–104.

11 S. Schaffer: Astronomers mark time: Discipline and the Personal Equation, Science in Context 2, 1988, 115–145.

12 Vgl. Helmholtz, Anm. 3, S. 870.

13 E. Brücke: Übersicht über die neueren Fortschritte in der physiologischen Optik, Fortschritte der Physik 2, 1846, S. 227.

14 Die Titel der Vorträge und die Daten der Sitzungen der Physikalischen Gesellschaft in den Jahren 1845 und 1846 finden sich in: Fortschritte der Physik 2, 1846, S. xv–xviii.

15 H. Helmholtz: Ueber die Zusammensetzung von Spectralfarben (1855), in: WA 2, S. 45–70. – Sowohl die Daten als auch die Schlußfolgerungen dieser Arbeit wurden in erweiterter Form in die Abschnitte 19–21 des 2. Teils der *Physiologischen Optik* aufgenommen.

16 Ebenda, S. 70.

17 Ebenda, S. 64.

18 Helmholtz, Anm. 2, S. 314.

19 Sie finden sich bereits in der ersten umfangreichen Arbeit zur physiologischen Akustik: Über Combinationstöne (Poggendorff's Annalen der Physik und Chemie 1856), in: WA 1, S. 263–302, auf S. 290, sowie in der 1. Aufl. der *Lehre von den Tonempfindungen*.

20 A. Seebeck: Bemerkungen über Resonanz und über Helligkeit der Farben im Spectrum, Annalen der Physik und Chemie 62, 1844, 571–576. – Diese Arbeit war eine Antwort auf Macedonio Mellonis *Beobachtung über die Färbung der Netzhaut und der Krystall-Linse,* die in den Annalen der Physik und Chemie 56, 1842, 574–587, erschienen war. Melloni schlug vor, die Farbempfindung als eine Resonanzerscheinung analog zur akustischen Resonanz zu behandeln.

21 H. Helmholtz: Über Combinationstöne (Monatsberichte der Königlichen Akademie der Wissenschaften zu Berlin 1856), in: WA 1, S. 256–262, auf S. 257.

22 H. Helmholtz: Die Lehre von den Tonempfindungen als physiologische Grundlage für die Theorie der Musik, 5. Aufl., Braunschweig 1896, S. 57–59.

23 H. Helmholtz: Über die physiologischen Ursachen der musikalischen Harmonie (1857), in: Ders., Vorträge und Reden, Bd. 1., Anm. 2, S. 119–155.

24 Helmholtz, Anm. 22, S. 137.

25 Ebenda, S. 19–20.

26 Über die physiologischen Ursachen der musikalischen Harmonie heißt es: „Wie wesentlich die genannte physiologische Eigenthümlichkeit des Ohres ist, wird namentlich klar, wenn wir es mit dem Auge vergleichen. [...] Das Auge kann zusammengesetzte Farben nicht von einander scheiden; es empfindet sie in einer nicht aufzulösenden, einfachen Empfindung, der einer Mischfarbe. Es ist ihm deshalb gleichgültig, ob in der Mischfarbe Grundfarben von einfachen oder nicht einfachen Schwingungsverhältnissen vereinigt sind. Es hat keine Harmonie in dem Sinne wie das Ohr; es hat keine Musik." (Ebenda, S. 154.)

27 Siemens' Patentierung des Unterbrechers in Preußen stammte vom 1. Mai 1847. Vgl. W. Siemens: Application for a patent for a new kind of electric telegraph and combined arrangement for printing messages, in: The Scientific and Technical Papers of Werner von Siemens, 2 Bde., London 1892–1895, Bd. 2, S. 13–26, auf S. 15–20. Eine viel ausführlichere Version findet sich in der englischen Patentanmeldung vom 3. April 1850. Vgl. ebenda, S. 30–74, besonders den Abschnitt „Translating Apparatus", S. 49–53. Eine ähnliche Präsentation gab Emil Du Bois-Reymond im Namen von Siemens vor der Pariser Akademie der Wissenschaften am 15. April 1850. Du Bois-Reymond übersetzte und las den Bericht, um ein königliches Privileg auf den Siemens-Telegraphen in Frankreich zu erlangen. Vgl. Memoir on the electric telegraph, in: Scientific and Technical Papers, Bd. 1, S. 29–64, auf S. 44f. Helmholtz' Stimmgabel-Unterbrecher wurde von der Firma Siemens & Halske hergestellt.

28 Helmholtz, Anm. 22, S. 33.

29 Ebenda, S. 204.

30 Helmholtz hatte in einer Arbeit von 1859 gezeigt, daß die Verengung der Apertur der Kammer die Phase der Welle veränderte. „Theorie der Luftschwingungen in Röhren mit offenen Enden" (1859), in: WA 1, S. 303–382.

31 Helmholtz, Anm. 22, S. 204f.

32 Ebenda, S. 209.

33 Ebenda, S. 243f.

34 Ebenda, S. 244f.

35 H. Helmholtz: Handbuch der physiologischen Optik, Leipzig 1867, S. 369.

36 Ebenda, S. 291f.

37 Ebenda, S. 358.

38 Ebenda, S. 362.

39 Ebenda, S. 370.

40 Der Begriff der „Materialität der Kommunikation" lehnt sich an Überlegungen an, die Hans Ulrich Gumbrecht und Ludwig Pfeiffer in dem von ihnen edierten Sammelband *Materialität der Kommunikation,* Frankfurt/M. 1988, angestellt haben.

41 Siehe hierzu die Kapitel „Tympanon", „Die différance" und „Signatur, Ereignis, Kontext" in J. Derrida: Randgänge der Philosophie, Wien 1988. Gaston Bachelards Auffassung wissenschaftlicher Instrumente als materialisierte Theorien und die korrelative Auffassung von Theorien als idealisierte Maschinen ist hier ebenfalls von Bedeutung. Siehe G. Bachelard: L'activité rationaliste de la physique contemporaine, Paris 1951. Für eine ausführlichere Darstellung der Relevanz

von Derridas Konzepten zum Verständnis von Experimentalsystemen siehe H.-J. Rheinberger: Experiment, Differenz, Schrift. Zur Geschichte epistemischer Dinge, Marburg 1992 und ders.: Experiment, difference, and writing. I. Tracing protein synthesis, und II. The laboratory production of transfer RNA, Studies in History and Philosophy of Science 23, 1992, 305–331; 389–422. Zur Vorstellung, daß der materielle Charakter der Generierung von Bedeutungen ein unkontrollierbares „Supplement" einführt, das zu einem strukturierenden Element eines semiotischen Systems wird, siehe B. Rotman: Ad Infinitum. The Ghost in Turing's Machine. Taking God Out of Mathematics and Putting the Body Back In, Stanford 1993 (im Druck).

42 J. Derrida: La voix et le phénomène. Paris 1967, S. 97. – Siehe auch D. E. Wellbery, The exteriority of writing, Stanford Literary Review 9, 1992, 11–23, besonders S. 16. Wellberys Essay gibt einen ausgezeichneten Überblick über das Verhältnis der Studien zur Materialität der Kommunikation zur poststrukturalistischen Philosophie. Vgl. auch Wellberys Einleitung zu F. Kittler: Discourse Networks 1800/1900, Stanford 1988.

43 Helmholtz, Anm. 22, S. 245f.

Bettina Wahrig-Schmidt/Friedhelm Hildebrandt

Pathologische Erythrozytendeformation und renale Hämaturie

Fragmente aus dem Leben einer nicht gemachten Entdeckung

Pulein war ein sehr verträumter Bär. ... „Was sieht er nur?“, fragte Puppelina verständnislos. „Er guckt in die Vergangenheit“, sagte Schauli-Mauli leise. „Püh“, machte Puppelina verächtlich. „In die Vergangenheit! Ja, wenn er in die Zukunft sehen könnte, das wäre was.“ ... „Worüber denkst du denn nach?“, fragte Tilly ihn. „Über mein Leben“, sagte Pulein. „Ich möchte gerne ein Buch über mein Leben schreiben. Man nennt das Marmoren. Oder so ähnlich. Glaube ich.“ ... „Was meinst du“, fragte Pulein, „soll ich hinten oder vorne anfangen?“ Tilly, die nicht wußte, was er mit hinten und vorne meinte, sagte: „Vorne natürlich.“[1]

A. Eine Entdeckung wird entdeckt

1. Der Anfang

1867 erschien in *Virchows Archiv* ein Aufsatz von Nikolaus Friedreich (1825–1882) mit dem Titel: „Ein Beitrag zur Lebensgeschichte der rothen Blutkörperchen“.[2] Friedreich veröffentlichte darin Beobachtungen über das Verhalten von pathologisch verformten roten Blutkörperchen im Urin eines Nierenkranken und machte einen Vorschlag, diese Beobachtungen in der Differentialdiagnose der Nierenkrankheiten einzusetzen. Die Resonanz war spärlich.

In der Marburger Kindernephrologie wurde seit Anfang der 1980er Jahre an einer neuen Methode der Differentialdiagnose der Hämaturie mittels Quantifizierung und Klassifikation deformierter Erythrozyten im Harnsediment gearbeitet. Einer der Autoren dieses Beitrags (Friedhelm Hildebrandt) war daran beteiligt. Er entwickelte diese Methode weiter, veröffentlichte seine Ergebnisse und betreute eine Doktorarbeit im Rahmen des Projekts. Der Doktorand, Andreas Fecht,[3] verfolgte in diesem Zusammenhang den Hinweis auf eine weit zurückliegende Publikation. Die beiden sahen sich den Aufsatz an und – erklärten die Medizinhistoriker für zuständig. Das erklärt die Beteiligung des zweiten Autors[4] (Bettina Wahrig-Schmidt) am vorliegenden Beitrag.

Die Nierendiagnostik hatte sich ein Stück weiterentwickelt – für die Medizingeschichte schien dieser Fund jedoch den Rang einer Entdeckung zu haben: Der in der Geschichte der Neurologie eponymisch verewigte Friedreich[5] zeigte sich nun als Vorläufer eines modernen nephrologischen Diagnoseverfahrens.

Seit dem Ende der 1980er Jahre – behindert durch die geographische Entfernung und die unterschiedlichen beruflichen Aktionsradien – suchten beide Verfasser dieses Aufsatzes, eine Antwort auf die Frage zu finden, warum eine Methode, für deren Anwendung die notwendige Technologie und für deren Begründung zumindest einige begriffliche Voraussetzungen vorhanden zu sein schienen, erst mit einer Latenz von über hundert Jahren Eingang in die klinische Praxis fand, zumal sie im Gegensatz zu anderen seither entwickelten Verfahren nicht invasiv und mit geringem technischen Aufwand verbunden war.

Unter den diskutierten Vermutungen hielten sich am längsten drei:

1. Die Rezeption wurde weitgehend dadurch verhindert, daß Friedreichs Vorschlag in eine „Verlierer-Hypothese" (nämlich diejenige der Eigenbeweglichkeit der roten Blutkörperchen) eingebettet war.
2. Die technischen Voraussetzungen (geeignetes Mikroskop und hinlängliche Routine in seiner Benutzung seitens der Kliniker) waren nicht hinreichend stabil.
3. Der Zug zur Technisierung der Diagnosemethoden (Zystoskop, Röntgentechnik) verhinderte die Entfaltung eines relativ anspruchslosen Verfahrens mit einem bereits vielfach eingesetzten, „etablierten" Instrument, nämlich dem Mikroskop.

Für alle drei Vermutungen bieten sich im folgenden Belege an, die jedoch lückenhaft bleiben müssen, wenn die Fragestellung in ihrer negativen Formulierung – warum ist Friedreichs Aufsatz (fast) nicht rezipiert worden? – aufrechterhalten bleibt. – In einem ersten Schritt möchten wir Friedreichs Vorgehen in Beziehung zu den zeitgenössischen Forschungen setzen und der Logik seiner Handlungen und Behauptungen sowie den Strategien, mit denen er die Akzeptanz seiner Ergebnisse zu sichern suchte, folgen. Wir bemühen uns nachzuvollziehen, was in dieser Zeit mit dem Mikroskop, mit den zellulären Bestandteilen des Blutes, mit Harnbestandteilen, mit beweglichen Zellen und mit pathologischen Nierenbefunden angestellt wurde.

Im Anschluß daran stellen wir die Entwicklung der Diagnosemethode in den 1980er Jahren dar und probieren, wenngleich nur punktuell, aus, ob sich auch hier mit den im ersten Teil angewendeten Metaphern und Begriffen arbeiten läßt.

Unser Beitrag versteht sich als in historischer Perspektive verfaßt, versucht aber, den Dialog zwischen dem Kliniker und der Historikerin, der ihm vorausging, nutzbar zu machen und ihn durchscheinen zu lassen. Seine Präsentation als eine Serie von nicht immer die Chronologie einhaltenden Fragmenten ist beabsichtigt. An einigen Stellen werden – vor allem bedingt durch die unterschiedlichen Arbeitsperspektiven – Inkongruenzen zwischen unseren Standpunkten sichtbar. Wir haben bewußt darauf verzichtet, sie zu glätten.

2. *Das Faktum*

Nach kurzer Einleitung, auf die noch einzugehen sein wird, präsentiert Friedreich zunächst einen Fallbericht: Der 23jährige Soldat G. wird in die Heidelberger Medizinische Klinik eingeliefert mit einem „acut, aber fieberlos entstandenen, maculös-papulösen, heftig juckenden, hie und da an Urticaria erinnernden" Ekzem; es finden sich Ödeme, an „den unteren Extremitäten zeigte die Affection einen exquisit hämorrhagischen Charakter, und es bestanden daselbst ausgebreitete Purpuralflecken"[6]. Das Ekzem wird behandelt und bessert sich, aber drei Wochen später treten Fieber, Mattigkeit und Appetitlosigkeit ein. Lendenschmerz und Harndrang fehlen. „Erst am folgenden Morgen enthielt der Harn ein reichliches, trübes, graurothes Sediment, welches aus viel Blut, spärlichen kleinen, rundlichen Zellen und vereinzelten Cylindern bestand; zugleich reichlicher Eiweissgehalt."[7] Das Befinden bessert sich; erneut wird der Harn untersucht. Friedreich nennt knapp die Befunde: „Der vor 6 Stunden entleerte Harn zeigt noch reichlichen Eiweissgehalt bei stark saurer Reaktion und einem specifischen Gewicht von 1010; das in demselben andauernd vorhandene Sediment besteht aus sehr vielen rundlichen, farblosen Zellen, reichlichen mit Zellen und rothen Blutkörperchen besetzten Cylindern und massenhaften freiliegenden rothen Blutkörperchen."[8] Ein hervorgehobener Satz leitet nun zur Schilderung von Friedreichs Entdeckung über: „*An letzteren fällt sofort ein höchst merkwürdiges Verhalten auf.* Dieselben sind nur zu einer geringen Zahl an Form und Grösse normal, sondern zeigen häufig seichte und tiefere Einschnürungen bis zu semmelartigen, dumbbellartigen Formen, als ob sie sich anschickten, sich in zwei, etwa gleich grosse Hälften zu theilen (a). An anderen schien eine Theilung in zwei ungleiche Hälften vor sich zu gehen, indem an denselben knospenartige, warzenähnliche Ansätze sich vorfanden, die sich nicht selten zu längeren, schmalen, wurstförmigen Anhängen ausgezogen hatten (b). Viele hatten sich bereits vollkommen abgeschnürt und getheilt, wie diess das Vorhandensein sehr zahlreicher kleiner, die normale Mittelgrösse bei Weitem nicht erreichender Blutkörperchen anzeigte."[9] Die Teilung geht so weit, „dass schliesslich Blutkörperchen von den kleinsten Formen, so zu sagen moleculäre Blutkörperchen entstanden".[10] Friedreich kann diese Teilungsvorgänge auch direkt beobachten: „So konnte ich bei längerer Betrachtung eines bereits eine seichte Einschnürung tragenden Körperchens sehen, wie sich die eine Hälfte von der anderen mehr und mehr entfernte, so dass zwischen beiden eine schmale Brücke sich bildete, mittels welcher dieselben noch eine kurze Weile zusammenhingen; dann löste sich die Brücke unmittelbar an der Zusammenhangsstelle mit der einen Hälfte; die andere Hälfte zog die an ihr haftende Brücke langsam in sich zurück und gestaltete sich so wieder zu einem regelmässigen runden Körperchen (d).“[11] Noch atemberaubender als die geschilderten Vorgänge selbst ist die hervorgehobene Schlußfolgerung: *„Unzweifelhaft war somit hier das Protoplasma der rothen Blutkörperchen in einer regen, bis zu den kleinsten Formen gehenden Theilung begriffen,* und es hinterliess der ganze Vorgang den entschiedenen Eindruck, als ob die Blutkörperchen aus einer halbfesten, fast ölartigen, einer äusseren Membran entbehrenden Substanz beständen.“[12] Friedreich erhebt noch eine Reihe weiterer Harnbefunde, die weniger eindrucksvoll sind; beim vierten Mal ist das „Leben“ der roten Blutkörperchen „erloschen“, d. h., sie bewegen sich nicht mehr, beim fünften sind (wenn auch schwache) Bewegungen zu sehen, beim sechsten kann man „weder Theilungs- noch Bewegungserscheinungen“ erkennen. Der Patient wird wenige Tage später „als geheilt betrachtet“ und entlassen.[13]

Friedreich zieht aus seinen Beobachtungen den Schluß, „dass amöboide Bewegungen, wie solche an dem Protoplasma der farblosen Blutkörperchen, Eiterkörperchen und anderer Elemente innerhalb der letzten Jahre beobachtet wurden, unter gewissen Verhältnissen auch an den rothen Blutkörperchen des erwachsenen Menschen vorkommen, und dass Theilungsvorgänge und Gestaltveränderungen an denselben unter Bedingungen erfolgen können, welche ganz verschieden sind von jenen, unter denen man bisher ähnliche Erscheinungen an denselben auftreten sah.“[14] Er vergleicht seine Ergebnisse mit denen anderer Forscher. So sahen einige zwar keine amöboiden Bewegungen, aber Formveränderungen bei roten Blutkörperchen des Frosches; andere sahen Teilungen bei roten Blutkörperchen von Hühnerembryonen. Friedreich vermutet, daß seine roten Blutkörperchen aufgrund eines spezifischen Konzentrationsgrades des Harnes diese Phänomene zeigten.[15] Um seine Vermutung zu erhärten, hat er Blut des Patienten zunächst mit Harn und dann mit Wasser vermischt und unter dem Mikroskop betrachtet. Die roten Blutkörperchen hätten zunächst „die bekannten eckigen Formen“ angenommen, um sich dann bei Zusatz von Wasser abzurunden, „und es traten zugleich an einem Theile derselben deutliche, wenn auch nur sehr schwache und langsame Gestaltveränderungen und kriechende Ortsbewegungen hervor. Abschnürungen und Theilungen aber hervorzurufen, konnte mir hierbei nicht gelingen.“[16] Bei einem Patienten mit Nierensarkom schließlich hat er Teilungen, aber keine Bewegungen der roten Blutkörperchen des Sediments beobachtet.

Anschließend berichtet Friedreich über den Fall eines Patienten mit leukämi-

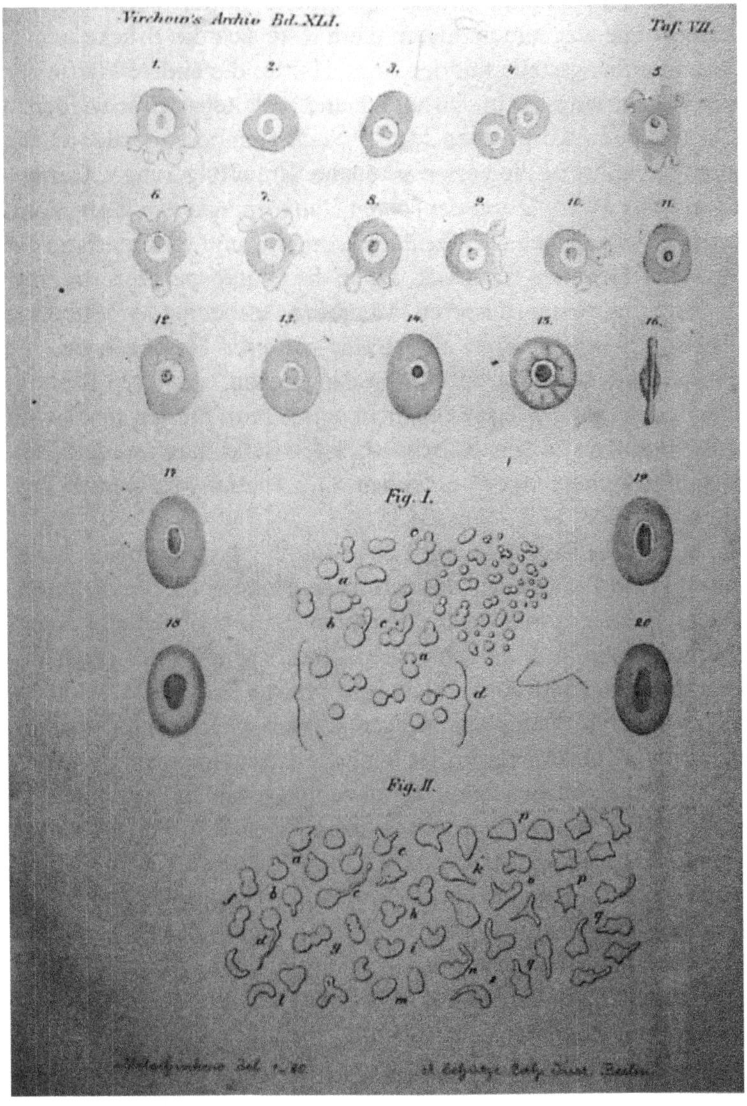

Abb. 1: Aus N. Friedreichs „Ein Beitrag zur Lebensgeschichte der rothen Blutkörperchen", *Virchows Archiv* 41 (1867). Friedreichs Ausführungen beziehen sich auf Fig. I und Fig. II.

schen Symptomen ohne Vermehrung der weißen Blutkörperchen: Hier waren an den roten Blutzellen ganz ähnliche Veränderungen zu finden. Man konnte direkt beobachten, wie ein rotes Blutkörperchen, wenngleich „nur sehr langsam und träge, so doch entschieden seine Form veränderte";[17] Ortsbewegungen waren allerdings nicht zu sehen.

Friedreich zieht das Résumé: Die beobachteten Phänomene sprechen seiner Meinung nach für die Herkunft der roten Blutkörperchen aus den weißen; deren Kontraktilität bleibe offensichtlich den roten Zellen in gewissen, pathologischen Fällen erhalten. Daraus leitet er die Notwendigkeit für die Kliniker ab, bei Hämaturie den Harn häufiger und eingehender zu untersuchen als bisher üblich und äußert schließlich jene Vermutung, die 120 Jahre später wieder „entdeckt" wurde: „einige neuere Erfahrungen scheinen mir selbst darauf hinzudeuten, als ob jene Veränderungen an den rothen Blutkörperchen lediglich bei Hämaturie in Folge von Nierenerkrankungen sich fänden und demnach als ein differentiell diagnostisches Moment zur Unterscheidung von Blasenblutungen verwerthet werden könnten".[18] Alle Beobachtungen sprechen Friedreich zufolge für die „Kontraktilität des Protoplasmas".[19]

B. Resonanzen, die Friedreich herstellt

Eine Reihe „rüstiger Forscher", so heißt es einleitend, habe „innerhalb des letztverflossenen Lustrums" mit histologischen Arbeiten die Kenntnis der Zellenlehre vorangebracht: Man sei „durch den Nachweis von der Unwesentlichkeit der Zellenmembran zu gewissen Modificationen gedrängt" worden und habe „durch die Entdeckung contractiler Eigenschaften des Protoplasmas Resultate von der eingreifendsten Bedeutung" erlangt, welche „die lichtvollsten Aufschlüsse bezüglich der Entstehung und örtlichen Verbreitung krankhafter Gewebsstörungen zu liefern und somit zu einer Kardinallehre der pathologischen Physiologie zu werden versprechen".[20] Während sich die Überzeugung von der Beweglichkeit des Protoplasmas weißer Blutkörperchen inzwischen etabliert habe, sei es bisher „gerade den bedeutendsten Forschern auf dem Gebiete der Histologie" nicht gelungen, ähnliche Erscheinungen an roten Blutkörperchen zu beobachten. Friedreich bemüht drei Theoreme zur Legitimation der Konstruktion seines „epistemischen Dings",[21] der amöboiden roten Blutkörperchen: die Unwesentlichkeit der Zellmembran, die Kontraktilität des Protoplasmas und die letztendliche Identität von pathologischen und physiologischen Prozessen.

Resonanz entsteht also zum ersten durch die Nähe zu zentralen Themen der Zellularpathologie. Was den Text zweitens auszeichnet, ist, daß er zu großen Teilen aus Fallberichten besteht. Die Kasuistik war eine prominente Darstellungstechnik der klinischen Medizin; sie verbürgte Authentizität der Fakten und schützte ihren Autor vor dem Verdacht vorschneller Verallgemeinerung. Speziell für die Nierenkrankheiten war dieses Vorgehen sehr verbreitet, zum einen wohl entsprechend dem Vorbild Richard Brights[22] und zum anderen, weil das Bedürfnis nach effizienteren nosologischen Einheiten als den Brightschen bestand. Um zu klassifizieren, mußte aber ein gesicherter Bestand an Fällen angereichert werden, an dem dann Klassifikationen ausprobiert werden konnten.[23]

Eine dritte Technik der Erzeugung von Resonanzen innerhalb des Textes betrifft die Darstellung der Beobachtung als einer Entdeckung: Der Einleitungssatz zu dieser Beobachtung ist, wie oben bemerkt, hervorgehoben. Es gibt nichts, was im Fallbericht vorher darauf hinweisen würde. Die Vorstellung der deformierten, in Bewegung befindlichen roten Blutkörperchen trifft den Leser wie ein Blitz aus heiterem Himmel: eine plötzliche, aber überdeutliche Wahrnehmung eines Phänomens, das den „rüstigen Forschern" der letzten Jahre entgangen ist. Indem er hier die Sprache des Entdeckers spricht, biegt er die Dissonanz seiner abweichenden Beobachtung rhetorisch um: Die Zukunft wird dem Neuen die Resonanzen bringen – dieses grundsätzliche Vertrauen haben Friedreichs Leser wahrscheinlich mit ihm geteilt.

Resonanz wird nicht nur „literarisch", sondern auch praktisch hergestellt: Friedreich wiederholt die Untersuchung des Urins mehrfach beim selben Patienten; dasselbe gilt für die mikroskopische Betrachtung des Blutes bei dem Patienten mit dem Sarkom. Er vergleicht die roten Blutkörperchen im Urin mit den abnormen Blutkörperchen des Leukämie-Falls, und er versucht, künstlich das Milieu herzustellen, dem die roten Blutkörperchen im Urin des Soldaten G. ausgesetzt sind, indem er einen Blutstropfen mit dessen Harn[24] und dann mit Wasser versetzt. Die eigenen Beobachtungen verstärken sich hier gegenseitig.

Friedreich variiert in einem entscheidenden Punkt jedoch das Prozedere: Er mikroskopiert nach unterschiedlich langem Stehenlassen des Urins. Damit Resonanz entsteht, müssen die Beobachtungen vergleichbar sein – und die Differenzen müssen sich erklären lassen. Friedreichs Verhalten ist aber logisch, wenn man von seiner Grundidee ausgeht: Da die Eigenbeweglichkeit der roten Blutkörperchen durch eine bestimmte – pathologische – Harnzusammensetzung bedingt ist, macht die schrittweise Gesundung des Patienten es notwendig, den Urin immer schneller zu untersuchen, um die von Mal zu Mal schwächer werdenden Bewegungen noch zu Gesicht zu bekommen. Die roten Blutkörperchen, die anfangs „selbst" nach 14-stündigem Stehenlassen sich bewegten, können nun, am Ende des Prozesses, auch durch noch so „günstige" Versuchsbedingungen nicht mehr dazu gebracht werden, die Kontraktilität des Protoplasmas zu offenbaren.

Resonanzen bestehen auch zwischen Friedreichs mitgeteilten Beobachtungen

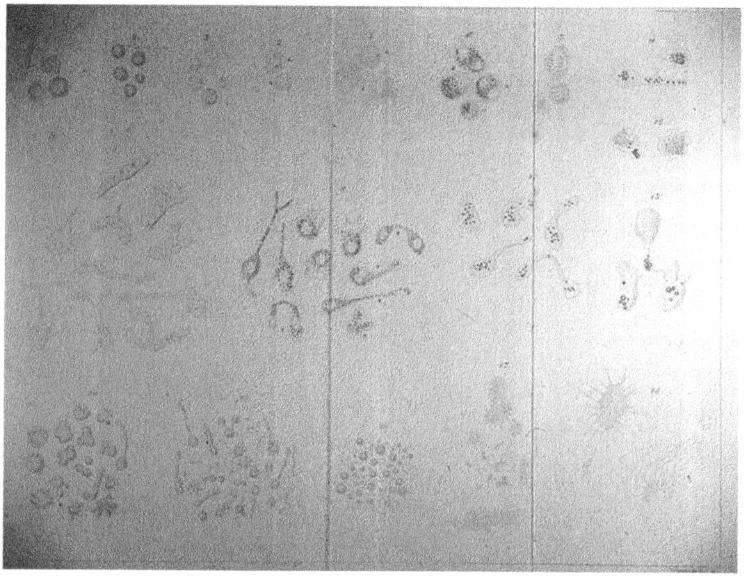

Abb. 2: Aus M. Schultzes „Ein heizbarer Objecttisch und seine Verwendung bei Untersuchungen des Blutes", *Archiv für Mikroskopische Anatomie* 1 (1865).

und anderen Texten, die ähnliche Phänomene beschreiben. So nennt er selbst Arbeiten von Schultze, Preyer, Rollet, Roberts, Beale und Neumann,[25] in denen Formveränderungen unter den unterschiedlichsten Versuchsbedingungen beschrieben werden. Teilungen hat Schultze an frühen Stadien von Erythrozyten der Hühnerembryonen gesehen, und was die Ortsbewegung angeht, so ist diese zwar für die roten Blutkörperchen noch nie behauptet worden – sie ist ja gerade die Entdeckung Friedreichs –, aber sie ist der durch die „rüstigen Forscher" entdeckten amöboiden Beweglichkeit der weißen Blutkörperchen überaus ähnlich. Seltsamerweise erfahren wir jedoch nicht, daß einer seiner Gewährsleute, nämlich William Roberts, vergleichbare Deformationen nicht allein experimentell hergestellt, sondern genau wie Friedreich selbst im Urin eines Nierenkranken beobachtet hat.[26]

Eine weitere Methode der Erzeugung von Resonanzen kann in der Anfertigung von Zeichnungen gesehen werden, und Friedreich weist noch im Text auf Entsprechungen zu Zeichnungen von Max Schultze und zu Photographien von Damon hin.[27] Schließlich bietet Friedreich für seine Blutpräparate sogar Zeugen auf: Die Kollegen Helmholtz, O. Weber, J. Arnold, Knauff und Erb sowie „Prof. Panum aus Kopenhagen" hätten sich bei Ansicht der Präparate für Friedreichs

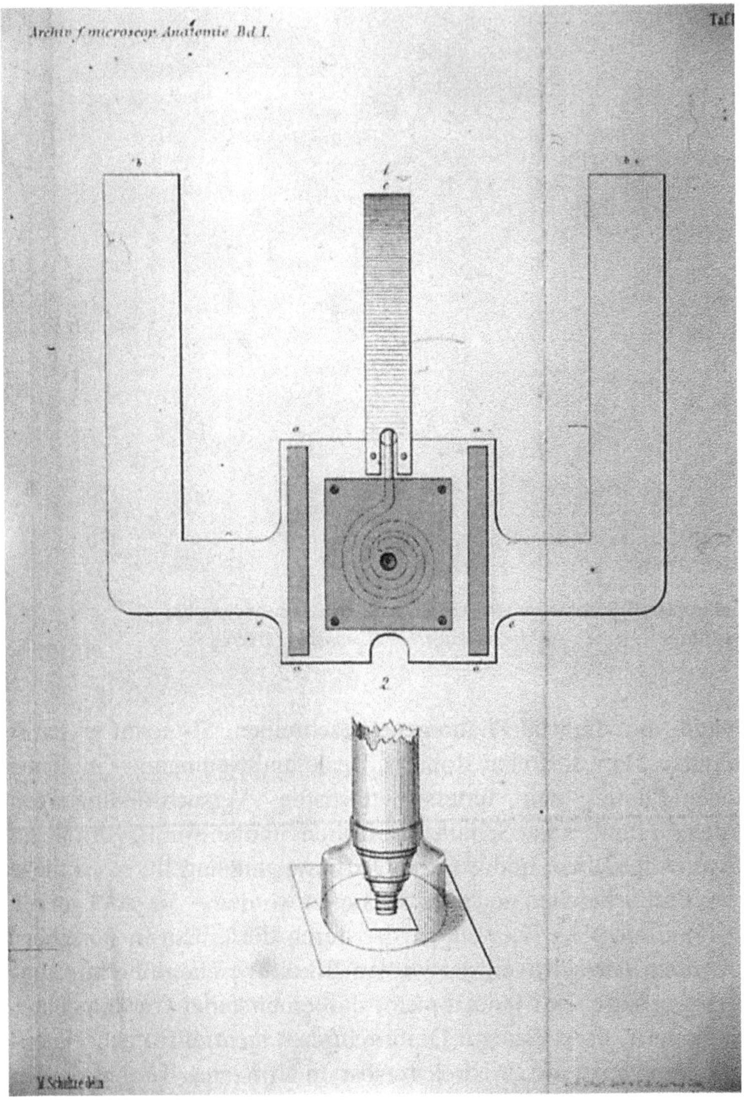

Abb. 3: Aus M. Schultzes „Ein heizbarer Objecttisch und seine Verwendung bei Untersuchungen des Blutes", *Archiv für Mikroskopische Anatomie* 1 (1865).

Deutung der Erscheinungen als Resultat der Kontraktiliät des Protoplasmas ausgesprochen.[28]

Endlich gehört auch die Diskussion der eigenen Mikroskopiertechnik in den

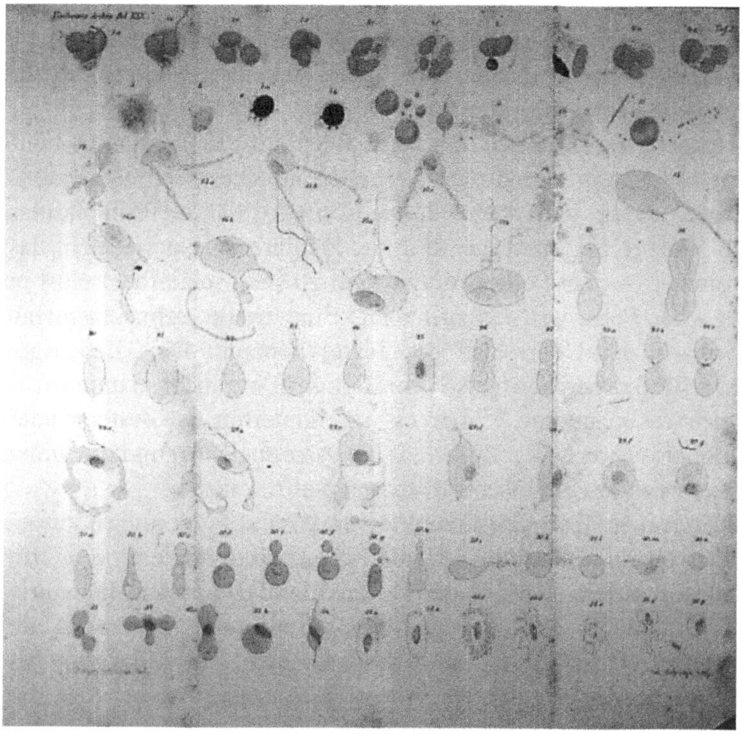

Abb. 4: Aus W. Preyers „Ueber amöboide Blutkörperchen", *Virchows Archiv* 30 (1864).

Bereich der Herstellung von Resonanz. In den 60er Jahren hatte sich die Technik der „feuchten Kammer" für die Beobachtung amöboider Bewegungen von Gewebselementen etabliert, die manchmal durch einen heizbaren Objekttisch[29] ergänzt wurde. Friedreich benutzte diese Hilfsmittel nicht; das Phänomen konnte „ohne jede derartige Vorrichtung"[30] wahrgenommen werden. Außerdem widerlegte für Friedreich der Umstand, daß unter seinem Mikroskop dieselben Veränderungen, die Schultze mit der Apparatur erst bei 50° C wahrgenommen hatte, bereits bei 12° R auftraten, dessen These, die Deformationen und Bewegungen der roten Blutkörperchen seien Zeichen des Zelltodes. Auch im Fall des leukämischen Blutes bediente sich Friedreich nicht der feuchten Kammer. Mögliche Artefakte wie Druck des Deckgläschens oder Verdunstung konnten, so Friedreich, durch sofortiges Mikroskopieren der Blutproben ausgeschlossen werden.[31]

Resonanz wird ebenfalls aktiv hergestellt als eine Art ‚Sehen des Gedachten':

„Auch die in meinem Falle beobachteten Vorgänge von Theilung und Absonderung der genannten Elemente machten keineswegs den Eindruck eines einfach physikalischen Vorganges, und möchten wohl kaum für etwas Anderes, als für vitale Phänomene gedeutet werden können.“[32]

Diese (selbst)suggestive Art des Beobachtens führt auf die Frage nach Leitideen, denen Friedreich zum Durchbruch verhelfen möchte, nach Tendenzen, nach ‚Schwingungen‘, die er verstärken will. Die Kontraktilität des Protoplasmas ist für Friedreich eine solche grundlegende Idee. Dahinter steckt vielleicht das Gefühl, jetzt – endlich – dem Leben auf der Spur zu sein, seine Idee selbst in sichtbarer, beweglicher Form vor sich zu haben. Eine zweite, sehr allgemeine „Schwingung“ wird in der Überschrift des Textes benannt: Die „Lebensgeschichte der rothen Blutkörperchen“, also ihre Herkunft, war nicht so unumstritten, wie Friedreich es behauptet,[33] aber es war immerhin ein bestechender Gedanke, die amöboid beweglichen Zellen als die ursprünglichen und die unbeweglichen als die entwicklungsgeschichtlich späteren anzusehen.

Zusätzlich sind mit dem Text ganz konkrete, praktische Forderungen ausgesprochen, z. B. nach einem verstärkten systematischen Mikroskopieren von Urin und danach, weitere Anstrengungen in der Differentialdiagnose der Hämaturie zu unternehmen. Friedreich selbst war als Kliniker besonders an Fragen der Diagnostik interessiert,[34] und er hat wiederholt versucht, das Mikroskop als Instrument der Diagnostik einzusetzen, wovon u. a. seine Arbeit über die Bestandteile des Sputums zeugt.[35]

C. Der Resonanzboden

Wenn man sich einmal der beiden Fragen entledigt hat, warum Friedreich zu einem „falschen“ Ergebnis gekommen ist und warum er „nicht gewirkt“ hat, so ordnet sich der Kontext, in dem der Aufsatz entstand, neu; vielleicht nicht entsprechend der „eigentümlichen Logik des eigentümlichen Gegenstandes“, jedenfalls dann nicht, wenn man unter „Gegenstand“ die kleinen, leicht gefärbten, verbogenen, platzenden Bläschen versteht, die Friedreich im Urin von G. entdeckt hat, aber möglicherweise doch, wenn man die Perspektive von den Bläschen auf das rückt, was sie tun, was mit ihnen geschieht.

Zellen in Bewegung

In *Virchows Archiv* der 60er Jahre wimmelt es nur so von Zellen und Geweben in Bewegung: Nachdem die Zellularpathologie die gesamte klinische Medizin in Schwingungen versetzt hat, geraten jetzt die Gewebe und ihre Elemente selbst ins Wandern und Schwanken. Zunächst wird amöboide Beweglichkeit von Eiterzellen beobachtet,[36] dann entbrennt eine Diskussion über die Identität dieser mit den weißen Blutkörperchen. Die Dänische Akademie stellt eine Preisfrage, ob Zellen durch Gefäßwände wandern können;[37] man beobachtet weiße Blutkörperchen und „Eiterzellen", aber auch bestimmte Bindegewebszellen, die in Bewegung sind. Virchow selbst greift in die Debatte ein,[38] nicht ohne darauf hinzuweisen, daß er selbst sie ins Rollen gebracht habe. Unter den Bildtafeln häufen sich diejenigen, die die Bewegungen dieser „schwankenden Gestalten" festhalten sollen. Langsam schält sich als bevorzugtes Material für das Studium von Wanderungen amöboider Zellen die Froschhornhaut heraus, an der eine künstlich erzeugte Entzündung die Bewegung der zelligen Elemente induziert. Die feuchte Kammer[39] tut ein übriges, um die Beobachtung zu ermöglichen. Die Frage nach den Mechanismen der zellulären Resorption gerät ebenfalls in den Sog der Amöben. Man kann den Übertritt von Farbkörnchen ins Zytoplasma von weißen Blutkörperchen, aber auch von Zellen der Darmschleimhaut und von Drüsengewebezellen beobachten. Man versucht, der Fettresorption auf die Spur zu kommen, fragt nach der Konstanz von Zellmembranen,[40] studiert Prozesse der Regeneration (z. B. von Schleimhautepithel), des Wachstums (z. B. von Knorpel) und der Bildung von Geschwülsten.

Blut und Gummi

Ebenso wie seine Beweglichkeit ist auch die Zusammensetzung des Blutes Forschungsgegenstand.[41] Man kann fast endlos aufzählen, was mit dem Blut alles angestellt wurde. Es wurde chemisch analysiert, es wurde durch Johannes Müller filtriert, wobei sich das Fibrin von den roten Blutkörperchen emanzipierte. Man versuchte, seine Menge zu bestimmen, seine Bestandteile wurden mikroskopiert. Zwar hatte Nasse schon alle Beweise zusammengetragen, die gegen die Existenz eines Zellkerns in reifen roten Blutzellen des Menschen sprachen, aber die Rede vom Kern hielt sich bis in die 60er Jahre hinein. Auch die Form mußte erst festgelegt werden: Da es Anfang des Jahrhunderts üblich war, das Blut mit einem Tropfen Wasser zu versetzen, bevor man es mikroskopierte, quollen die Zellen auf und wurden rundlich. Aus dieser Erfahrung entstanden neue Reihen von Experimenten, welche die Wirkung unterschiedlicher chemischer Substanzen auf die Form der roten Blutkörperchen zum Gegenstand hatten. Einige Berichte lesen sich recht exotisch; so traktierte der Medizinstudent Lindwurm 1847[42] den „besonderen Saft“ mit einer Mischung aus Salz und Gummi Arabicum. Die Verformungen waren entsprechend abenteuerlich. Eine systematische Auswertung dieser Erfahrung mittels eigener Experimente führte Botkin durch,[43] indem er die Endosmose und Exosmose anhand des Verhaltens von roten Blutkörperchen studierte. Roberts produzierte deformierte Zellen mit ausgestülpten Bläschen, indem er rote Blutkörperchen verschiedener Tiergattungen mit einer Tanninlösung versetzte.[44] Die erste Differenzierung der zelligen Bestandteile des Blutes mittels einer „modernen“ Klassifikation wird Wharton Jones zugeschrieben. Über die Herkunft der weißen Blutkörperchen wurde zu diesem Zeitpunkt noch gestritten. Die Rolle der Milz in der Blutbildung war unklar; Rätsel gaben vor allem die „blutkörperchenhaltigen Zellen“ auf.[45]

In die Tiefe sehen

Die Berichte über Zellwanderungen sprechen nicht nur von den Zellen, sondern auch vom Auge, das sie beobachtet. Man muß nur lange genug hinsehen,[46] dann erkennt man die Bewegung: „Man dringt mit der ganzen Schärfe der Sehkraft in das Object.“[47] Wie Friedreichs Bericht, so sind auch die Aufsätze von Preyer, Schultze, Rindfleisch und anderen so voller Details, daß sie manchmal fast Beschwörungsformeln ähneln. Die Froschblutkörperchen, die sich durch Kapillarspalten zwängen, werden pausenlos beobachtet, nicht das kleinste Pseudopodium darf dem Text entgehen; wenn sie bei dieser Prozedur zerteilt werden, werden sie bedauert, eine Zelle, die durchkommt, erzeugt Bewunderung. Die Sprache reicht nicht aus, um das Gesehene auszudrücken. „Blutgrün“[48] nennt Preyer die Farbe der membranlosen roten Froschblutkörperchen; Roberts spricht von einem „magnificent carbuncle red“ der Blutzellen, nachdem er sie mit Magenta gefärbt hat: „When happily prepared, the specimens were even beautiful.“[49]

Die genannten neuen mikroskopischen Techniken erzeugen eine wahre Revolution des Sehens. Mit ihrer Hilfe sieht Schultze so „lebhafte“ Bewegungen der weißen Blutkörperchen, „dass neben ihnen die bisher allein bekannte langsame Formänderung“ bei Zimmertemperatur „als ein Zustand fast vollkommener Ruhe erscheint“.[50] Die wahre, aktive Bewegung zeigt sich auch im Widerstand der Zellen gegen Verdunstungsstürme unter dem Mikroskop.[51]

Control and classify

Etwas anders sieht es aus mit dem Thema „Nierenkrankheiten". Nach der klassischen Arbeit von Bright war man zunächst bestrebt, Kasuistiken zu sammeln, die sich in das von Bright vorgegebene Raster einfügen ließen, was aber nicht immer gelang. Wiederholte Versuche, die „Geschichte der Brightschen Krankheit"[52] zu schreiben, wechseln in den 40er Jahren mit ausgedehnten Fallberichten, die von großer Varianz in den diagnostischen Techniken und in der Therapie zeugen. 1842 schrieb Henle unter Hinweis auf Nasse und Pfeufer[53] der Untersuchung des Harnsediments für die Differenzierung der Nierenkrankheiten eine wichtige Rolle zu; er bezeichnete die Zylinder als zellhaltige Ausgüsse der Nierentubuli und erhob sie zum diagnostischen Kriterium.

Die Inhaltsstoffe des Harns wurden chemisch und mikroskopisch untersucht; hinzu gesellten sich in den 50er und 60er Jahren Versuche über die Filtrationsfunktion der Niere sowie unzählige klinische und pathologische Kasuistiken; der Frage nach der verursachenden Substanz der Urämie wurde auf verschiedenen Wegen, klinisch und experimentell, nachgegangen.

In der klinischen Medizin der 60er Jahre bleibt für die beiden großen Themen der Entstehung der Blutzellen und der Differentialdiagnose der Nierenkrankheiten bzw. der Hämaturie die Pluralität der Ansätze bestehen.[54]

E. Echo

Direkte Reaktionen auf den Aufsatz von Friedreich waren spärlich. Die „rüstigen Forscher" scheinen Friedreichs „Fund" schweigend übergangen zu haben. Zudem hätte der Versuch, die Form der roten Blutkörperchen im Harnsediment für die Differentialdiagnose der Nierenkrankheiten einzusetzen, wiederholt werden müssen. Hierfür gab es mehrere Hindernisse: Zum ersten hatte Friedreich seine Wahrnehmungen in Resonanz mit der Formensprache der amöboiden Zellen gebracht, die erheblich vielfältiger war als der Jargon der krummen Bläschen (vgl. Abb. 2, mittlere Zeile). Zwar hatte er auch genaue Entsprechungen zu Schultzes Abbildungen roter Blutkörperchen aufgezeigt, aber hier bestand eine grundlegende Divergenz in der Interpretation des Geschehens.

Zum zweiten konkurrierten mit Friedreichs deformierten Erythrozyten die granulierten Zylinder, die Henle als pathognomonisch für eine renale Hämaturie bezeichnet hatte.– Auf diese ‚Konkurrenz' weist auch das einzige Echo von nephrologischer Seite hin, welches wir vor Knauth/Winter bisher gefunden haben: Es handelt sich um Karl Ries' Stuttgarter Vortrag „Ueber Hämaturie" von 1900. Hier erwachen die roten Blutkörperchen noch einmal, zumindest im Konditional, zum Leben: „Auch an den rothen [Blutkörperchen] können, wie Friedreich fand, amöboide Bewegungen oder Abschnürungen sich zeigen, die sogenannten Fragmentationen."[55] Ries beschreibt dann knapp die kugeligen Abschnürungen von Bläschen und fährt fort: „Die Erfahrung hat gezeigt, dass diese verschiedene Gestalt der Blutkörperchen im Harn von gewisser diagnostischer Bedeutung ist und uns häufig in den Stand setzt, auf die Quelle der Blutung zu schliessen."[56] Das „Zusammenkleben der rothen Blutscheiben in Cylinderform" ist ihm ebenfalls als Symptom einer Erkrankung des Nierenparenchyms geläufig. Gleichzeitig tritt ein neues Instrument auf den Plan: Das Zystoskop (Blasenspiegel). Sein Wert für die Lokalisierung der Blutungsquelle wird sehr ausführlich dargestellt, und Ries fordert, es möglichst umfassend einzusetzen: „Es erfordern daher die Fälle von Hämaturie eine möglichst frühzeitige Untersuchung mit dem Cystoskop."[57]

Knapp 20 Jahre später äußert sich im selben Blatt der Urologe Walter Stark über „Die klinische Bedeutung der Hämaturie". Friedreichs krumme Bläschen sind (im Gegensatz zu Henles Zylindern) vorläufig aus dem Rennen: „Früher glaubte man – zu Unrecht – aus dem Grad ihres Zerfalls auf den Ursprung der Hämaturie schließen zu können."[58]

Was die Frage der Eigenbeweglichkeit der roten Blutkörperchen angeht, so hatte Friedreich zwar eine Minderheitenposition eingenommen, die wenig diskutiert wurde, aber noch 1881 werden seine Beobachtungen nebst sämtlichen Zeugen ausführlich zitiert, da sie nach der Meinung Rudolf Arndts „die Ansicht, dass die menschlichen rothen Blutkörperchen überhaupt zu Zeiten contractil seien, völlig beweise".[59] 14 Jahre später gehen die krummen Bläschen formenreiche Hochzeiten mit den Spirochäten ein, um im Reich des kontraktilen Protoplasmas verbleiben zu können: „Die Würmchen sind Protoplasma der Blutkörperchen in anderer Gestalt."[60]

Nachdem Winnie the Pooh einen halben Tag als Wolke verkleidet unter einem als Himmel getarnten Luftballon zugebracht hatte und dem Honig hoch oben im Baum doch nicht näher gekommen war, sagte er zu Christopher Robin: „Ich glaube, wir haben uns die falschen Bienen ausgesucht."

Friedreichs Bienen waren die richtigen Bienen. Aber es dauerte 120 Jahre, bis ihn jemand herunterholte und sagte: „Das war der richtige Bär!"

F. Reprise

Marburg, im Frühling 1984. Ein fünfjähriger Junge wird für ein paar Tage in die Kinderklinik aufgenommen, weil vor drei Tagen im Rahmen eines banalen Infektes eine sichtbare Blutbeimengung des Urins bemerkt worden ist. In der Klinik wird eine Mikrohämaturie festgestellt. Das Urinsediment enthält keine Zylinder. Die beiden häufigsten Ursachen für einen solchen Befund im Kindesalter sind ein Steinabgang oder eine IgA-Nephritis (eine benigne Nephritisform mit Beteiligung der Glomerula); das Spektrum der möglichen Ursachen reicht jedoch von angeborenen Nierendefekten über verschiedene progrediente Formen der Glomerulonephritis bis hin zum Tumor. – Um einem Nieren- oder Blasenstein auf die Schliche zu kommen, wird der Urin gesiebt; man überprüft den Sammelurin auf Eiweißausscheidung; allgemeine Blutuntersuchungen werden veranlaßt; es findet sich jedoch kein charakteristischer Befund. Die Ultraschalluntersuchung ist ebenfalls unauffällig. Man schließt eine Abdomenleeraufnahme an; auch hier kein abnormer Befund. Der kleine Patient wird nach Hause entlassen; die Eltern werden angeleitet, mit Teststäbchen den Urin auf Blut und auf Eiweiß zu untersuchen.

„Halt!" sagt Pulein. „Tilly, jetzt lügst du. Und außerdem sind das meine Marmoren, nicht deine." – „Ich lüge nicht, ich schreibe. Gut, das ist ein konstruierter Fall, doch wenn wir die Geschichte so erzählen, wie sie wirklich gewesen ist, dann werden wir nie fertig. Aber bitte, mach du weiter. Hier ist der Bleistift."

Marburg 1985: Im Jahre 1985 wurden M. Brandis und F. Hildebrandt (damals Kinderklinik Marburg) auf eine Veröffentlichung in *Clinical Nephrology* aufmerksam.[61] Sie beschreibt eine nicht-invasive Methode, die versprach, bei Hämaturie eine Blutung aus den ableitenden Harnwegen von renoparenchymatösen Erkrankungen zu unterscheiden: In einer Urinprobe wurden phasenkontrastmikroskopisch die Erythrozyten untersucht und bestimmten Grundformen zugeordnet. Fanden sich an den roten Blutkörperchen einer Probe nur eine oder maximal zwei der möglichen Formen, so galten die Erythrozyten als isomorph; waren die Verformungen dagegen vielfältig, so galten die Zellen als dysmorph. Die Autoren verglichen ihre Ergebnisse mit den anderen, etablierten Diagnosemethoden in der Nephrologie und kamen zu dem Resultat, daß das isomorphe Zellmuster mit den nichtglomerulären und das dysmorphe mit den glomerulären Nierenerkrankungen korrelierte. Um diese Korrelation herzustellen, wurde bei 98 der 141 (erwachsenen) Patienten eine Nierenbiopsie vorgenommen; bei allen wurde mit einem der gängigen Röntgenkontrastverfahren eine Aussage über die Nierenanatomie gemacht; bei einigen Patienten war zusätzlich eine Zystoskopie notwendig.[62] Im Vergleich zu den herkömmlichen Verfahren wies die neue Methode eine sehr große Spezifität und eine ebenfalls hohe Sensitivität auf.[63]

Was hat sich aber in der Praxis der kindernephrologischen Diagnostik geändert? Der Fall, den wir oben konstruiert haben, enthält ja noch nicht sehr viel invasive Diagnostik. Um die Frage zu beantworten, konstruieren wir ihn alternativ ein Stück weiter und bezeichnen die beiden Alternativen mit a) und b).

a) Auch nach häufigen Urinkontrollen zu Hause und in der Kinderpoliklinik tritt keine neuerliche Hämaturie auf. Ein Stein ist durch die Diagnostik unwahrscheinlich gemacht, jedoch nicht ganz ausgeschlossen worden. Durch das langfristige Sistieren der Hämaturie ist ein Tumor ebenfalls extrem unwahrscheinlich; auch eine progredient verlaufende Glomerulonephritis kann mit großer Wahrscheinlichkeit ausgeschlossen werden. Übrig bleibt als Verdachtsdiagnose eine sogenannte IgA-Nephritis, die infektabhängig auftritt und keine bleibenden Schäden hinterläßt.

b) Die Hämaturie tritt wieder auf. Jetzt muß die Diagnostik Schritt für Schritt invasiver werden: Sie geht vom i. v.-Pyelogramm über Zystoskopie bis hin zur Nierenbiopsie.

Gehen wir davon aus, daß die mikroskopisch ermittelte Erythrozytenmorphologie eine Aussage darüber zu machen erlaubt, ob eine Hämaturie glomerulär oder nicht-glomerulär ist, so hätte sich nach der Einführung der Methode folgendes geändert: Zunächst wäre in der ersten Phase nach Feststellung der Mikrohämaturie die Erythrozytenmorphologie untersucht worden. Bei dysmorphen Erythrozyten hätten sich das Urinsieben und die Abdomenleeraufnahme erübrigt, bei isomorphen Zellen wäre die Suche nach Zeichen einer Glomerulonephritis überflüssig. Nehmen wir jetzt den Fall b) an: Hier ist der Unterschied zum „Früher" deutlicher; bei dysmorphem Zellbild ist das Fahnden nach Stein oder Tumor unnötig – mit entsprechendem Wegfall von Röntgenaufnahmen[64] –, und bei isomorphen Erythrozyten kann man auf eine Nierenbiopsie[65] verzichten.

Friedreichs krumme Bläschen waren trotz vielversprechender Verwandtschaftsbeziehungen heimatlos geblieben; sie traten vorläufig weder ins Reich des Protoplasmas noch in dasjenige der nephrologischen Differentialdiagnostik ein. Sie waren zu beweglich und dämpften die Resonanzen, die sie erzeugten, sozusagen selbst wieder ab. Auch 100 Jahre später waren sie noch flüchtig: Dem Lichtmikroskop, das routinemäßig in der Harndiagnostik eingesetzt wurde, entkamen sie häufig, hinterließen oft nur Zellschatten oder verschwanden bei niedrigem spezifischem Gewicht des Urins gar spurlos.[66] Anfang der 1980er Jahre wird man sich einig: Um sie dingfest zu machen, darf man keine Zeit verlieren;[67] zur Verwendung kommt nur noch gereinigter Mittelstrahlurin, der gekühlt und spätestens nach einer Stunde mikroskopiert werden muß; das Lichtmikroskop gerät in den Verdacht der Komplizenschaft und wird durch das

Phasenkontrastmikroskop ersetzt, das zusammen mit dem Photoapparat und dem Elektronenmikroskop die Körper und ihre Schatten irreversibel festbannt.

Den deformierten Erythrozyten weist man entsprechend ihrer Form Namen zu; sie werden klassifiziert. Ihren Stammbaum haben sie schon längst: Sie kommen seit den 1880er Jahren aus dem Knochenmark, und ihr Weg führt normalerweise nicht durch die Glomerulusmembran, aber jetzt, wo man ihnen auf die Schliche gekommen ist, können sie als Wegweiser dienen: Bestimmte Gestalten zeigen in Richtung „glomeruläre", andere in Richtung „nichtglomeruläre" Hämaturie.

Auch im zweiten Teil unserer fragmentarischen Geschichte können Techniken ermittelt werden, mit denen Resonanz erzeugt wird. Sie erinnern, teils mehr, teils weniger, an diejenigen von Friedreich. Die Klassifikation, d. h. die Schaffung eines einheitlichen Rasters für das Gesehene, ist z. B. eine Technik, die bei Friedreich nicht vorkommt. Dagegen ist die Art und Weise, wie diese Methode sich zu anderen diagnostischen Techniken verhält, ganz ähnlich: Zunächst ist die Erzeugung von Bildern zentral, die von anderen so gelesen werden können, daß sie mit dem unmittelbar Gesehenen in Einklang stehen. Friedreich zeichnet und verweist auf Abbildungen anderer Autoren; Ende des 20. Jahrhunderts wird klassifiziert und photographiert. Noch etwas später werden die Bildtafeln der Torozyten und Akanthozyten vor den Arbeitsplätzen der MTAs neben den Tafeln hängen, die ihnen eine Zuordnung der mittlerweile ebenfalls seßhaft gewordenen weißen Blutkörperchen für die Auszählung des Blutbildes erlauben.[68]

Resonanz wird auch erzeugt durch die Korrelation der Methode mit anderen anerkannten Diagnoseverfahren. – Dagegen stellt die Betonung der Nichtinvasivität der Untersuchungstechnik[69] einerseits den Versuch dar, sie abzugrenzen, also Resonanzen zu dämpfen; andererseits kann mit einem solchen Argument auch um Anteile auf dem medizinischen Wissenschaftsmarkt – und damit doch wieder um Resonanz – gekämpft werden. Die Marburger Kindernephrologen lernten zudem später, ihre Klassifikation ohne Verlust an Genauigkeit auch mit dem Lichtmikroskop durchzuführen, so daß die Erythrozytenmorphologie nun die optimalen Voraussetzungen für eine screening-Methode bekam.

Eine weitere Re-Sonanz führt schließlich an den Anfang dieser Geschichte zurück: Das Aufsuchen der von den neueren Autoren zitierten Literatur gehört heute genauso zur Einführung einer neuen Methode wie zu Friedreichs Zeiten. In der Publikation von Knauth und Winter – die schon in den 50er Jahren nur mit Hilfe eines Lichtmikroskops zu vernünftigen Zählergebnissen gekommen waren[70] – tauchte dann die „Lebensgeschichte der rothen Blutkörperchen" auf.

„Pulein hob den Kopf vom Buch und sagte: ‚Ich habe eine Erinnerung wiedergefunden, nun kommen auch die anderen.‘ Er seufzte ein paarmal zufrieden, dann schrieb er eifrig weiter.“[71]

Anmerkungen

1 F. Groszer: Tilly in der Pfütze, Hamburg – Zürich 1990, S. 125f.

2 N. Friedreich: Ein Beitrag zur Lebensgeschichte der rothen Blutkörperchen, Virchows Archiv 41, 1867, 395–411; Tafel VII.

3 A. Fecht: Die Unterscheidung glomerulärer von nicht-glomerluären Hämaturien im Kindesalter durch die phasenkontrastmikroskopische Differenzierung der Erythrozytenmorphologie im Urinsediment, Med. Diss., Marburg 1987.

4 Hier wie in allen analogen Fällen pluralis bisexualis.

5 Zur Biographie vgl. die Eintragungen über Friedreich in J. Pagel: Biographisches Lexikon hervorragender Ärzte des 19. Jahrhunderts, Berlin 1901, S. 550f.; F. v. Weech: Badische Biographien, Bd. 4, 1891, zit. nach DBA 348, 410–413 sowie A. Kussmaul: Nikolaus Friedreich † 6. Juli 1882. Erinnerungen von Dr. A. K., Deutsches Archiv für klinische Medicin 31, 1883, 191–208 und R. Virchow: Zur Erinnerung an Nicolaus Friedreich, Virchows Archiv 90, 1882, 213–220; R. B. Richter: Nikolaus Friedreich (1825–1882), in: W. Haymaker/F. Schiller: The Founders of Neurology, 2. Aufl., Springfield/Ill. 1970, S. 439–441.

6 Friedreich, Anm. 2, S. 396f.

7 Ebenda, S. 396.

8 Ebenda.

9 Ebenda.

10 Ebenda.

11 Ebenda, S. 398.

12 Ebenda.

13 Ebenda, S. 398f.

14 Ebenda, S. 399.

15 Ebenda, S. 402.

16 Ebenda, S. 403.

17 Ebenda, S. 406.

18 Ebenda.

19 Ebenda.

20 Friedreich, Anm. 2, S. 395f.

21 Den Ausdruck haben wir übernommen von H.-J. Rheinberger: The 'Epistemic Thing‘ and its Technical Conditions – From Biochemistry to Molecular Biology, in: B. Gremmen (Hrsg.), The Interactions between Technology and Science, Wageningen/The Netherlands 1991, S. 281–298. – „What is interesting around such an object is just what has not yet been fixed. So, it shows itself in a characteristic, irreducible vagueness, which is unescapable, because, paradoxically spoken, the epistemic thing embodies what one does not yet know.“ (Ebenda, S. 282.) Vgl. auch ders.: Experiment, Differenz, Schrift. Zur Geschichte epistemischer Dinge, Marburg 1992.

22 R. Bright: Die Erkrankungen der Nieren (1827, 1836), hrsg. von E. Ebstein, Leipzig 1916.

23 Vgl. J. Bleker: Die Geschichte der Nierenkrankheiten, Mannheim 1972; L. G. Wilson: The development of the knowledge of kidney function in relation to structure – Malpighi to Bowman, Bulletin for the History of Medicine 34, 1960, 175–181.

24 A. Kölliker (Ueber die Einwirkung einer concentrirten Harnstofflösung auf die Blutzellen, Zeitschrift für wissenschaftliche Zoologie 7, 1856, 183f.) und W. Preyer (Ueber amöboide Blutkörperchen, Virchows Archiv 30, 1864, 417–441) haben ebenfalls rote Blutkörperchen mit Harnstoff versetzt und, wie schon Schultze bemerkt, ganz ähnliche Veränderungen hervorgerufen. Für Schultze, demzufolge die roten Blutkörperchen des Menschen keine Zellen sind, entsteht hier die Schwierigkeit, daß Froschblutkörperchen, die einen Kern haben, ein Phänomen zeigen, welches er sterbenden oder ‚nicht lebenden' Strukturen zuschreibt. Er erklärt die für ihn unangenehme Resonanz dadurch, daß es „gerade absterbende, in Extravasatblut enthaltene und entschieden ihrer endlichen Auflösung entgegengehende Körperchen waren, an denen diese Beobachtungen vorzugsweise gemacht wurden" (a.a.O., S. 34).

25 M. Schultze: Ein heizbarer Objecttisch und seine Verwendung bei Untersuchungen des Blutes, Archiv für Mikroskopische Anatomie 1, 1865, 1–42; Preyer, Anm. 24; A. Rollet: Über die successiven Veränderungen, welche elektrische Schläge an den rothen Blutkörperchen hervorbringen, Sitzungsberichte der k. k. Akademie der Wissenschaften zu Wien (nat.wiss. Sekt.) 50, 1864, 178–202; W. Roberts: On peculiar appearances exhibited by blood-corpuscles under the influence of solutions of Magenta and Tannin, Quarterly Journal of Microscopical Science, N. S. 3, 1863, 170–179; E. Neumann: Ueber das Verhalten der Blutkörperchen gegen Inductionsströme. Vorläufige Mittheilung, Centralblatt für die medicinischen Wissenschaften 4, 1866, 1–16.

26 „An exactly similar appearance was on one occasion observed in blood-corpuscles in the urine of a patient with acute Bright's disease." (Roberts, Anm. 25, S. 177.)

27 Friedreich, Anm. 2, S. 400, 409. – Die Divergenzen zwischen den Texten von Friedreich und Schultze sind allerdings tiefgreifend: Schultze, der menschliches Blut in der oben beschriebenen Anordnung mikroskopiert, bestreitet die amöboide Beweglichkeit von roten Blutkörperchen. Er erzeugt, wie Friedreich gewissenhaft registriert, Veränderungen an den Erythrozyten erst oberhalb einer Temperatur (50–52° C), bei der andere Zellen Zeichen des Absterbens erkennen lassen. Die Verformungen sind für Schultze also keine Lebensäußerungen; da für lebende Gewebe jedoch von dem Vorhandensein eines kontraktilen Protoplasmas auszugehen ist, erfüllen die roten Blutkörperchen des Menschen nicht alle Kriterien des lebenden Gewebes, zumal sie ja auch keine Zellkerne haben. Schultze hat eine ganz andere Verwendung für die Deformationen der roten Blutkörperchen gefunden: Er empfiehlt sie als Eichmaß für die Temperatur des auf den Objekttisch aufgebrachten Materials (heizbarer Objecttisch, Anm. 25, S. 7, 28).
H. F. Damon: Leucocythemia: An Essay, to which was awarded the Boylton Medical Prize of Harvard University for 1863, Boston 1864. – Damon findet abnorme weiße und rote Blutkörperchen; von den letzteren entsprechen einige dem heutigen Bild der Poikilozytose, andere haben anscheinend Membrandefekte mit Ausstülpungen; diese sieht auch A. G. M. Kneuttinger: Zur Histologie des Blutes, Würzburg 1865, nach Zugabe von Harnstoff zu roten Blutkörperchen und nennt sie „kolbenartig" (ebenda, S. 65), was Friedreich (Anm. 2, S. 402) wiedergibt.

28 Friedreich, Anm. 2, S. 406.

29 Vgl. Schultze, Anm. 25; bereits 1864 war ein Bericht erschienen: VI. Verhandlung ärztlicher Gesellschaften. Niederrheinische Gesellschaft für Natur- und Heilkunde in Bonn, Berliner klinische Wochenschrift 1, 1864, 357f. Im Vordergrund steht hier also das Instrument. Schultze erhob den Anspruch, durch die Kombination dieses Objekttischs mit der feuchten Kammer ein Milieu für lebende Zellen schaffen zu können, welches demjenigen des Körpers sehr viel ähnlicher war als die Umgebungstemperatur und der sich oftmals immer weiter verkleinernde Spalt zwischen Objektträger und Deckglas. Ein Indiz dafür, daß das Instrument sofort Karriere machte, kann

vielleicht aus dem „Preis-Courant" des Wetzlarer Optikers Belthle entnommen werden, der im „Archiv für mikroskopische Anatomie" nur ein Jahr nach dem Erscheinen des Artikels von Schultze neben zahlreichen Mikroskoptypen (zwischen 120 und 20 Thalern) unter der Rubrik „Nebenapparate" zum Preis von 10 Thalern anbietet: „Heizbarer Objecttisch, nach Angabe von Max Schultze". Archiv für mikroskopische Anatomie 2, 1866, nach S. 384.

30 Friedreich, Anm. 2, S. 400.

31 Ebenda, S. 407 heißt es: „Als Folge des mechanischen Druckes des Deckgläschens konnte die Erscheinung nicht gedeutet werden, indem auch ohne Anwendung eines Deckglases dieselben Formen hervortraten."

32 Ebenda, S. 401.

33 „Nachdem es heut zu Tage als eine feststehende Thatsache anerkannt ist, dass die rothen Blutkörperchen aus den farblosen Blutelementen hervorgehen, so liesse sich wohl die Vermuthung aussprechen, dass die dem Protoplasma der farblosen Körperchen in so hohem Grade zukommende Contractiliät in gewissen pathologischen Fällen in einer ungeschwächten Weise in die Form der rothen Blutkörperchen hinübergenommen wird." (Ebenda, S. 407f.) – Eine ausführliche Abhandlung von Wilhelm Heinrich Erb, dem Friedreich-Schüler und späteren Neurologen, der sie der medizinischen Fakultät in Heidelberg „pro venia leg.[endi]" vorgelegt hatte, erschien 1865 unter dem Titel „Zur Entwickelungsgeschichte der rothen Blutkörperchen" (Virchows Archiv 34, 138–193). – Vermutungen, die denjenigen Friedreichs gleich- oder nahekommen finden sich z. B. bei Preyer (Anm. 24), der mit Sicherheit eine Quelle für Friedreich war, da dieser nicht nur Preyer selbst, sondern auch fast alle Autoren zitiert, die bei Preyer angegeben sind. Preyer sieht Teilungen von roten Froschblutkörperchen und spricht ihnen amöboide Beweglichkeit zu. Er wagt sich sehr weit vor: „Wer die amöboiden Bewegungen, besonders das Varikös- und Schlaffwerden der Fortsätze der farbigen Blutkörperchen von stagnirendem Blute gesehen hat, wird mir beipflichten, wenn ich behaupte, dass es unter den farbigen Blutkörpern solche gibt, die unter gewissen Umständen contractil sind, und zwar ist die amöboide Substanz der ihre Gestalt verändernden farbigen Blutkörper eine farblose fadenziehende Flüssigkeit oder Emulsion." (S. 433f.) – Die Abbildungen zu Friedreichs Aufsatz befinden sich auf derselben Tafel wie die Illustrationen zu einem Aufsatz, der den Titel trägt: „Zur Entwickelungsgeschichte der rothen Blutkörperchen". Er umfaßt nur drei Seiten und entstammt der Feder Elias Metschnikows (s. Abb. 1). Auch Metschnikow beobachtet amöboide Bewegungen an roten Blutkörperchen, allerdings bei Hühnerembryonen und dies auch nur vor dem 6. Bebrütungstag. Dem Autor geht es vor allem darum, auf die wichtige Rolle des Kernkörperchens für die Entwicklung der Zelle hinzuweisen.

34 Vgl. Virchow und Kussmaul, Anm. 5.

35 Beiträge zur Kenntniss der Sputa, Virchows Archiv 30, 1864, 377–405.

36 Dies ist kein „erstes" Beobachten. Amöboide Beweglichkeit der weißen Blutkörperchen wurde schon von Leeuwenhoek und wiederholt in der ersten Hälfte des 19. Jahrhunderts beobachtet. Vgl. R. W. Gutt: Entwicklungsstufen der neuzeitlichen Hämatologie, Janus 60, 1973, 279–308.

37 E. Rindfleisch: In wiefern und auf welche Weise gestattet der Bau der verschiedenen Schleimhäute den Durchgang von Blutkörperchen und anderen kleinen Theilen und ihre Aufnahme in die Gefässe (Preisschrift der Königlich Dänischen Gesellschaft der Wissenschaften), Virchows Archiv 22, 1861, 260–285.

38 R. Virchow: Ueber bewegliche thierische Zellen, Virchows Archiv 28, 1863, 237–240.

39 F. v. Recklinghausen: Ueber Eiter- und Bindegewebskörperchen, Virchows Archiv 28, 1863, 157–197.

40 Schultze (Anm. 25, S. 34) meint, es bedürfe „kaum neuer Angriffe gegen die Membran", um die Überzeugung von der Wichtigkeit dieses Zellbestandteils zu unterhöhlen. Er bezieht sich u. a. auf die Arbeiten von Brücke und Rollet. E. von Brücke: Die Elementarorganismen (1861), in: Ders., Pflanzenphysiologische Abhandlungen, hrsg. von A. Fischer, Leipzig 1898, S. 54–86; Rollet, Anm. 25. Im selben Jahr wie Brücke veröffentlicht Schultze selbst seinen Artikel „Ueber Muskelkörperchen und das, was man eine Zelle zu nennen habe" (Archiv für Anatomie, Physiologie und für klinische Medicin 1861, 1–27), in dem er den Begriff des (kontraktilen) Protoplasmas ins Zentrum der Zellentheorie stellt und nebenbei den roten Blutkörperchen, die eine Membran haben und sich nicht mehr teilen, das Attribut „lebend" verweigert (ebenda, S. 23).

41 Vgl. J. Captain Sabine: A history of the classification of human blood corpuscles, Bulletin for the History of Medicine 8, 1940, 696–720; 785–805; Gutt, Anm. 36; P. M. H. Mazumdar: Johannes Müller on the blood, the lymph, and the chyle, Isis 66, 1975, 242–253; H. Nasse: Blut, in: Handwörterbuch der Physiologie mit Rücksicht auf physiologische Pathologie, hrsg. von R. Wagner, Bd. 1, Braunschweig 1842, S. 75–220; J. Müller: Handbuch der Physiologie des Menschen. Erster Band, 3. Aufl., Coblenz 1838, S. 101–163.

42 J. Lindwurm: Ueber eine eigenthümliche Formveränderung der Blutkörperchen, Zeitschrift für rationelle Medicin 6, 1847, 266–268.

43 S. P. Botkin: Untersuchungen über Diffusion organischer Stoffe, Virchows Archiv 20, 1861, 26–44.

44 Roberts, Anm. 25.

45 Für Preyer (Anm. 24, S. 429) gehen die roten Blutkörperchen aus den „blutkörperchenhaltigen" weißen Zellen, also vermutlich in heutiger Sicht aus solchen, die rote Blutkörperchen phagozytiert haben, hervor.

46 Ebenda, S. 437.

47 Rindfleisch, Anm. 37, S. 271.

48 Preyer, Anm. 24, S. 425.

49 Roberts, Anm. 25, S. 171.

50 Schultze, Anm. 25, S. 10.

51 „Bei solchen, das ganze Gesichtsfeld in die grösste Aufregung versetzenden Bewegungen sah ich die kriechenden Körperchen stets ihren Platz behaupten." (Ebenda, S. 11.)

52 J. Henles „Bericht über die Arbeiten im Gebiet der rationellen Pathologie" (Zeitschrift für rationelle Medicin 2, 1844, 271–278) enthält einen langen Abschnitt über den „Morbus Bright"; C. Ph. Falk: Die Geschichte der Bright'schen Krankheit vom Jahre 1827 bis zum Jahre 1847, nach den Quellen bearbeitet, Janus (Breslau), 3, 1847, 456–494; H. Haeser: Zur Geschichte der Bright'schen Krankheit, Janus (Breslau), 3, 1848, 371 f.

53 Henle, Anm. 52, S. 273 f.

54 Kasuistiken mit klinischer Beschreibung und pathologischem Befund stammen z. B. von H. Hertz: Ueber Nierencysten, Virchows Archiv 33, 1865, 232–263; in die Richtung der Harnanalyse mit chemischen Methoden geht etwa H. Jacubasch: Aus der Greifswalder medicinischen Klinik. I. Beiträge zur Harnanalyse bei lienaler Leukämie, Virchows Archiv 43, 1868, 196–220. Im übrigen läßt sich die Aussage von J. Bleker (Anm. 23) bestätigen, daß der Beginn der modernen Klassifikationen der Nierenkrankheiten etwa ab den 1880er Jahren anzusetzen ist.

55 Hervorh. d. Verf.

56 K. Ries: Ueber Hämaturie [Vortrag vor dem württembergisch ärztlichen Verein], Medicinisches Correspondenzblatt des Württembergischen Ärztlichen Vereins 71, 1901, 360–366, auf S. 361.

57 Ebenda, S. 363.

58 W. Stark: Die klinische Bedeutung der Hämaturie, Medicinisches Correspondenzblatt des Württembergischen Ärztlichen Vereins 89, 1919, 499–501, auf S. 499.

59 R. Arndt: Untersuchungen an den rothen Blutkörperchen der Wirbelthiere, Virchows Archiv 83, 1881, 15–41, auf S. 32.

60 Ebenda, S. 36.

61 D. F. Birch et al.: Urinary erythrocyte morphology in the diagnosis of glomerular hematuria, Clinical Nephrology 20, 1983, 78–84.

62 Ebenda, S. 79.

63 Ebenda, S. 83.

64 1985 war die Ultrasonographie noch nicht in jeder Hinsicht in befriedigende Resonanz mit den radiologischen Methoden gebracht worden. Blickt man auf die Entwicklung der Nierendiagnostik in den 80er Jahren zurück, so haben sich die Wirkungen zweier (zumindest nach heutiger Bewertung) nicht-invasiver Methoden überlagert.

65 Sie wird allgemein als indiziert angesehen zum Ausschluß einer schweren Verlaufsform einer Glomerulonephritis.

66 H. Gadeholt: Quantitative estimation of urinary sediment, with special regard to sources of error, British Medical Journal 1, 1964, 1547–1549.

67 F. Hildebrandt/M. Brandis: Hematuria in children, World Pediatrics and Child Care 1, 1986, 19–35, auf S. 20.

68 Diesen Prozeß beschreibt Rheinberger (Anm. 21) als die Herausbildung der „technological identity conditions".

69 Birch et al., Anm. 61.

70 K.-A. Winter/T. Knauth: Über das quantitative Harnsediment. Zur Methodik und ihren Fehlern, Medizinische Monatsschrift 11, 1957, 154–156; dies.: Ueber das quantitative Harnsediment. II. Mitteilung. Zur klinischen Anwendung der Methode, Medizinische Monatsschrift 11, 1957, 238f.; der zweite Aufsatz enthält den Hinweis auf Friedreich.

71 Groszer, Anm. 1, S. 144.

Michael Hagner

Die elektrische Erregbarkeit des Gehirns

Zur Konjunktur eines Experiments

I

In den 60er Jahren des 19. Jahrhunderts konnte von einer Diskussion um das Problem der Lokalisation geistiger Fähigkeiten im Gehirn in Deutschland keine Rede sein. Während in Paris über die mögliche Existenz eines Sprachzentrums und dessen Lokalisierung in der dritten Frontalwindung der linken Hirnhälfte debattiert wurde, gaben sich die deutschen Mediziner ganz zurückhaltend. Diese Haltung hatte mehrere Gründe, die durch die Entwicklung der medizinischen Wissenschaften in der ersten Hälfte des 19. Jahrhunderts bestimmt waren. Beispielsweise war man bei dem Stichwort Lokalisierung sogleich mit einem Verweis auf die längst als unwissenschaftlich apostrophierte Organologie Franz Joseph Galls bei der Hand und führte die experimentellen Untersuchungen von Galls Hauptgegner Pierre Flourens an, die eine gleichmäßige Tätigkeit der gesamten Großhirnrinde zu beweisen schienen. Auch wenn es in Frankreich bereits seit Galls Untersuchungen Anhänger eines lokalisierten Sprachzentrums gab, die sich auf klinische Fallstudien beriefen, gründete die herrschende Meinung zur cerebralen Lokalisation in dem Zeitraum zwischen Gall und Paul Broca im wesentlichen auf experimental-physiologischen Untersuchungen. Dabei spielte nicht nur eine Rolle, daß Flourens' Läsions- bzw. Ablationsexperimente der Hirnrinde von anderen Physiologen wie François Magendie, François-Achille Longet, Julius Budge oder Moritz Schiff reproduziert werden konnten; in gleicher Weise bestimmend waren etliche gescheiterte Versuche, durch Reizung (d. h. elektrische Stimulation, Ätzung, Quetschung) des Gehirns ein Muskelzucken zu evozieren. Aus diesem Grunde erweckte es auch keine rechte Aufmerksamkeit, wenn der Anatom Emil Huschke die Funktion des Gehirns nicht etwa metaphorisch mit einem galvanischen Apparat verglich, sondern unter Bezug auf Emil du Bois-Reymond eine Identität zwischen Nervenkraft und Elektrizität postulierte und verschiedene Hirnregionen funktionell als Indifferenzpunkt, Pole, Schließungsdrähte, feuchte Leiter und Ort des chemischen Prozesses bezeichnete.[1] So provokativ eine solche Überlegung klingen mochte, sie blieb wirkungslos, so lange sie nicht in experimentelle Anordnungen implementiert werden konnte.

Im Zuge des Aufschwungs, den die Experimental-Physiologie in Frankreich und etwas später auch in Deutschland als die zuverlässigste Methode zur Produktion von Erkenntnissen über die körperlichen Vorgänge genommen hatte, galten jene physiologischen Resultate bzw. die Mißerfolge als zuverlässig genug, um die Lokalisierung geistiger Funktionen in bestimmten Hirnarealen zurückzuweisen. Im Gegensatz dazu bereitete es der Gehirn-Anatomie bzw. -Pathologie und der klinischen Medizin erhebliche Probleme, eine topographische Zuordnung zwischen Symptomen und cerebralen Läsionsherden herzustellen, obwohl Autoritäten wie etwa Karl Friedrich Burdach oder Johann Baptist Friedreich eine lokale Differenzierung der unterschiedlichen Funktion angenommen hatten.[2] Zwar wurde der Wert der klinischen Kasuistik gerade in der Variabilität der Phänomene gesehen, und Krankheiten wurden als physiologische Experimente aufgefaßt, die der Zufall anstellte. Für eine Physiologie allerdings, in der die Variabilität gezielt ausgeschaltet und die Reproduzierbarkeit zumindest virtuell eingefordert wurde, war das in dem Moment suspekt, da jedes Experiment seine eigenen, unwiederholbaren Gesetzmäßigkeiten in sich barg. Die am physikalischen Experiment orientierte Exaktheit verbot es geradezu, sich auf solche Experimente oder Phänomene zu stützen, bei denen es der Natur gefiel, sie mal so und mal so ausfallen zu lassen. Bei der Beschäftigung mit dem Gehirn beispielsweise bestand von seiten der Physiologie ein grundsätzliches Mißtrauen gegen die Aussagekraft klinischer und neuropathologischer Beobachtungen, und es wurde eine heftige Polemik gegen Kasuistiken und deren wissenschaftliche Dignität geführt.[3]

Ein weiterer nicht zu unterschätzender Faktor in der Entwicklung der Physiologie lag in ihrem Funktionalismus begründet, dessen Merkmal beispielsweise in einer Geringschätzung der Anatomie bestand. Die soziale Ursache dafür ist zweifelsohne in dem Bestreben zu sehen, sich intellektuell und institutionell von der Anatomie abzugrenzen. So beklagte sich du Bois-Reymond 1847, daß es zwar junge Anatomen gebe, jedoch keine Physiologen, hielt es allerdings für einen Fortschritt, daß Morphologie und organische Physik sich zunehmend klarer voneinander schieden.[4] Komplementär zu diesem Anspruch verlief die physiologische Theoriebildung. Es gab Theorien, in denen ganz explizit und auf geradezu provokative Weise die Integration der Anatomie vermieden wurde. Ein bekanntes Beispiel ist die empiristische Theorie der räumlichen Wahrnehmung von Helmholtz: „Eine ähnliche Art zwingender Gewohnheit, hergeleitet aus dem Bedürfnisse der Orientirung, meine ich, beherrscht auch die Augenbewegungen, und ich halte es deshalb nicht für nöthig nach anatomischen Einrichtungen zu suchen, die das Gesetz dieser Bewegungen bestimmen.“[5]

Die Konsequenz dieser mit der Verselbständigung und Professionalisierung der Physiologie im Zusammenhang stehenden Vermeidungsstrategie bestand im

Nebeneinander verschiedener Wissensgebiete, ohne Bezüge zwischen den einzelnen Methoden herzustellen. Die Topographie der Hirnoberfläche etwa spielte im Falle der Stimulation des Cortex vor Fritsch und Hitzig keine Rolle und war ein ausschlaggebender Faktor für die Fehlschläge der Reizexperimente.

Methodologische und professionelle Abgrenzungen von anderen medizinischen Fächern scheinen das Hauptmotiv für die Haltung der funktionalistisch orientierten Physiologie gegenüber einer spezifischen Lokalisierung der Hirnfunktionen gewesen zu sein. Das führte zu einem gezielten Ignorieren von Phänomenen, so lange diese nicht dem experimentellen Zugriff verfügbar gemacht werden konnten. Der Transfer des wissenschaftlichen Objekts von der klinischen Praxis ins Labor scheiterte daran, daß es nicht in das bestehende Regelwerk „inskribiert" werden konnte. Damit wurde der vorgegebene experimentelle Anspruch, der die Voraussetzung bildete für den Erkenntnisakt, zum „obstacle" (Bachelard)[6]; und bevor die cerebrale Lokalisierung den Weg ins Labor und damit seine experimentelle Initiation fand, wurden zunächst Modifikationen im Verhältnis von Objekt und Methode vorgenommen, die – so möchte ich im folgenden zeigen – nicht aus dem Laborbetrieb emergierten und noch weniger mit der ausschließlichen Anwendung theoretischer Modelle und Konzepte zu erklären sind.

II

Die Lokalisationsdebatte in Frankreich erhielt mit dem Auftreten Brocas 1861 vor allem deswegen ganz neue Impulse, weil die Frage des Verhältnisses von Intelligenz und Hirngröße bzw. -entwicklung eines der zentralen Themen in der von Broca dominierten Societé d'Anthropologie war und sich die Lokalisation als Lackmus-Test für das politische und weltanschauliche Selbstverständnis von Wissenschaft erwies.[7] Bemerkenswerterweise wurden solche grundsätzlichen Richtungskämpfe in der Wissenschaft zur gleichen Zeit auch in Deutschland ausgetragen, nicht zwischen Lokalisationisten und deren Gegnern, sondern im sogenannten Materialismus-Streit, der sich – darin dem französischen Streit vergleichbar – auch auf die Frage zuspitzte, ob es eine unabhängige Seele gebe oder ob alle seelischen Erscheinungen Folge der physiologischen Bedingungen im Gehirn seien.[8] In der Lokalisationsfrage hielt man sich in Deutschland weitgehend zurück. Zwar hatte Wilhelm Griesinger bereits 1860 eine symptomatologische Unterscheidung zwischen diffusen und Herderkrankungen des Gehirns getroffen, aber allein dadurch, daß er für letztere nur halbseitige Erscheinungen (Lähmungen, Sensibilitätsstörungen) anführen konnte oder wollte,[9] blieb diese Differenzierung für die Konstituierung und Verbreitung der Lokalisationsidee wirkungslos. In der Folgezeit wurde eine cerebrale Lokalisation der geistigen Fähigkeiten zwar in den unterschiedlichsten Texten erwähnt, aber nur vereinzelt als ernsthafte Alternative erwogen.

Ludimar Hermann, dessen vielfach aufgelegtes „Lehrbuch der Physiologie" seit seinem ersten Erscheinen 1863 als exponiertes Beispiel einer experimentell ausgerichteten Physiologie angesehen wurde, ließ die „Anfänger" in der Physiologie wissen, daß das Großhirn der „Sitz der psychischen Tätigkeiten sei"[10], daß jedoch alle bisherigen Versuche, bestimmte „Geistesgebiete an besondere Hirnbezirke" anzubinden, erfolglos geblieben seien. Zwar erwähnte er Brocas Lokalisierung der motorischen Aphasie in der linken vorderen Hirnhälfte, wies aber gleichzeitig darauf hin, daß Jean-Baptiste Bouillaud dasselbe Krankheitsbild bei einer rechtsseitigen Läsion beschrieben hatte. Näher ging Hermann auf diese Ergebnisse nicht ein.

Noch 1867 faßte Conrad Eckhard den Standpunkt der Experimentalphysiologie dahingehend zusammen, daß mit den jetzigen Mitteln nicht entschieden werden könne, „ob den besonderen, geistigen Vermögen localisirte Stellen im Hirn entsprechen, oder ob es einen kleinern oder grössern Ort in demselben giebt, wo die allen Seelenthätigkeiten zu Grunde liegenden Bewegungen geschehen, oder endlich ob es für die rein geistigen Thätigkeiten gar keinen bestimmten Ort giebt".[11] Eckhard sprach sich für die letztere Annahme aus, wiewohl er die Arbeiten von Bouillaud und Broca der Erwähnung wert fand.

Ein anderer Physiologe, Georg Meissner, sah zwar in den „Beobachtungen über die cerebrale Aphasie, Störung des geistigen Sprachvermögens, Verlust des Wortgedächtnisses"[12] eine zunehmende Bedeutung für die Physiologie des Gehirns, doch schon die Tatsache, daß er ausschließlich französische und englische Arbeiten referierte, ist ein Indiz dafür, daß die Aphasie-Diskussion in Deutschland keine sonderliche Beunruhigung hervorrief.

Eine ähnlich reservierte Haltung ist auch bei den medizinischen Praktikern anzutreffen, die unter Verweis auf Broca, Bouillaud oder Armand Trousseau eigene Fallstudien präsentierten, aber angesichts der durch die Physiologie vorgegebenen strengen Maßstäbe nur mit größter Vorsicht Schlüsse hinsichtlich einer Hirnlokalisation zogen. Auf Grund der Tatsache, daß wohlhabendere Patienten nach einem Schlaganfall zur Erholung in ein Bad fahren konnten, wurden gerade Kurärzte mit neurologischen Krankheitsbildern konfrontiert, die sie kasuistisch vorstellten, ohne eine konkrete Definition von Aphasie bzw. einer spezifischen Lokalisierung zu geben; doch versprach man sich weitere Aufklärung von seiten der Physiologie und Neuro-Pathologie.[13]

Die hohe Wertschätzung der Physiologie brachte ein gewitzter Zeitgenosse auf den Punkt, daß „die Aphasie in der letzten Zeit eine Lieblings- ich möchte sagen Modekrankheit der Franzosen geworden ist, ohne das linke Rheinufer passirt zu haben ... Solch ein frappantes Symptom [i. e. Aphasie, M. H.] macht aber dem Deutschen vor der Hand nur Indigestionen; er gewährt ihm kein Bürgerrecht, so lange er es nicht nach allen Seiten kennt ...“[14] Nach allen Seiten kennen bedeutete, es auf eine solide physiologische Grundlage zu stellen, was im Hinblick auf die Sprache naheliegenderweise keine experimentelle Umsetzung erlaubte. Diesen Umstand konstatierte auch Ernst Leyden, wiewohl er sich auf Grund seiner Sektionsergebnisse weitgehend der Ansicht Brocas anschloß.[15] Leydens ausführliche Arbeit blieb ein Einzelfall, so daß weder von der Aphasielehre noch von der Hirn-Physiologie der 60er Jahre in Deutschland ein direkter Weg zur Etablierung des Lokalisationsgedankens führte. Erst durch ein berühmt gewordenes Experiment von Gustav Fritsch und Eduard Hitzig, in dem es gelang, durch elektrische Reizung eines spezifischen Gehirn-Abschnitts die Bewegung von Gliedmaßen zu erzeugen, wurde die Diskussion um die Lokalisierung der geistigen Fähigkeiten eröffnet. In den letzten drei Jahrzehnten des 19. Jahrhunderts setzte eine intensive Erforschung des Gehirns ein, an der verschiedene Disziplinen wie Anatomie, Physiologie, Psychiatrie, Innere Medizin (als Sammelplatz der neurologischen Erkrankungen) und Hirn-Chirurgie beteiligt waren. Damit soll nicht gesagt sein, daß ein einzelnes Experiment für die Etablierung des *Systems Lokalisierung* in der Hirnforschung verantwortlich war. Sein innovatives Potential bestand vielmehr darin, die Möglichkeiten für ein fruchtbares Oszillieren des Experimentalgegenstandes Gehirn zwischen Labor und Klinik bereitzustellen.

III

Eine mögliche Beantwortung der Frage, wie es zu diesem Transformationsprozeß gekommen ist, hat sich zunächst mit der Genese des Reizexperiments zu befassen. Die scheinbare Ungereimtheit zwischen dem obstacle innerhalb der Experimental-Physiologie noch unmittelbar vor Fritsch und Hitzig und dem unvermittelten Gelingen ihres Experiments führt zwangsläufig zu Fragen: Wenn die physiologische Methodik einen inhibierenden Einfluß ausübte, worin unterschied sich dann die neue Methode von ihr? Wie kam man überhaupt dazu, das Gehirn elektrisch reizen zu wollen? Welches Wissen war zu diesem Zwecke notwendig, welches Wissen war verfügbar? Wie wurde es in das Experiment eingebaut, d. h., welches Wissen steckte in dem Experiment selbst, und welche Schlüsse wurden daraus gezogen? Man kann die Fragen auf eine einzige zuspitzen, nämlich: Worin bestand die Neuartigkeit des Experimentalsystems zur elektrischen Reizung der Hirnrinde?

Es ist naheliegend und auch weitgehend akzeptiert, das Experiment von Fritsch und Hitzig in die englisch und französisch dominierte Lokalisationsdebatte der 60er Jahre einzubetten, d. h., dort die entscheidenden Voraussetzungen und Fragestellungen anzusiedeln.[16] Sicherlich kann man – und die meisten Historiker haben das auch getan – die eingangs erwähnten Kasuistiken und Schlußfolgerungen der französischen Aphaseologen, die Psychologie Herbert Spencers, die fokale Epilepsielehre John Hughlings Jacksons sowie seine eigenen Beiträge zur Aphasie oder auch die anatomische Differenzierung der Großhirnrinde in ein Projektions- und ein Assoziationszentrum durch Theodor Meynert – allesamt Unternehmungen der 50er und 60er Jahre – als theoretischen Hintergrund für das Reizexperiment ansehen. Dazu haben sich Historiker um so mehr ermutigt gefühlt, als Fritsch und Hitzig selbst in der Einleitung ihrer Arbeit einige der genannten Autoren zitierten; außerdem war zumindest Hitzig bereits seit einigen Jahren mit den Lehren Jacksons bekannt.[17] Ich möchte diesen theoretischen Hintergrund oder Problemhorizont keineswegs bestreiten, wohl aber einen anderen Weg einschlagen und zeigen, daß der Kontext, der dieses Experiment *verstehbar* macht, woanders liegt.

Neben dem Problemhorizont Lokalisation geht auch die Frage der elektrischen Erregbarkeit des Gehirns dem Reizexperiment voraus. Seit den Zeiten von Galvani und Volta hatten sich – wie bereits erwähnt – Physiologen vergeblich darum bemüht. Zwar hatte Luigi Rolando auf Grund galvanischer Experimente mit einer Volta-Säule herausgefunden, daß die Reizung verschiedener Teile des Großhirns zu lebhaften Muskelbewegungen führte, doch war er vorsichtig genug, den Schluß auf die Existenz bestimmter Gruppen von Hirnfasern, die für spezifische Bewegungen verantwortlich seien, zu vermeiden, wiewohl er diese Möglichkeit immerhin zur Sprache brachte.[18] Flourens argumentierte gegen Rolandos Untersuchungen, daß sich in seinen (Flourens') Experimenten keine durch das Gehirn oder Kleinhirn ausgelösten Muskelkontraktionen gezeigt hätten, und er fügte das damals einleuchtende Argument hinzu, daß das Gehirn als bloßer Leiter für den galvanischen Fluß hin zu den erregbaren Teilen, also den Muskeln fungiere.[19] Auch in der Folgezeit versuchten sich mehrere Physiologen – unter ihnen Magendie, Carlo Matteucci, Eduard Weber, Julius Budge, Schiff u. a. – an dem Reizexperiment. Doch während es auf das schönste gelang, Nerven und Muskeln zum Sprechen zu bringen, war dem Gehirn nicht einmal das gröbste Lallen zu entlocken.

Das Scheitern der bedeutendsten Physiologen konstatierten Fritsch und Hitzig mit Genugtuung. Ein unmittelbarer Zusammenhang zu den früheren Stimulationsversuchen war aber insofern nicht gegeben, als Eduard Hitzig sich initial keineswegs vorgenommen hatte, eine so umfassende und wichtige Frage wie die Erregbarkeit der Hirnrinde anzugehen. Bei der Genese dieses Reizexperiments verliefen die Wege anders. Sie führten über Bereiche der klinischen Medizin, die nichts mit Herderkrankungen des Gehirns zu tun hatten, über therapeutische Verfahren und nicht zuletzt über andere Experimente und Theorien, die aus einer völlig anderen Fragestellung herrührten. Die Antwort, die durch das Experiment gegeben wurde, galt einer Frage, die zwar mit dem Problemhorizont Hirnlokalisation kompatibel, die aber *so* zu Anfang gar nicht gestellt war; und umgekehrt: die Frage, die ursprünglich gestellt war, wurde – wenigstens mit diesem Experiment – nicht beantwortet.

IV

Über Eduard Hitzig, der 1838 als Sohn einer einflußreichen, alteingesessenen Berliner Familie geboren wurde, gibt es nur wenige biographische Informationen.[20] So ist über die Zeit nach seinem Medizin-Studium in Würzburg und Berlin, das 1862 abgeschlossen wurde, kaum etwas bekannt. In den acht Jahren bis zu seinem spektakulären Auftritt betreibt er wohl eine Arztpraxis in Berlin und nimmt regelmäßig an den Sitzungen der Berliner Medizinischen Gesellschaft teil.[21] Dort hält Hitzig in den 60er Jahren eine Reihe von Vorträgen und stellt Patienten aus seiner Praxis vor, die ihm bemerkenswert erscheinen. Spezialisiert ist er zu jener Zeit auf galvanische Therapie, die besonders bei Patienten mit Nervenläsionen zur Anwendung kommt, denn es war bekannt, daß Elektrotherapie vor allem auf periphere Lähmungen, Nervenzuckungen (Tics) und Neuralgien einen günstigen Einfluß hatte.[22]

So demonstriert Hitzig 1867 eine von ihm selbst entwickelte Elektrode, deren Anwendung den Patienten weniger Schmerzen bereitet.[23] Zu anderen Gelegenheiten stellt er Kasuistiken wie „Über das Resultat elektrischer Behandlung eines Schlottergelenks“[24] vor, wobei er von der verbesserten Beweglichkeit eines erheblich lädierten Arms berichten kann; in einem anderen Fall hat eine Patientin mit Lähmung des Facialis-Nerven bei dem Versuch, die gelähmten Muskeln zu bewegen, akustische Empfindungen. Hieraus schließt Hitzig auf die Lokalisierung der peripheren Lähmung bzw. der jeweils betroffenen Äste in unmittelbarer Nähe des Innenohres. Hintergrund für sein Interesse an einer exakten Lokalisierung der Läsion ist die mögliche Beantwortung der Frage, ob die Rekonvaleszenz der Lähmung des Augenschließmuskels damit im Zusammenhang steht.[25] Dabei hält sich Hitzig kaum bei der Ursache für die Läsion des Nervs auf und fragt auch nicht nach den möglichen Vorgängen, die bei der Rekonvaleszenz eine Rolle spielen. Bei noch anderer Gelegenheit stellt er einen Kranken vor, bei dem „durch Druck auf gewisse, im Bereich grosser Nervenstämme liegende Stellen, reflectorisch Muscelkrämpfe“ ausgelöst werden.[26] Der Fall ist ungewöhnlich, so daß Hitzig sich gezwungen sieht anzunehmen, die von der entsprechenden Stelle ausgehende Erregung ergreife einen großen Teil des gesamten Nervensystems in einer Stärke, die ausreicht, zentral vom Gehirn gesteuerte motorische Nerven in Erregung zu versetzen. Hitzig beläßt es bei dieser Vermutung, behält sich jedoch vor, weitere Entwicklungen dieses Falles mitzuteilen. Der Patient war, wie die anderen auch, Hitzig zur Galvanotherapie überwiesen worden, damit er von seinen Krämpfen entlastet wurde, was wenigstens zeitweise auch gelang.

Zwar ist die apparative Vorgehensweise eines Elektrotherapeuten an der Elektrophysiologie orientiert, doch besteht der gemeinsame Nenner von Hitzigs Kasuistiken darin, daß er mit einem klinischen Therapieverfahren arbeitet, das weit verbreitet ist und an dem dabei etliche Verbesserungen möglich sind, das jedoch kaum auf neurophysiologische Innovation hinweist. Hitzig tut auch gar nicht so, als ob er das vorhabe. Seine Beglaubigung erreicht er durch einige überraschende Erfolge bei der Heilung oder Linderung verschiedener Verletzungen oder Erkrankungen. All das hat mit dem, was damals in der Physiologie des Gehirns oder in der Psycho-Physik, aber auch in der Aphasielehre verhandelt wird, denkbar wenig zu tun. 1870 ist Hitzig nicht habilitiert und besitzt keine Stelle an der Universität. In Berlin hat er sich durch die eben erwähnten und einige andere Veröffentlichungen in der Berliner klinischen Wochenschrift einen Namen gemacht, doch in den damals renommierten physiologischen Zeitschriften (Reicherts und du Bois-Reymonds Archiv, Pflügers Archiv usw.) hat er, so weit ich es übersehe, keine einzige Arbeit vorzuweisen.[27] Sämtliche Arbeiten aus den 60er Jahren dienen klinischen Bedürfnissen und nicht der Physiologie.

Am 19. Januar 1870 hält Eduard Hitzig einen Vortrag in der Berliner Medizinischen Gesellschaft mit dem Titel „Physiologisches und Therapeutisches über einige electrische Reizmethoden“. Er paßt gut in die Reihe seiner bis dahin gehaltenen Vorträge, indem er wiederum auf praktische Belange hinzielt. Bei der weiteren Klärung der Frage, ob und inwieweit galvanische Ströme eine günstige Beeinflussung auf Augenmuskellähmungen haben können, entdeckt Hitzig, daß er die Augenmuskeln auf elektrischem Wege zur Kontraktion bringen kann, wenn er die Elektroden bei dem Patienten zwischen Ohrläppchen und Processus mastoideus befestigt. Dabei macht er eine unerwartete Entdeckung: bei Gesunden sieht Hitzig unwillkürliche Augenbewegungen, die auf einer Kontraktion mehrerer Augenmuskeln beruhen, die von unterschiedlichen Hirnnerven innerviert werden. Auf Grund dieses Umstandes äußert er die Vermutung, „daß jene

Augenbewegungen durch Reizung centraler Gebilde ausgelöst werden".[28] Hitzig ist sich seiner Sache jedoch keineswegs sicher. Gleichzeitig mit den Bewegungen tritt nämlich auch Schwindel auf. Erstere könnten die Folgen des letzteren sein. Personen, die auf anderem Wege, etwa durch Rotation, in Schwindel versetzt werden, weisen diese Augenbewegung nämlich ebenfalls auf. Nach Beendigung der galvanischen Reizung, während der Schwindel noch fortdauert, setzt sich die Augenbewegung fort, nun allerdings in umgekehrter Richtung. Andererseits jedoch, gibt Hitzig zu bedenken, habe er auch galvanische Bulbusbewegungen ohne Schwindelerscheinungen beobachtet.

Hitzig ist mit einer unübersichtlichen Situation konfrontiert, denn beide Phänomene sind angesichts ihres isolierten Auftretens nicht, wie er ursprünglich angenommen hatte, ausschließlich aufeinander zu beziehen bzw. ein unmittelbarer Effekt der elektrischen Reizung. Damit ist erstmalig eine Konstellation geschaffen, die ein tertium datur in den Bereich des Möglichen rückt. Vorerst jedoch läßt Hitzig eine Erklärung der produzierten Phänomene völlig offen, womit er sich im Rahmen des damaligen medizinischen und physiologischen (Nicht-)Wissens bewegt, denn der Zusammenhang von Augenbewegung und Schwindel war zwar bekannt, aber noch keineswegs erklärbar. Seine ärztlichen Zuhörer beunruhigen sich laut Protokoll auch nicht über mögliche weitreichende Konsequenzen, sondern stellen eher technische Fragen. Die Pointe dieser Geschichte ist, daß hier – im Zusammenhang mit elektrischen Reizmethoden und völlig unbeabsichtigt – ein Lallen des Gehirns produziert wird, und im Gegensatz zu seinen Zuhörern scheint Hitzig sofort begriffen zu haben, daß hinter dem Lallen eine ganze Sprache verborgen sein könnte. Es sind zwei Spuren, die nun gelegt sind, nämlich (1) ein möglicher cerebraler Ursprung der Augenbewegungen und (2) das Verhältnis von diesen Bewegungen zum Schwindel. Beiden Spuren geht Hitzig nach. Mit seinen Schwindel-Experimenten ist er wenig erfolgreich, doch die Auslösung von Muskelbewegungen durch cerebrale Reizung gelingt – unabhängig von der Tatsache, daß sich die Hypothese vom cerebralen Ursprung der beobachteten Augenbewegungen als Irrtum erweisen sollte.[29] Im Gegensatz also zu den erwähnten Physiologen, die mit außergewöhnlichen klinischen Phänomenen nichts anfangen konnten, weil sie nicht in den experimentellen Kanon hineinpaßten, nimmt Hitzig diese Phänomene ernst und macht sie konvertibel für die experimentelle Praxis, was ihm im konkreten Falle dadurch gelingt, daß er sich auf das Instrumentarium verläßt, welches er nach mehrjähriger Erfahrung bestens beherrscht. Anders gesagt, ist es primär die experimentelle und instrumentelle Machbarkeit, die Hitzig angesichts einer unerwarteten Beobachtung die Frage nach der Reizbarkeit des Gehirns noch einmal neu aufrollen läßt. Dabei ist es unerheblich, daß die Fragestellung oder die „Prämisse" falsch ist, und es ist ziemlich gleichgültig, ob Hitzig zu diesem entscheidenden Zeitpunkt 1869/70, als er gemeinsam mit Fritsch die Experimente plant und durchführt, den theoretischen Hintergrund in Gestalt von Brocas Aphasielehre, der Fokallehre Jacksons oder der Anatomie Meynerts berücksichtigt hat oder nicht.

V

Wenn die notwendigen Voraussetzungen für das Reizexperiment erstens in der Korrepondenz zwischen klinischen Phänomenen und physiologischem Experiment und zweitens in der Beherrschung eines Verfahrens liegt, das therapeutischen Zwecken diente, so soll das nicht auf eine Verharmlosung der Tätigkeit eines Elektrotherapeuten hinauslaufen, zumal Hitzig die elektrophysiologischen Grundlagen vollständig beherrschte. Natürlich kam dieses Verfahren nicht aus dem Niemandsland, sondern war in der Gestalt, wie es in den 50er und 60er Jahren betrieben wurde, eine Konsequenz der langjährigen Experimente von Emil du Bois-Reymond. Unabhängig von seinen anti-vitalistisch gedeuteten Resultaten fanden sich die von ihm entwickelten und selbstgebauten Elektroden und Meßapparaturen alsbald in der Praxis wieder, zum Therapeutikum umfunktioniert, doch in den Händen von Hitzig entwickeln sie aufs neue ein wissenschaftliches Potential.[30] Das Gelingen dieses Transformationsprozesses besteht in der Etablierung eines Experimentalsystems, das sich in seinen verschiedenen Elementen – dazu gehören Patienten und Hunde, aber auch Reizelektroden und Galvanisierungsapparate – überhaupt nicht vom Standard physiologischer Ausrüstung und Methodik unterscheidet. Weder ist die Art und Weise der elektrischen Reize entscheidend – es wird sowohl Kettenstrom wie auch Induktionsstrom benutzt –,[31] noch spielt die Narkotisierung der Versuchstiere eine ausschlaggebende Rolle, da Experimente mit wie auch ohne Narkose durchgeführt werden.[32]

Hitzig bezieht jedoch noch weitere Elemente in sein Experimentalsystem ein: So ist er sich darüber im klaren, daß sein praktisches und sein technisches Wissen notwendig, aber längst nicht ausreichend ist. Er müßte viel mehr von der Anatomie des Gehirns verstehen, als er es für seine bisherige Tätigkeit gebraucht hat, und – ebenso wichtig – es mangelt ihm an jeglicher Kenntnis der Operationskunde und Präpariertechnik, um die Augenbewegung des galvanisierten Patienten in die Sprache der Vivisektion, also der direkten Stimulation der Hirnrinde umzusetzen. Hitzig verbindet sich aus diesem Grunde mit dem gleichaltrigen Gustav Fritsch, einem kurz zuvor habilitierten Assistenten aus dem Anatomischen Institut von Karl Bogislaus Reichert.[33] Daß die Experimente nicht im Physiologischen Institut durchgeführt wurden, könnte den Gedanken an die Außenseiterstellung der beiden im Berliner akademischen Milieu nahelegen. In Wahrheit jedoch hatte du Bois-Reymond überhaupt keinen Raum für Experimente an Warmblütern zur Verfügung, da er das neue Institut erst 1877 beziehen konnte und sich bis dahin mit vergleichsweise bescheidenen Laborbedingungen begnügen mußte. Die Reizexperimente begannen auf dem Toilettentisch von Hitzigs Ehefrau und wurden im Vorzimmer der Anatomie fortgesetzt. Dieser Umstand, der späterhin natürlich hagiographisch umgemünzt worden ist, enthält einen einzigen Aspekt von nicht zu unterschätzender Wichtigkeit. Zwar gibt es die Paläste der Physiologie in Leipzig, Breslau, Zürich usw., deren Maschinerie von Wissensproduktion durch die Interaktion einer Vielzahl von unterschiedlichen Elementen bedingt ist. Jedoch funktioniert ein solches network *auch* in der Mikro-Struktur eines Toilettentisches (oder eines Vorraums der Anatomie), die zwar nicht im sozialen, wohl aber im epistemologischen Sinne als Labor betrachtet werden können – gewiß mit weniger Elementen, aber dennoch hinreichend komplex, um eine eigene Forschungsdynamik zu entfalten. Es wäre naiv anzunehmen, daß das Labor (im sozialen Sinne) die Bedingungen für diese Dynamik automatisch bereitstellt; umgekehrt hilft aber auch die ökonomische Regel ‚small is beautiful' nicht viel weiter. Erst durch die Integration externer Aktanten – wobei es im Prinzip gleichgültig ist, ob es sich um Stimulationsapparate, Elektroden, Hypothesen oder theoretische Voraussetzungen handelt – in ein Experimentalsystem wird die Produktion überraschender Resultate ermöglicht. Dabei geschieht der Integrationsprozeß unter dem Diktum der Machbarkeit, die sich vorrangig eine Eingrenzung und Manipulierbarkeit der unvorhergesehenen Phänomene zum Ziel setzt.

Im Falle von Hitzig besteht dieser Vorgang darin, daß durch die Verknüpfung von Methode, Instrumenten, Objekten und (falscher) Hypothese mit der unerwarteten Beobachtung bei der Galvanisierung des Kopfes ein spezifischer Kontext hergestellt wird, in dem praktische und theoretische Bestandteile das für die Wissenschaft im Machen notwendige Amalgam eingehen. Das Ergebnis dieser *bricolage* besteht darin, daß spezifische Regionen („circumscripte Centren") im vorderen Teil des Gehirns gefunden werden, auf deren elektrische Reizung hin sich entweder die Vorderpfote oder die Hinterpfote des Versuchstiers beugt bzw. streckt. Diese isolierten Bewegungen sind, so geben Fritsch und Hitzig an, durch Reizung anderer Areale nicht hervorzurufen.[34]

VI

Daß die Veröffentlichung der Arbeit von 1870 in du Bois-Reymonds Archiv wie ein Paukenschlag wirkte, hat mit den Befindlichkeiten der damaligen Physiologie zu tun. Es war eben keiner von den berühmten und selbstbewußten Physiologen, der diese Neuigkeiten mitteilen konnte. Wenn die Physiologie dieses Experiment späterhin ganz auf ihrer Habenseite verbucht hat, so liegt darin – zumindest was die Genese angeht – eine große Übertreibung. Zunächst jedoch stand Ludimar Hermanns indignierte Frage, warum wohl zuvor noch niemand die Erregbarkeit des Gehirns festgestellt habe, stellvertretend für das irritierte Selbstverständnis der Physiologen.[35] Sie waren nämlich mit einer für sie ungewohnten Situation konfrontiert. Daß der Weg der Inspiration von der Wissenschaft zur Praxis glänzend funktionierte, hatte man kurz zuvor am Beispiel von Helmholtz' Konstruktion und Bau eines Augenspiegels gesehen, der für die Augenheilkunde ein wichtiges Stimulanz darstellte. Angesichts der ersten großen Erfolge der Physiologie schien man jedoch vergessen zu haben, daß eine solche Inspiration auch in umgekehrter Richtung statthaben könnte. Erst durch einen aus der Praxis kommenden Außenseiter wie Hitzig wurde die Gemeinschaft der Physiologen daran erinnert, daß auch ihre scheinbar so dominierende Jahrhundertwissenschaft nicht ganz unabhängig war von der Klinik.[36] Unter diesem Gesichtspunkt war die Botschaft dieses Experiments deutlich: Ärzte hatten aufbauend auf ihren klinischen Erfahrungen mehr zu bieten als bloße Kasuistiken; Physiologen hatten sich daran zu gewöhnen, daß nicht nur die Klinik von der Physiologie profitierte, sondern daß auch das Gegenteil der Fall sein konnte.[37]

Das Echo auf das Reizexperiment war enorm. Neben Hermann waren Friedrich Goltz, David Ferrier, Hermann Munk, Hermann Nothnagel und Siegmund Exner nur die bekanntesten Experimentatoren, die den Faden aufnahmen. Neben motorischen Regionen wurde nun auch nach sensorischen Arealen und möglichen Zonen für höhere geistige Fähigkeiten gesucht. Jeder der Genannten hat unterschiedliche Ergebnisse erhalten, und jeder hat versucht, auf jeden eine Antwort zu geben und die Kritik ausführlich und auf dem Boden weiterer Experimente erwidert.[38] Bei einer genaueren Analyse würde sich ein engmaschiges Netz von Beziehungen und Verflechtungen ergeben, das einerseits im Sinne eines prinzipiellen Streits zwischen Lokalisationisten und deren Gegnern gelesen werden kann und auch gelesen worden ist, andererseits jedoch ein stark konvergierendes Moment in sich trägt, was als Konsequenz all dieser sich teilweise überlappenden, teilweise einander ausschließenden Experimentalsysteme aufzufassen ist.[39] Die Etablierung des Systems Lokalisierung zwischen 1870 und 1900 ist ein zentraler Bestandteil der Experimentalisierung und Cerebralisierung des

Gehirns – ein Prozeß, der bei aller Diversifikation als stringent anzusehen ist, weil eine weitgehende Einigkeit darüber bestand, daß die Ausführung psychischer und physischer Funktionen an die Materialität des Gehirns gebunden ist, und zwar an bestimmte Regionen. Auch Goltz, der erbittertste Gegner der festgelegten Zentren im Gehirn, räumte ein, daß „dieser oder jener Abschnitt vorzugsweise einer gewissen Funktion dienen [könnte], es könnten gewissermaßen verwaschene Centren bestehen"[40].

Unter dem anterograden Blickwinkel der Cerebralisierung und Experimentalisierung des Gehirns erweist sich das Experimentalsystem von Fritsch und Hitzig als ein Zukunftsgenerator, und zwar nicht unbedingt, weil die beiden recht gehabt hätten, sondern vor allem wegen der Produktion offener Fragen, die in der Folgezeit zum Anknüpfungspunkt für Diskussionen und neue Experimente wurden.

Die von Fritsch und Hitzig angewendeten Verfahren brachten nämlich alles andere als eindeutig interpretierbare Ergebnisse. Es wäre beispielsweise auch denkbar gewesen, daß bei Reizung des Gehirns Stromschleifen entstehen, daß also die eigentlich reizbaren Teile gar nicht im Cortex, sondern in den unteren Schichten des Gehirns lokalisiert sind.[41] Ähnlich verhielt es sich mit einer Anzahl von Beobachtungen, die Fritsch und Hitzig selbst als irrelevant für ihre eigene Problematik abtaten, nämlich erhebliche chirurgische Läsionen des menschlichen Gehirns, die sich exakt an den Stellen befanden, wo sie beim Hund ihre Reizelektroden angebracht hatten und die beim Menschen keinerlei Funktionseinbußen nach sich zogen. Sie redeten sich damit heraus, daß man bei massiven Läsionen nicht genau wissen könne, welche Partien überhaupt verletzt seien und verwiesen darüber hinaus auf weitere Forschungen,[42] deren erste Ergebnisse sie selbst an das Ende ihrer Arbeit stellten. Ihre experimentelle Produktion von Hirnläsionen bestand im Herausschneiden derjenigen Abschnitte des Gehirns, die sie als motorische Zentren angenommen hatten. Wo vorher das elektrisch ausgelöste Zucken der Vorderpfote gewesen war, sollte nun eine vollständige Lähmung oder zumindest eine deutliche Funktionseinschränkung statthaben. Die kurz nach der Operation beobachteten Verhaltensweisen des Hundes schienen die Reizexperimente zu bestätigen.[43] Aber gerade dieses auf den ersten Blick elegante Referenz-Modell führte zu den größten Schwierigkeiten, denn was Fritsch und Hitzig als eine „Ausfallserscheinung" erklärten, interpretierte Goltz als operationsbedingte „Hemmungserscheinungen", die im Lauf der Zeit wieder verschwanden.[44] Neben anderen, operativen Modifikationen führte Goltz damit die Zeit, die Dauer, in sein Experimentalsystem ein und kam zu völlig anderen Ergebnissen. Die unterschiedlichen experimentellen Vorgehensweisen führten dazu, daß etliche Zuordnungen von Funktion und Hirnareal rasch wieder verworfen wurden. Die Überschreitung des jeweils geschaffenen immanenten Bezugsrahmens ergab sich aus einer Konjunktion der experimentellen Offenheit und der Bedürfnisse und Interessen, die aus ganz anderen Zusammenhängen stammten.

VII

Die Verfertigung des *Systems* Hirnlokalisation war kein nach außenhin abgeschlossener Prozeß, sondern bezog seine Dynamik aus Bezugspunkten zu gesellschaftlich und sozial relevanten Prozessen. Angesichts der Hirnläsionen nach Schußverletzungen vor allem im Deutsch-Französischen Krieg 1870/71; angesichts der zunehmenden Ausdifferenzierung der Chirurgie, die sich auch für das Gehirn zu interessieren begann; angesichts einer Universitäts-Psychiatrie, die von anatomisch ausgerichteten Ordinarien geprägt war (z. B. Meynert, Flechsig, v. Gudden, Westphal, Wernicke) und Geisteskrankheit als Gehirnkrankheit verstand; angesichts von Abszessen, syphilitischen und tuberkulösen Tumoren im Gehirn; angesichts des fächerübergreifenden, großen Forschungsfeldes, das jungen Wissenschaftlern die Möglichkeit zur professionellen Etablierung bot, vollzog sich die rasche, arbeitsteilige Innovation in der Hirnforschung.

Die Diskussion um die Lokalisierung wurde vor allem durch konkrete medizinische Bedürfnisse forciert.[45] Dadurch erhielt die weiterhin existierende Rivalität zwischen Physiologie und Klinik insofern ihre Brisanz, als letztere einer mit physiologischen Methoden erzeugten Lehre auf die Beine helfen mußte gegen vermeintliche kritische Einwände aus der Physiologie selbst. Diese Hilfeleistung geschah nun in dem neuen Selbstbewußtsein, daß (1) das Labor zur weiteren Erforschung der Funktionen der Hirnrinde nicht mehr ausreiche und (2) einer dezidierten Auffassung darüber, welches Labor-Wissen für die Praxis relevant ist und welches nicht. So gab es verschiedene Kliniker, welche die heftig diskutierten Fragen um die Lokalisation bzw. um die präzise Ausdehnung eines spezifischen Zentrums kurzerhand als akademische Spitzfindigkeiten abtaten: „Es wäre völlig unnütz auf diese Controverse hier näher einzugehen, weil, wie wir sehen werden, für die Verwerthung der Ergebnisse der Hitzig'schen Versuche am Krankenbett es ganz gleichgültig ist, ob man annimmt, dass nur die Hirnrinde allein, oder auch die darunter liegenden Theile verletzt sind."[46] Die Konjunktur eines Experiments wie dasjenige von Fritsch und Hitzig hat damit zwei Seiten: einerseits ist es der Zukunftsgenerator[47], der diesen Transformationsprozeß überhaupt erst ermöglicht; andererseits wird seine Etablierung und Dignität in eben diesem Prozeß bereitet.

Aus der wissenschaftlichen Entwicklung Hitzigs heraus ist es naheliegend, daß er selbst von Anfang an versuchte, seine experimentell erzeugten Phänomene mit klinischen Phänomenen zu korrelieren.[48] Diese gegenseitige Absicherung der Phänomene wurde allerdings in dem Moment außer Funktion gesetzt, wo die klinischen Phänomene aus dem Rahmen fielen bzw. an eine wie auch immer geartete Forschungszukunft verwiesen wurden. Dazu gehörte sowohl die erwähnte Regeneration von Funktionen als auch die Variabilität von Symptomen bei gleichartigen Läsionen. Die Schnittstelle zwischen Möglichkeiten und Grenzen oder Offenheit und Geschlossenheit eines Experimentalsystems scheint mir ein wichtiger Indikator für das Ausmaß der Zukunftsproduktion desselben zu sein. Dabei scheint das geschilderte Verhältnis von Labor und Klinik nicht im Sinne eines „practical turn" interpretierbar zu sein. Genau an dem Punkt, wo praktisches Wissen so tief in ein physiologisches Experiment eingedrungen ist und das neu erworbene Wissen so ausgiebig wieder aufnimmt, macht es keinen Sinn, beide gegeneinander auszuspielen. Ich möchte versuchsweise davon ausgehen, daß Labor und Klinik sich gegenseitig als Referenzmodell benutzen und damit absichern. Daß diese gegenseitige Absicherung möglicherweise größere Bedeutung für den Prozeß der Decodierung des Gehirns vom Lallen zu einer komplexen Sprache hat als das polare historiographische Paradigma von einer Kontroverse zwischen Holisten und Lokalisationisten, scheint mir in dem Umstand zu liegen, daß sich die weitere Differenzierung der Fächer Neurologie, Neurochirurgie, Psychiatrie, Neurophysiologie und Neuroanatomie gerade mit einer zunehmenden Lokalisierung vollzogen hat. Es ist nicht zu bestreiten, daß die Diskussion unter den beteiligten Akteuren zum Teil mit verletzender Polemik geführt wurde. Es ist ebenso klar, daß die Experimentalsysteme etwa von Goltz und Hitzig bei mannigfaltigen Überlappungen unüberbrückbare Inkompatibilitäten enthielten – es stellt sich bloß die Frage, wie hoch die Bedeutung dieser Auseinandersetzungen für die Etablierung einer arbeitsteiligen Hirnforschung einzuschätzen ist. Darüber hinaus scheint es mir kein Zufall zu sein, daß die eigentliche Holismus-Debatte ab ca. 1900[49] gerade in dem Moment entsteht, als die Differenzierung der genannten Fächer zu einer ersten, vorläufigen Konsolidierung geführt hat. Ich möchte also darauf hinaus, daß keinerlei epistemologische Auseinandersetzungen, methodische Unvereinbarkeiten und unterschiedliche Interessen die Etablierung des Systems Lokalisierung verhindern. Im Gegenteil: sie trugen dazu bei, daß es seine Trägerfunktion in kognitiver, institutioneller und sozialer Hinsicht im Zeitraum von 1870–1900 in großem Umfang erfüllen konnte. Von daher versteht sich die Konjunktur der Hirnlokalisation, die es in der ersten Hälfte des 19. Jahrhunderts und noch in den 60er Jahren nicht gab, als eine Erscheinung im Wilhelminischen Kaiserreich, in dem es zwar zu einer weiteren Differenzierung der wissenschaftlichen Disziplinen kommt. Daneben jedoch ist die konzeptuelle Vollendung einer Cerebralisierung des Gehirns das Resultat einer Konvergenz sozialer Interessen der medizinischen Wissenschaften[50] und dem Oszillieren eines Experimentalsystems zwischen verschiedenen Praktiken und Wissensgebieten, die sich zuvor bereits als Klinik und Labor formiert hatten.

Anmerkungen

1 E. Huschke: Schaedel, Hirn und Seele des Menschen und der Thiere nach Alter, Geschlecht und Raçe. Dargestellt nach neuen Methoden und Untersuchungen, Jena 1854, S. 168.

2 Vgl. dazu M. Neuburger: Studien zur Geschichte der deutschen Gehirnpathologie II, Jahrbücher für Psychiatrie und Neurologie 34 (2), 1913, 1–58.

3 Vgl. etwa M. Schiff: Lehrbuch der Physiologie des Menschen. I. Muskel- und Nervenphysiologie, Lahr 1858/59, S. 329, 364-365.

4 E. du Bois-Reymond: Jugendbriefe an Eduard Hallmann, hrsg. von E. du Bois-Reymond, Berlin 1918, S. 127.

5 H. v. Helmholtz: Ueber die normalen Bewegungen des menschlichen Auges, Archiv für Ophthalmologie 9/2, 1863, 153–214, auf S. 195.

6 Entscheidend ist Bachelards Grundgedanke, wonach das „Hindernis“ nicht Folge eines unwissenschaftlichen Vorgehens ist, sondern daß es dem Erkenntnisakt, der den wissenschaftlichen Prozeß bedingt, inhärent ist. Vgl. G. Bachelard: Die Bildung des wissenschaftlichen Geistes, Frankfurt/M. 1987, S. 46.

7 Vgl. dazu S. J. Gould: Der falsch vermessene Mensch, Frankfurt/M. 1988; A. Harrington: Medicine, Mind, and the Double Brain, Princeton 1987.

8 Siehe etwa R. Wagner: Der Kampf um die Seele vom Standpunct der Wissenschaft, Göttingen 1857. – Vgl. dazu die Einleitung von Wittich zu C. Vogt/J. Moleschott/L. Büchner: Schriften zum kleinbürgerlichen Materialismus, hrsg. von D. Wittich, Bd. 1, Berlin 1971, S. V–LXXXII. Leider ist eine komparative Analyse jener Debatten in Frankreich und Deutschland noch nicht vorgenommen worden.

9 W. Griesinger: Diagnostische Bemerkungen über Hirnkrankheiten, Archiv für Heilkunde 1, 1860, 51–85.

10 L. Hermann: Grundriss der Physiologie des Menschen, 2. Aufl., Berlin 1867, S. 415.

11 C. Eckhard: Experimentalphysiologie des Nervensystems, Giessen 1867, S. 146.

12 G. Meissner: Bericht über die Fortschritte der Physiologie im Jahre 1867, Leipzig – Heidelberg 1868. – Der Abschnitt über die Aphasielehre befindet sich auf S. 528–533, das Zitat auf S. 528.

13 E. Kisch: Drei Fälle von Aphasie, Berliner klinische Wochenschrift 6, 1869, 433–435.

14 C. Heymann: Ein Fall von Aphasia saturnina, nebst kritischen Bemerkungen, Berliner klinische Wochenschrift 2, 1865, 195–198, 208–210, 223–225, S. 209f.

15 E. Leyden: Beiträge zur Lehre von den centralen Sprachstörungen, Berliner klinische Wochenschrift 4, 1867, 65–68, 77–81, 89–93.

16 Vgl. z. B. R. M. Young: Mind, Brain and Adaptation in the Nineteenth Century. Cerebral Localization and its Biological Context from Gall to Ferrier, Oxford 1970, S. 228, 240, und noch

jüngst C. S. Breathnach: Eduard Hitzig, neurophysiologist and psychiatrist, History of Psychiatry 3, 1992, 329–338.

17 Vgl. Hitzigs Rezension des Bandes *Clinical Lectures and Reports by the medical and surgical staff of the London Hospital* (London 1864) in: Berliner klinische Wochenschrift 2, 1865, 173f. Darin heißt es: „Auch hierin [i. e. Jacksons Beitrag] ist neben theoretischen Betrachtungen eine reiche Casuistik geliefert, welche besonders diejenigen interessiren wird, die sich mit der neuerdings von Broca, Trousseau und Anderen unter dem Namen Aphemie, Aphasie, Alalie u. s. w. beschriebenen Krankheit beschäftigen." (S. 173.)

18 L. Rolando: Saggio sopra la vera struttura del cervello dell'uomo e degl'animali e sopra le funzioni del sistema nervoso, Sassari 1809, S. 32.

19 P. Flourens: Recherches expérimentales sur les propriétés et les fonctions du système nerveux dans les animaux vertébrés, Paris 1824, S. 274.

20 Vgl. H.-H. Eulner: Eduard Hitzig (1838–1907), Wissenschaftliche Zeitschrift der Universität Halle, Mathematisch-Naturwissenschaftliche Reihe VI/5, 1957, 709–712.

21 Die Berliner Medizinische Gesellschaft war 1860 gegründet worden, um das gesamte Spektrum der Medizin wissenschaftlich zu fördern. Vgl. R. Winau: Medizin in Berlin, Berlin 1987, S. 272. Eine Geschichte dieser Gesellschaft steht m. W. noch aus.

22 Elektrotherapie wurde seit dem 18. Jahrhundert angewendet und war in der Mitte des 19. Jahrhunderts weit verbreitet, wenn auch nicht unumstritten. Gleichwohl wurde das innovative Potential der Elektrotherapie späterhin gewürdigt. C. von Monakow erinnert sich: „Als ich im Jahre 1877 in die Praxis trat, da gab es noch keine ‚Nervenärzte'; es gab [...] ‚Elektrotherapeuten', aus deren Mitte später die Fachneurologen hervorgingen. Hitzig, Remak, Rosenthal, Möbius, Erb u. a. waren ursprünglich Elektrotherapeuten, und ihnen verdanken wir manche erfolgreiche elektrische Prozeduren, die bis heute ihre Bedeutung nicht verloren haben." (C. v. Monakow: Fünfzig Jahre Neurologie. Zwei Vorträge, Zürich 1924, S. 53.)

23 E. Hitzig: Ueber die Anwendung unpolarisirbarer Electroden in der Electrotherapie, Berliner klinische Wochenschrift 4, 1867, 404–406.

24 E. Hitzig: Ueber das Resultat elektrischer Behandlung eines Schlottergelenks, Berliner klinische Wochenschrift 6, 1869, 388f.

25 E. Hitzig: Beiträge zur Kenntniss der peripheren Lähmung des Facialis, Berliner klinische Wochenschrift 6, 1869, 18–20.

26 E. Hitzig: Ueber reflexerregende Druckpunkte, Berliner klinische Wochenschrift 3, 1866, 69–71, auf S. 69.

27 Zwei Arbeiten sind allerdings in *Virchows Archiv* erschienen: Zur Pathologie und Therapie entzündlicher Rückenmarksaffectionen; Über eine bei schweren Hemiplegien auftretende Gelenkaffection. 1868 veröffentlichte er auch ein Buch *Studien zur Bleivergiftung,* Berlin.

28 E. Hitzig: Physiologisches und Therapeutisches über einige electrische Reizmethoden, Berliner klinische Wochenschrift 7, 137f. Hierbei handelt es sich nur um ein Protokoll der Sitzung, nicht um einen von Hitzig zum Druck gegebenen Beitrag.

29 Jahrzehnte später gesteht Hitzig in einer Anmerkung zum Wiederabdruck der Arbeit von 1870: „In der Folge hat sich gezeigt, daß der Schluss, welcher mich zur Anregung dieser Versuche anregte, unrichtig war. Die fraglichen Augenbewegungen werden nicht durch direkte Reizung des Gehirns, sondern indirekt durch Elektrotonisirung der Nervi vestibulares hervorgebracht. Es ist nicht das erste oder einzige Mal, dass eine falsche Prämisse zur Aufdeckung richtiger Thatsachen führte." (E. Hitzig: Physiologische und klinische Untersuchungen über das Gehirn. Gesammelte Abhandlungen. Theil 1: Untersuchungen über das Gehirn, Berlin 1904, S. 34.)

30 Beispielsweise hat Hitzig eine Modifikation einer von du Bois-Reymond entwickelten Reizelektrode vorgenommen. Vgl. Hitzig, Anm. 23.

31 G. Fritsch/E. Hitzig: Über die elektrische Erregbarkeit des Großhirns, Archiv für Anatomie, Physiologie und Wissenschaftliche Medicin, 1870, 300–332. Zit. nach E. Hitzig: Untersuchungen über das Gehirn. Abhandlungen physiologischen und pathologischen Inhalts, Berlin 1874, S. 1–31, auf S. 10, 14–16.

32 Ebenda, S. 9.

33 Über das Leben von Fritsch ist ebensowenig bekannt wie über das von Hitzig. Vgl. H. Grundfest: The Different Careers of Gustav Fritsch (1838–1927), Journal of the History of Medicine 18, 1963, 125–129.

34 Fritsch/Hitzig, Anm. 31, S. 13.

35 L. Hermann: Ueber electrische Reizversuche an der Grosshirnrinde, Pflügers Archiv 10, 1875, 77–85, auf S. 77.

36 Auf diesen wichtigen Umstand hat meines Wissens erstmalig v. Monakow hingewiesen; vgl. Monakow, Anm. 22, S. 21f.

37 Daß es auch andere, mehr integrierende Vorstellungen über den Zusammenhang von Physiologie und Klinik – etwa bei Carl Ludwig – gab, zeigt T. Lenoir: Science for the clinic: Science policy and the formation of Carl Ludwig's Institute in Leipzig, in: W. Coleman/F. L. Holmes (Hrsg.), The Investigative Enterprise. Experimental Physiology in Nineteenth-Century Medicine, Berkeley 1988, S. 139–178.

38 Vgl. dazu im Detail die Bücher von Young, Anm. 16, und Harrington, Anm. 7.

39 An diesem Punkt decken sich meine Ansichten zum Großteil mit denen von S. Leigh Star: Regions of the Mind. Brain Research and the Quest for Scientific Certainty, Stanford 1989. Sie entwickelt die Konvergenz-Hypothese auf Grund einer Analyse der Entwicklung der Neurologie in England im letzten Drittel des 19. Jahrhunderts. Ihre Begründungsstrategie divergiert jedoch in zentralen Punkten von meinem Ansatz.

40 F. Goltz: Ueber die Verrichtungen des Grosshirns, Bonn 1881, S. 163.

41 Auf diesen Punkt gehen Hermann, Anm. 35 und O. Soltmann: Experimentelle Studien über die Functionen des Grosshirns der Neugeborenen, Jahrbuch für Kinderheilkunde und physische Erziehung 9, 1876, 106–148, ein.

42 Fritsch/Hitzig, Anm. 31, S. 23.

43 Ebenda, S. 28–30.

44 Goltz, Anm. 40, S. 39–40.

45 Auf diesen Umstand hat ausgerechnet Gustav Fritsch in seinem Nachruf auf Hitzig aufmerksam gemacht: „... es schien fast, als sollte es den Gegnern [gemeint sind Physiologen, allen voran Goltz, M. H.] glücken, die verhasste Lehre zu unterdrücken, da sahen sich die ihr gänzlich objektiv gegenüberstehenden Kliniker erfreulicherweise veranlasst, nach den Erfahrungen am Krankenbett für dieselbe einzutreten und ihr zum Siege zu verhelfen." (G. Fritsch: E. Hitzig, Berliner klinische Wochenschrift 44, 1907, 1185.)

46 A. Seeligmüller: Ueber die Lehre von den motorischen Functionen der Hirnrinde und ihre Verwerthung in der ärztlichen Praxis, Deutsche medizinische Wochenschrift 3, 1877, 551–553, 563–564, 578–579, auf S. 552. Eine ähnliche Position wird vertreten von M. Jastrowitz: Beiträge zur Localisation im Grosshirn und über deren praktische Verwerthung, Deutsche medizinische Wochenschrift 14, 1888, 81–83, 108–112, 125–128, 151–153, 172–175, 188–192, 209–211.

47 Diesen Begriff borge ich bei François Jacob, der in seiner Autobiographie das Experiment als „une machine à fabriquer de l'avenir" bezeichnet. Vgl. F. Jacob: La statue intérieure, Paris 1987,

S. 13. – Mahlon Hoagland, der Jacob gelesen hat, schreibt in seiner Autobiographie: „Science inevitably is a generator of surprises." (M. Hoagland: Toward the habit of truth. A life in science, New York – London 1990, S. XVII.) Durch die Verallgemeinerung rückt Hoagland in die Nähe des Baconschen Topos, wonach Wissenschaft stets Neuigkeiten bringe; dafür allerdings büßt er die subtile Prägnanz von Jacobs Definition des Experiments ein. – Hans-Jörg Rheinberger, dem ich die Hinweise auf diese beiden Stellen verdanke, greift das Experiment als „future generating machine" auf in *Experiment, difference and writing: I. Tracing protein synthesis,* Studies in the History and Philosophy of the Sciences 23, 1992, 305–331.

48 Vgl. dazu die verschiedenen Beiträge in den Monographien von Hitzig, Anm. 29 und 31.

49 Dieses Thema ist gerade erst dabei, in den wissenschaftshistorischen Blickpunkt zu gelangen. Vgl. A. Harrington: Interwar „German" Psychobiology: Between Nationalism and the Irrational, Science in Context 4, 1991, 429–447.

50 Einen enttäuschend oberflächlichen Versuch einer soziologischen Einordnung der Debatte um die Hirnlokalisation unternimmt P. J. Pauly: The political structure of the brain: Cerebral localization in Bismarckian Germany, International Journal of Neuroscience 21, 1983, 145–150. – Abgesehen davon, daß die Differenzierung zwischen antidemokratischem, hierarchisch orientiertem Zentralismus (Hitzig) und kulturell gesinntem Dezentralismus (Goltz) keinerlei historische Verankerung findet, bleibt hervorzuheben, daß der Lokalisationismus die wissenschaftliche Dignität der klinischen Fallstudie und damit das Sozial-Prestige der Kliniker gegenüber den Labor-Wissenschaftlern erheblich befördert hat.

Heinz-Peter Schmiedebach

Pathologie bei Virchow und Traube

Experimentalstrategien in unterschiedlichem Kontext

In der Mitte der 40er Jahre des letzten Jahrhunderts haben Rudolf Virchow (1821–1902) und Ludwig Traube (1818–1876) übereinstimmende programmatische Aussagen zur künftigen Entwicklung der Pathologie gemacht. 1845 betonte Virchow, daß die praktische Medizin nie etwas anderes als „angewandte Naturwissenschaft“ sein dürfe. Durch eine konsequente Anwendung der „mechanischen“ Anschauungsweise, die die Erschaffung einer „Physik der Organismen“ anstrebe, könne man dieses Ziel erreichen. Zu der „mechanischen“ Methode zählte Virchow neben der Anwendung von Physik, Chemie, Physiologie und Anatomie in der Klinik auch die Erforschung der Krankheitsgenese und der Arzneimittelwirkung durch Tierexperimente.[1]

Fast zur gleichen Zeit äußerte sich Traube in ähnlicher Weise. Neben der „genauesten Beobachtung am Krankenbett und Leichentisch“ sei das Experimentieren die Hauptaufgabe der gegenwärtigen Pathologie; mit dem zur „passiven Beobachtung“ hinzugetretenen Experiment könne auch die Pathologie zu einer „exakten Wissenschaft“ werden.[2] Die ausschließliche Beachtung der Tatsachen aus dem Gebiete der Chemie und Physiologie gewähre allerdings nicht die gewünschte Sicherheit beim Verständnis pathologischer Vorgänge. Denn die große Menge solcher Tatsachen – so Traube – spiegele lediglich das Spektrum potentieller Kausalmöglichkeiten wider, verhindere aber nicht das Entstehen entgegengesetzter Hypothesen. Diese wiederum würden in ihrer Gesamtheit nichts anderes kennzeichnen als ein mögliches Erklärungs- und Verständnisgebiet. Exakte Wissenschaft dürfe sich aber nicht mit dem Bereich der Möglichkeit begnügen, sondern müsse das Gebiet der „Wirklichkeit“ aufsuchen. Wirklichkeit im Experiment heiße, daß nur eine „isolirte Reihe von Bedingungen unter den vielen anderen, welche sich der Beobachtung gleichzeitig darbieten, zur Erzeugung einer bestimmten Erscheinung nöthig“ sei.[3] Deswegen besitze das Experiment eine herausgehobene Funktion und bilde die conditio sine qua non einer wissenschaftlichen Pathologie.[4]

Detaillierte Aussagen über das *Wie* des Experimentierens machte Traube 1846 nicht, auch wenn er die von Magendie (1783–1855) und seinen Nachfolgern eingeschlagenen Methoden hinsichtlich der neueren Anforderungen ungenügend fand. Er verlangte scharf gestellte Fragen nach den Bedingungen der wahrgenommenen Erscheinungen und „eben so bestimmte Antworten, welche das Resultat einer systematischen Reihe genauer Versuche und zwar unmittelbarer Folgerungen aus den Versuchen sind".[5] Trotz dieser relativ spärlichen Aussagen wird deutlich, daß Traube im experimentellen Forschen das sich in der Beobachtung zeigende komplizierte Wirkungsgefüge in isolierte Bedingungen zerlegen und mit Hilfe systematischer Versuchsreihen überprüfen wollte.

Obwohl die programmatische Nähe zwischen Virchow und Traube unverkennbar ist, zeigen sich in der Bewertung des Experiments Unterschiede. Diese Differenzen betreffen sowohl dessen Bedeutung im Rahmen der medizinisch-pathologischen Forschung als auch die methodische Gestaltung selbst.[6] Hingegen betrachteten beide ihre experimentellen Arbeiten als Beiträge zur Wissenserweiterung auf dem Gebiet der Pathologie. In dem hier untersuchten Zeitraum war die Pathologie als eigene Disziplin gerade im Entstehen begriffen. Bei der Produktion des für das neu entstehende Fach nutzbaren Wissens griff man einerseits auf die pathologische, insbesondere auf die mikroskopische Anatomie zurück und provozierte durch künstlich gesetzte Läsionen im Tierversuch diejenigen Veränderungen, die man als krankheitsspezifische Manifestationen im Gewebe ansah und gezielt untersuchen konnte. Andererseits orientierte man sich an den in der Physiologie entwickelten Experimentalanordnungen, die einen größeren apparativen und technischen Aufwand erforderten und eine andere Qualität im „Dialog zwischen Theorie und Experiment" generierten.[7] Die Betrachtung der unterschiedlichen Gestaltung der Experimente bei Virchow und Traube ermöglicht uns einen Zugang zu den Besonderheiten der frühen, teilweise erst in Ansätzen erkennbaren differenten Elemente einer sich abzeichnenden „Experimentalkultur" zu Beginn der Realisierung eines naturwissenschaftlichen Programms in der Medizin.

Lenoir hat darauf verwiesen, daß die erfolgreiche Verbindung von Theorie und Experiment davon abhängt, wie beide in die aktuelle technische und soziale Praxis eingebettet sind.[8] Zur sozialen Praxis gehört die institutionelle Verankerung und insbesondere die wissenschaftliche Karriere. Auch hier gab es Unterschiede zwischen Traube und Virchow. Bereits in seiner ersten Stellung als Prosektor an der Berliner Charité direkt nach dem Studium beschäftigte sich Virchow mit Sektionen und der pathologischen Anatomie. 1849 folgte er einem Ruf auf das Ordinariat für pathologische Anatomie nach Würzburg. Nachdem er 1855 mit seinem ersten Essay über die Zellularpathologie der anatomischen und funktionellen Grundeinheit Zelle die entscheidende Bedeutung im physiologischen und pathologischen Geschehen zugesprochen hatte, übernahm er 1856 in Berlin den neu gegründeten Lehrstuhl für pathologische Anatomie.[9]

Im Kontrast zu Virchows kontinuierlicher Entwicklung war Traube als jüdischer Arzt nach seinem Studium acht Jahre lang außerhalb jeglicher wissenschaftlichen Einrichtung tätig. Noch im Mai 1847 wurde ihm die Möglichkeit, an Kranken der Charité Untersuchungen über dyspnoetische Erscheinungen durchzuführen, als nicht zum Krankenhaus gehörender Arzt verwehrt.[10] 1843 ließ er sich in Berlin nieder und unterrichtete an den Patienten eines Armenarztes Auskultations- und Perkussionskurse, die er bei einem zweimaligen Besuch in Wien bei Skoda (1805–1881) erlernt hatte, bis ihm auch diese Tätigkeit vom Armendirektorium untersagt wurde. Danach wandte er sich der experimentellen Untersuchung der Lungenkrankheiten zu und konnte erst 1849 nach seiner ein Jahr zuvor erfolgten Habilitation als erster Zivilassistent an der Charité an der medizinischen Klinik von Schönlein (1793–1864) eine Station für Brustkranke übernehmen, seine diagnostischen Untersuchungskurse wieder anbieten und über Erkrankungen des Zirkulations- und Respirationssystems lesen.

Diese Unterschiede sind für den Kontext der andersartigen Experimentgestaltung bei Traube und Virchow nicht zu unterschätzen. Bei der Beschreibung dieser Differenzen werde ich in einem ersten Teil einleitend diskutieren, was sich hinter dem Begriff „Experiment" verbergen kann. In einem zweiten Teil möchte ich anhand der Publikationen experimenteller Forschungsarbeiten die methodischen und interpretativen Unterschiede betrachten. Ich beschränke mich auf veröffentlichte Quellen, also auf konstruierte und mit einer bestimmten argumentativen Rhetorik versehene literarische Produkte, bleibe also auf der Ebene der bewußt konstruierten Argumentation und dringe nicht in die Mikroanalyse der Entstehung und Akzeptanz von wissenschaftlichen Fakten ein, was zum Beispiel durch einen Vergleich der Veröffentlichungen mit unpublizierten Versuchsprotokollen geleistet werden könnte.[11] In einem letzten Abschnitt möchte ich dann die sich im verschiedenartigen Umgang mit dem Experiment abzeichnende andere Form des wissenschaftlichen Dialogs beleuchten und mit einigen kontextuellen Bezügen versehen.

Beobachtung, Experiment und wissenschaftliche Tatsache

Noch 1827 ging Johannes Müller (1801–1858) von einem entschiedenen Gegensatz zwischen der „ungesuchten" Beobachtung und dem „künstlich vorbereiteten" Experiment aus und sprach gar von der „falschen Richtung der neueren Experimental-Physiologie".[12] Zwischen diesen beiden Erkenntniswegen sind jedoch zwei weitere wichtige Forschungsmethoden auszumachen, denen durchaus der Charakter eines „künstlichen Eingriffes“ oder Experiments zugesprochen werden kann.

Dazu gehört die chemische Analyse von Geweben oder Gewebsteilen, die zunächst mehr qualitativ betriebene Bestimmung der Gewebszusammensetzung ebenso wie die Mikroskopie. Auch Virchow versuchte sich in einer seiner ersten Arbeiten in der Erforschung der chemischen Eigenschaften des „Faserstoffs“, wobei er allerdings bereits umfassende quantitative Analysen anstellte. In dieser Arbeit findet sich eine Überlegung zu der Konstruktion und Akzeptanz eines naturwissenschaftlichen Faktes. Virchow führte aus, daß das einzige Kennzeichen für das Vorhandensein des „gelösten Faserstoffes“ in Körperflüssigkeiten die Gerinnung sei. Eine Flüssigkeit, die nicht spontan gerinne, betrachte man nicht als fibrinhaltig. Er fuhr dann fort: „Es ist klar, dass dieser Satz eigentlich falsch ist. Blut, in eine Lösung von schwefelsaurem oder kohlensaurem Natron gelassen, gerinnt auch nicht, und enthält doch Faserstoff, wie man sich durch Zusatz von Wasser oder Säuren überzeugen kann. So lange indess unsere Reagentien in ihrer jetzigen Unvollkommenheit bleiben, müssen wir uns allerdings dabei begnügen, den Faserstoffgehalt proteinhaltiger Flüssigkeiten, die nicht gerinnen, abzuläugnen.“[13]

Virchow machte die Existenz eines naturwissenschaftlichen Faktes erstens von der Untersuchungsmethode abhängig und verlangte zweitens einen Konsens der Forscher darüber, nur das als Faktum anzuerkennen, was mit der entsprechenden, wenn auch mangelhaften Methode nachgewiesen werden kann. Virchow war sich dieser Bedingungen der Erfassung der „Wirklichkeit“ bewußt, und das radikal klingende Postulat „Wir müssen ableugnen“ scheint ein angemessener rhetorischer Ausdruck dieses Dilemmas zu sein: Real ist nur das, was sich für alle beteiligten Forscher nach einer konventionellen und methodischen Übereinkunft als kontrollierbar darstellt.

Auch die Verbreitung der mikroskopischen Technik bedeutete weit mehr als die Einführung eines dritten, besser sehenden Auges. Zwischen Objekt und Beobachter schob sich nicht nur das technische Hilfsmittel. Vielmehr stellten die Bereitung des mikroskopischen Präparates, die Zerrung am Gewebe, die Manipulation auf dem Objektträger und neue Färbeverfahren eine ganze Reihe manipulativ-methodischer Eingriffe dar, die das zu Erkennende in vielfältiger Weise vorstrukturierten und einem experimentellen Eingriff nahekamen.

Der Aufwand zur Beherrschung des Mikroskopierens vergrößerte sich immens – wie auch das Anwachsen der entsprechenden Literatur zeigt[14] – und die Grenzen zwischen Beobachtung und Experiment waren nicht mehr klar auszumachen. Konsequenterweise sprach Salomon Stricker (1834–1898), der 1868 ein

Extraordinariat mit einem eigenen Institut für „Experimentelle Pathologie" an der Wiener Universität erhielt, von „mikroskopischen Experimenten".[15]

Bei den pathologischen Tierexperimenten in dem hier zu besprechenden Zeitraum sind grundsätzlich zwei Arten von Versuchen zu unterscheiden:

1. Man setzte bei einem lebenden Tier durch einen künstlichen Eingriff eine pathologische Schädigung. Der entsprechende Gewebs- oder Organteil des toten Tieres wurde dann makroskopisch, meistens auch mikroskopisch, und häufig chemisch-analytisch untersucht *(pathologisch-anatomisches Experiment)*.
2. Am lebenden Tier fanden mit Hilfe einer relativ aufwendigen Registrieranordnung Messungen, z. B. der „Arterienspannung", statt. Durch „pathologische" Manipulationen wie Nervendurchschneidungen oder mittels der Applikation von Medikamenten wurden pathologische Zustände simuliert und die entsprechenden Veränderungen am lebenden Organismus registriert. Häufig nahm man auch bei diesen Versuchen nach dem Ableben des Tieres mikroskopische oder makroskopische Begutachtungen vor *(pathophysiologisches Experiment)*.

Der methodische Aufwand gerade bei der zweiten Art des Tierversuchs war sehr viel größer als bei der ersten, insbesondere dann, wenn lediglich die Wirkung einer einzigen Einflußgröße ermittelt werden sollte. Sollte das unter diesen Bedingungen ermittelte Faktum zu einer wissenschaftlich anerkannten Realität werden, mußte unter den rezipierenden Wissenschaftlern eine Übereinkunft erreicht werden, indem erstens grundsätzliche Zustimmung zur Methode bestand und zweitens die einzelnen methodischen Schritte in nachvollziehbarer, widerspruchsfreier und überzeugender Weise dargelegt wurden.

Das Experiment bei Virchow: Teil einer Erörterung

Virchow hat nur Tierexperimente der ersten Art durchgeführt. Doch schon hierbei werden Unterschiede zu Traubes Versuchsanordnungen offensichtlich. 1847 veröffentlichte Virchow eine Studie über die akute Entzündung der Arterien, in der er an 13 Hunden eine künstliche Läsion an der Carotis setzte, um das entzündliche Geschehen in Schlagadern experimentell nachzuvollziehen. Zunächst führte er in einigen allgemeinen Überlegungen aus, daß es die Pflicht jedes Naturforschers sei, seine eigenen Angaben „zu beweisen". Dazu gab er eine Reihe von gleichberechtigt nebeneinander stehenden Möglichkeiten an: „Durch thatsächliche Erfahrungen der klinischen, anatomischen oder experimentellen Beobachtung oder durch anerkannte physiologische Sätze."[16]

Schon hier zeigten sich Unterschiede zu Traube, indem das Experiment nicht die herausgehobene Bedeutung hatte und die Berufung auf anerkannte physiologische Sätze für Virchow als Beweis ausreichend war. Entsprechend der Gleichstellung der experimentellen Beobachtung mit anderen beweisträchtigen Verfahren nahm auch die Darstellung der 13 Experimente innerhalb des gesamten Beitrags nur einen kleinen Raum ein und war eingebettet in umfangreiche anatomische und physiologische Erörterungen.

Virchow diskutierte die Frage der Ernährung der Arterienwand und griff dabei auch auf einen Vergleich mit der Ernährung der Gelenkkapsel durch die Synovialflüssigkeit zurück. Die Diskussion dieser physiologischen Frage sowie die These, daß die Ernährung der inneren Arterienhäute durch das im Lumen befindliche Blut erfolge, sind im Hinblick auf das spätere experimentelle Ergebnis relativ wichtig. Erst nachdem Virchow durch die physiologische These zur Ernährung den Weg für den weiteren Argumentationsgang gebahnt hat, arbeitete er die eigentliche im Experiment zu untersuchende Frage heraus, die sich auf die Permeabilität der inneren Schichten der Arterienwand zuspitzte: Kann Exsudat mit einem großen Faserstoffgehalt aus der Arterienwand ins Lumen des Gefäßes ausgeschieden werden?[17]

Nach der kritischen Auseinandersetzung mit Vorläuferversuchen teilte er dann seine eigenen Versuche mit, deren Anordnung relativ einfach war und nicht entscheidend über die Methode seiner Vorläufer hinausging. Die Carotis wurde freigelegt und dann von außen mit einem Entzündungsreiz versehen (Papiermanschette, Jodtinktur, Silbernitrat). In einer zweiten Versuchsreihe wurde das Gefäß geöffnet, ein Fremdkörper in das Gefäßlumen eingebracht (z. B. Kautschukpfropf) oder eine reizende Flüssigkeit (Terpentinöl) eingespritzt.[18] Nach ein bis drei Tagen tötete er das Tier, um die künstlich lädierte Stelle makroskopisch, teilweise auch mikroskopisch zu inspizieren.

Bei diesen Versuchen konnte Virchow kein Exsudat auf der freien Fläche der inneren Arterienhaut entdecken, dagegen sah er die typischen Erscheinungen parenchymatöser Entzündungen auf die äußeren oder mittleren Schichten der Gefäßhäute konzentriert. Damit betrachtete er die Hypothese, daß die entzündliche Exsudation aus der Gefäßwand ins Lumen eintrete, als widerlegt. Darüber hinaus wies er darauf hin, daß auch beim Menschen vollkommen übereinstimmende Erscheinungen zu beobachten seien, was er durch ausführliche Mitteilungen aus Krankengeschichten und Sektionsergebnissen zu belegen suchte. So benutzte Virchow das Experiment einmal, um eine alte Hypothese durch eine neue „Tatsachenbehauptung“ zu ersetzen;[19] zum anderen aber vermittelte die Gleichstellung von Experiment und pathologisch-anatomischer Befunderhebung auch eine gleiche Wertigkeit dieser beiden Erkenntniswege, d. h., der pathologisch-anatomischen Befunderhebung wurde die Sicherheit des experimentellen Vorgehens zugewiesen.

Das Experiment bei Traube: Zentrum der Erkenntnisproduktion

In ganz anderer Weise hat Traube seine tierexperimentellen Versuchsreihen zur Ursache und Beschaffenheit derjenigen Veränderung, die das Lungenparenchym nach Durchschneidung der Nervi vagi erleidet, angestellt. Obwohl auch er sich einer im Prinzip ähnlich einfachen Versuchsanordnung bediente, sind die analytische Fragestellung und der dadurch bedingte Differenzierungsgrad der Versuchsanordnung wesentlich ausgeprägter: Immer wieder werden neu entstandene Möglichkeiten durch leicht modifizierte Experimente überprüft. Schließlich mußte er über 100 Versuchstiere opfern, um darzutun, daß die bei Vagusläsion eintretende Lungenaffektion durch die in den Mund abgesonderte Flüssigkeit bewirkt würde, die wegen der Schließunfähigkeit der Stimmritze in die Luftwege gelange.

Auch Traube setzte sich mit den bisher zu diesen Fragen angestellten Versuchen auseinander, die zwar die Zahl „möglicher" Zusammenhänge erhöht, nicht aber ein sicheres unumstößliches Endergebnis erzielt hätten.[20] Pathologische Veränderungen des Lungengewebes nach Durchschneidung der Vagusnerven wurden vor Traube mit zwei Hypothesen erklärt: 1) Per Analogieschluß berief man sich auf die bei vielen anderen Nervendurchtrennungen im Versorgungsgebiet dieser Nerven feststellbare Vermehrung des Blutgehalts in den Kapillargefäßen, Blutstockung und Exsudation flüssiger Blutbestandteile und unterstellte, daß ein solcher Effekt auch hinsichtlich des Gefäßsystems der Lunge wirksam werde.

Aufgrund verschiedener neuerer Experimente leitete man einen anderen ursächlichen Zusammenhang ab, bei dem die verengte Stimmritze eine zentrale Rolle spielte. 2a) Man vermutete, daß durch diese Verengung der Gaswechsel in der Lunge gestört werde und dadurch auf indirektem Weg eine Störung des Kreislaufs eintrete. 2b) Man nahm an, daß die Verengung der Stimmritze bei der Inspiration in gewissen Lungenpartien eine Luftverdünnung bewirke, die dann – den Verhältnissen unter einem trockenen Schröpfkopf ähnlich – eine Hyperämie der Lungenschleimhaut hervorrufe.[21]

Traube konstatierte, daß noch kein Experiment die Verengung der Stimmritze als ursächliches Moment überhaupt nachgewiesen habe. „Was wir gewonnen haben, ist lediglich der Gedanke, dass die Lungenerkrankungen nicht unmittelbare Folge der Nervenlähmung zu sein brauchen, sondern erst mittelbar" bedingt sein können. Trotz vieler Unzulänglichkeiten betrachtete er diese Versuche als zielgebend und die weitere Forschungsrichtung strukturierend. Um zu der „wirklichen Ursache" zu stoßen, bedürfe es neuer Versuche, die alle Möglichkeiten einer Affektion zu berücksichtigen hätten.[22]

Mit seinen ersten Versuchen bewegte sich Traube vorerst im Bereich der Widerlegungen. Er beabsichtigte, zunächst einen Gegenbeweis zur älteren Hypothese zu erbringen, die nach Vagusdurchtrennung eine direkte Veränderung der Zirkulationsverhältnisse annahm. Traube unterbrach die Verbindung zwischen Atmungs- und Verdauungssystem vollständig und gewährleistete durch eine von ihm entwickelte apparative Anordnung, daß weder Wundsekret noch Speisereste aus dem Schlund in die Atemwege gelangen konnten. Der Zutritt der atmosphärischen Luft war durch eine in die Trachea genau eingepaßte Röhre garantiert.[23]

In einer ersten Veröffentlichung ging Traube auf das operative Vorgehen wie auch auf die benutzten Instrumente kaum ein. Da aber seine Versuchsergebnisse von Moritz Schiff (1823–1896) angezweifelt wurden, sah er sich veranlaßt, den Versuch zu wiederholen und die methodischen Beschreibungen im Detail nachzuholen.[24] Diese erzwungene Notwendigkeit zur Offenlegung der konkret durchgeführten Manipulationen verlagerte die wissenschaftliche Diskussion und gab den methodischen und technischen Bedingungen bei der Produktion des Ergebnisses einen viel größeren Anteil in diesem wissenschaftlichen Diskurs. Die Art und Weise, wie Fakten in einem Forschungsprozeß produziert wurden, begann so, den Streit um das Faktum selbst zu bestimmen. Dadurch wurde der Weg zu den Resultaten leichter nachvollziehbar und die Möglichkeit der Kontrolle durch andere Forscher erhöht. Die Ursache eines möglichen Dissenses war leichter zu identifizieren und ein potentieller Konsens in der Anerkennung eines Faktes durch Diskussion erkannter Mängel eher zu erreichen.

Nachdem Traube in zwei Versuchsreihen zu dem Ergebnis gekommen war, daß die Lungenaffektion nicht auf direktem Wege von der Lähmung des pulmonalen Vagusbündels erzeugt werde, wandte er sich der eigentlichen Frage zu, ob die andauernde Verengung der Stimmritze eine Ursache der Lungenerkrankung sein könne. Diese Erörterung bereitete er mit der Schilderung zweier klinischer Beobachtungen von Morgagni (1682–1771) und Johann Peter Frank (1745–1821) vor. In beiden Fällen war die Stimmritze durch Geschwüre oder Tumor verengt gewesen; die Lungen zeigten sich in der Obduktion jedoch vollständig gesund.[25] Durch weitere Experimente wollte er sodann zeigen, daß eine kausale Verbindung zwischen verengter Stimmritze und Lungenaffektion „vollends unwahrscheinlich" sei.

In drei Versuchen legte er zu diesem Zweck nach Durchtrennung der Nn. vagi ein Röhrensystem in die Trachea ein, bei dem er mittels eines Obturators die Luftzufuhr der verengten Stimmritze anpassen konnte.[26] Die vorgefundenen Veränderungen (wie erweiterte Lungenbläschen) entsprachen aber in keiner Weise den pathologischen Veränderungen der zu untersuchenden Lungenaffektionen. Damit war für Traube die Hypothese, die die Lungenerkrankung durch Verengung der Stimmritze oder Bewegungslosigkeit der Stimmbänder erklären wollte, „positiv" widerlegt.

Traubes Vorgehen war durch das von ihm benannte Spannungsfeld zwischen „möglichen" und „wirklichen" Ursachen geprägt. Bei den meisten der bis dahin durchgeführten Versuche hatten die Forscher eine Hypothese formuliert, die nach dem Versuchsergebnis möglich war und durch eine Analogie abgesichert wurde. Traube akzeptierte die hermeneutische Funktion der Analogie bei der Hypothesenformulierung nicht, sondern ersetzte sie durch einen weiteren experimentellen Schritt, der die im Versuchsergebnis enthaltenen Möglichkeiten eines Erklärungszusammenhangs weiter hinterfragen sollte. Dazu zerlegte er den durch ein Resultat gegebenen „Möglichkeitenkomplex" in einzelne Komponenten und entwickelte neue Versuchsanordnungen, die eine ausgefeiltere Technik erforderten. Nachdem er auf diese Weise verschiedene „mögliche" Zusammenhänge Schritt für Schritt widerlegt hatte, kam er auf die „wirklichen" Ursachen zu sprechen, die er durch weitere Experimentalreihen abzusichern versuchte.

Er bezog sich hierzu auf die bereits festgestellte und als weitere Ursache in Frage kommende Unfähigkeit der Stimmritze, sich nach der Vagusläsion beim Schlingen zu verschließen. Mit der Beobachtung korrespondierend, daß nach der Durchschneidung des Nervus vagus Speisereste in den Luftwegen aufgefunden werden konnten, war somit zunächst die Frage zu klären, ob nicht diese Speisereste für die Lungenaffektion verantwortlich waren.

Nachdem er bei mehreren Obduktionen zwar die pathologischen Lungenveränderungen, jedoch keine Speisereste entdecken konnte, zog er den Schleim der Mundhöhle als Ursache in Betracht. Tatsächlich gelang es ihm, die in Mund- und Rachenflüssigkeit enthaltenen zellulären Elemente im Lungenparenchym nach Vagusdurchschneidung zu entdecken.[27] Da er bereits in den Vorversuchen gezeigt hatte, daß durch das Abhalten der Flüssigkeit eine Lungenerkrankung nicht eintrat, wollte er abschließend darlegen, daß die Lungenaffektion bei gesunden Tieren auch dann eintrete, wenn man die Flüssigkeit in die Luftwege einbringe. Die zu diesem Zweck aus dem Ösophagus verschiedener Tiere gewonnene Flüssigkeit spritze er durch eine Wunde in der Trachealwand in die Luftröhre anderer Tiere ein, worauf die erwarteten Veränderungen in den Lungen konstant feststellbar waren.

Zusammenfassend lassen sich die strategischen Unterschiede zwischen Virchows und Traubes Experimenten folgendermaßen beschreiben: Das Experiment bei Virchow umfaßte in erster Linie die chemische Analyse und das „mikroskopische Experiment". Wenn er im Tierversuch pathologisch-anatomische Veränderungen provozierte und untersuchte, verglich er diese häufig mit pathologisch-anatomischen Leichenbefunden. Der tierexperimentell ermittelte Befund und der Sektionsbefund stellten dann in seiner publizierten Darlegung eine argumentative Einheit zur Unterstützung der von ihm vertretenen These dar.

In seinem Bemühen, „mögliche" von „wirklichen" Zusammenhängen abzugrenzen, stützte sich Traube nicht auf physikalische oder chemische Tatsachen, sondern auf experimentelle Serienuntersuchungen. Zur Widerlegung bislang akzeptierter Wirkungszusammenhänge mußte er Verfahrenstechniken entwikkeln, die geeignet waren, einzelne Komponenten aus dem komplexen Wirkungsgefüge isoliert zu überprüfen. Die dadurch bedingte Konzentration auf die apparative Gestaltung des Versuches führte ihn zu einer differenzierten Diskussion der angewandten Methode und Technik. Dem Prozeß der Faktengewinnung widmete er so einen ungleich größeren Raum als Virchow. Beim Vergleich zweier entgegengesetzter Thesen genügte es Traube häufig nicht, nur in einer einzigen Versuchsreihe einen positiven Beleg für die eine der Hypothesen zu erzielen. Es könne auch nötig sein, in einem ersten Schritt die Gültigkeit einer Hypothese experimentell in Frage zu stellen, um dann auf der nächsten Stufe die alternative Hypothese durch weitere Versuche zu belegen.

Beiden gemeinsam war, daß sie bei ihrer Darlegung die Reihenfolge der Experimente nicht in ihrer tatsächlichen Aufeinanderfolge schilderten, sondern sie in ihre Argumentationsketten an passenden Stellen einfügten, wobei Virchow explizit zugestand, daß ein Teil seiner Untersuchungen älter sei, als die Theorie über den Gegenstand, die sich erst im Laufe der Beobachtung entwickelt habe.[28] Die allermeisten zeitgenössischen Veröffentlichungen weisen keine Angaben zum Zeitpunkt der Durchführung der Versuche auf, doch existieren auch einige Aufsätze, in denen das gleiche Phänomen einer argumentativen Strukturierung entgegen der zeitlichen Abfolge der Versuche feststellbar ist.[29] Sowohl die explizite Bemerkung Virchows über die Ungleichzeitigkeit von Untersuchungsablauf und Theorieentstehung wie auch die zeitliche Umkehrung der Experimentenfolge in den publizierten Aussagen zeigen, daß zumindest in diesen Beispielen eine theoriebestimmte Vorgehensweise nicht von vornherein den Forschungsprozeß leitete[30] und daß die systematisch aufgebaute Veröffentlichung erst durch spätere logische Strukturierung zustande kam. Dadurch wurde das Bild eines von Beginn der Untersuchung an nach systematischen und logischen Überlegungen fortschreitenden Erkenntnisprozesses suggeriert.

Traubes Näherung an das physiologische Experiment

In den folgenden Jahren wurden die Unterschiede in der Forschungspraxis Virchows und Traubes immer größer. Ab 1851 begann Traube mit Versuchen, bei denen er an lebenden Tieren die Spannung des Arteriensystems mit Hilfe eines Kymographen optisch darstellte und unter verschiedensten künstlich gesetzten Bedingungen aufzeichnete.[31] Dadurch wurden die am lebenden Organismus wirkenden physiologischen Regelgrößen und ihre Veränderungen nach gezielt gesetzten Manipulationen erfaßt, d. h., daß die Nähe zu den physiologischen Experimenten immer deutlicher wurde. Die Notwendigkeit, einzelne Einflußgrößen aus einem Bedingungsgefüge zu isolieren, machte komplizierte Versuchsanordnungen erforderlich, die teilweise nur mit Hilfe der in der physiologischen Forschung entwickelten Apparaturen zu bewerkstelligen waren. Traube konzentrierte sich auf die Entwicklung solcher Apparaturen, stieß jedoch rasch an die Grenzen seiner Erfahrung in der praktischen Mechanik, so daß er eine enge Kooperation mit zwei Mechanikern eingehen mußte, um die technisch-apparativen Probleme zu lösen.[32]

Insbesondere Experimente zum Einfluß verschiedener Substanzen wie Nikotin und gallensauren Salzen auf die Herztätigkeit zeigten Traubes Bemühen, durch aufwendige Vorbereitungen alle möglichen Fehlerquellen auszuschalten.[33] Noch aufwendiger war die Untersuchung der Wirkung des Kohlenoxyds auf das Respirations- und Zirkulationssystem: Er narkotisierte die Tiere mit Morphium und leitete eine künstliche Respiration ein. Entscheidend dabei war die Konstruktion eines Apparates, mit dem man durch eine einfache Umdrehung eines Hahnes entweder atmosphärische Luft oder ein in einem Gasometer befindliches Gasgemisch der Lunge zuführen konnte.[34] Die genaue Darlegung seiner Versuche und die kritische Kontrolle durch Rudolf Heidenhain (1834–1897) und Isidor Rosenthal (1836–1915) ermöglichten den Nachweis eines Schwachpunktes in Traubes Versuchsanordnung, den er jedoch selbst nach nochmaliger Überprüfung eingestand und abzustellen versuchte.[35]

Virchows weiterer Weg zur Theorie des pathologischen Geschehens

Während Traubes pathologische Forschungen in den 50er und 60er Jahren hinsichtlich der Fragestellung und Methode eine so große Nähe zur physiologischen Forschung gewannen, daß Du Bois-Reymond (1818–1896) im Jahre 1856 für ein geplantes Lehrbuch der Physiologie Traube das Kapitel über die Atmung übertragen wollte,[36] ging Virchows Entwicklung in eine andere Richtung. Seine Studien über die pathologische Physiologie des Blutes[37] waren in erster Linie eine Kombination von mikroskopischer, mikrochemischer und klinischer Analyse. Die Arbeiten über Entzündungen, cavernöse Geschwülste, Krebsentwicklung etc. führten vermehrt in die zytologische und histologische Forschung.[38] Zwar berief er sich auch noch später auf verschiedene pathologische Versuche, doch wurden hier vorrangig die Versuchsergebnisse referiert, ohne Versuchsanordnung, Methode oder Interpretationsalternativen zu reflektieren.[39]

Da die zytologischen Veränderungen hinsichtlich ihrer diagnostischen Wertigkeit eng an die Vorstellungen zur Zytogenese gebunden waren, hatte diese Frage von Anfang an eine wichtige Stellung in der Forschungsarbeit Virchows. Als er dann die Zellularpathologie formuliert hatte,[40] konzentrierten sich seine weiteren Forschungen verstärkt auf die mit diesem Programmentwurf verhafteten Probleme. Die Diskussion verschob sich auf eine mehr theoretisch-konzeptionelle Ebene, und einzelne Versuchsergebnisse wurden unter das Konzept subsumiert.[41] Auch mit dem Rückgriff auf die traditionelle Reiztheorie und auf die Lehre der spezifischen Energien in der Tradition Johannes Müllers versuchte er, sein theoretisches Konzept zu legitimieren.[42]

Experiment im sozialen und kommunikativen Kontext

Abschließend sollen die unterschiedlichen Einstellungen Virchows und Traubes zum Experiment in ihrem disziplinbezogenen und kommunikativen Kontext kurz beleuchtet werden. 1846 erschien das erste Heft eines neu gegründeten Berliner Periodikums mit dem Namen „Experimentelle Beiträge zur Pathologie". Die Initiative zur Gründung dieser Zeitschrift ging von Traube aus. Außer ihm zeichneten auch Virchow und Benno Reinhardt (1819–1852) als Herausgeber. Doch bereits nach dem Erscheinen des zweiten Heftes mußte die Zeitschrift eingestellt werden. Nach Virchows Aussage war die geschäftliche Grundlage „zu liberal" bemessen; es gab „buchhändlerische Schwierigkeiten", zudem traten bei Traubes Arbeit über die Erstickungserscheinungen am Respirationsapparat Hindernisse auf, so daß nach einem Jahr „vergeblichen Wartens" Virchow und Reinhardt das „Archiv für pathologische Anatomie und Physiologie und für klinische Medicin" ins Leben riefen.[43] Traube arbeitete an dieser Zeitschrift nicht mit.[44]

Mit der Gründung der Traubeschen Zeitschrift war zunächst ein Kommunikationsforum der jungen Berliner Ärzte geschaffen, das durch intensive informelle Kontakte ergänzt wurde. Mit diesem Zusammenschluß wollte die Gruppe einen programmatischen und methodischen Wandel in der Medizin, die Verbindung von Pathologie und Physiologie mit Hilfe der experimentellen Forschung und der naturwissenschaftlichen Methode, unterstützen. Insofern ist die Gründung dieser Zeitschrift in einer Reihe mit dem Entstehen anderer Reformperiodika zu sehen: 1842 „Zeitschrift für rationelle Medicin" von Karl Pfeufer (1806–1869) und Jacob Henle (1809–1885), im gleichen Jahr das „Archiv für physiologische Heilkunde" von Carl August Wunderlich (1815–1877), Wilhelm Roser (1817–1888) und Wilhem Griesinger (1817–1868).

Für Virchow wie für Traube hatte der Begriff der „naturwissenschaftlichen Methode" aber noch eine weitere bedeutende Konnotation. Der Erkenntnisgewinn und die „Wahrheitsfindung" waren an einen demokratischen Diskurs gleichberechtigter Forscher geknüpft. In seinem Essay über die Zellularpathologie sprach Virchow von der mittlerweile erfolgten Gewöhnung an die „naturwissenschaftliche Methode" und beschrieb diese folgendermaßen: der Forscher müsse auf den „Kampfplatz" heraus, er habe „Rede und Antwort" zu stehen und solle „in der Erfahrung Gründe und Gegengründe anstreben".[45] Auch Traube betonte die Gleichberechtigung der an dieser Auseinandersetzung Beteiligten dahingehend, daß „von vornherein jeder Forscher auf denselben Grad von Glaubwürdigkeit Anspruch" erheben dürfe.[46]

In dieser modern verstandenen diskursiven Auseinandersetzung gewann die traditionelle Benennung von Zeugen wissenschaftlicher Experimente eine besondere Funktion. In den 40er Jahren benannte Traube als Zeugen seiner frühen wissenschaftlichen Arbeiten mit Rudolf Leubuscher (1821–1861), Benno Reinhardt, Hugo Rühle (1824–1888) und Virchow keine renommierten Autoritäten der Fakultät, sondern die jüngeren, noch nicht etablierten Mediziner, die allerdings die gleiche wissenschaftliche Grundüberzeugung teilten.[47] Durch die Aufführung einer der gleichen Programmatik verpflichteten Gruppe von Forschern ging Traube sowohl über den reinen Zeugenaspekt wie auch über die Ebene des Einzelnen hinaus. Hier wurde vielmehr ein fraktioneller Zusammenschluß Gleichgesinnter zur Unterstützung der eigenen Anschauungsweise hergestellt. Dem wissenschaftlichen Kontrahenten wurde signalisiert, daß er es nicht nur mit subjektiven Eindrücken eines Individuums zu tun habe, sondern mit einer wissenschaftlich homogenen Gruppe, deren Zusammengehörigkeit weit über den Akt des gemeinsamen Bezeugens hinausreichte und die auf der Basis des „naturwissenschaftlichen" Programms im kommunikativen Erkenntnisprozeß einen höheren Grad von Wahrheitsfindung erreichen konnte.

Diese Art der Ergebnisdarstellung wie auch die von Traube gepflegten ausführlichen methodischen Darlegungen, durch die eine größere Kontrolle gewährleistet war, deuteten das Element des kollektiven und kommunikativen Handelns im Prozeß wissenschaftlicher Ergebnisproduktion an. Bei Virchow spielten diese umfassenden methodischen Reflexionen keine so entscheidende Rolle. Während Virchow in der Beschreibung seiner Experimente als allein agierendes Subjekt auftrat, sehr selten einen „Helfer" erwähnte, benannte Traube die bei der Konstruktion des Kymographen mitwirkenden Mechaniker und auch die schon erwähnten Zeugen. Durch seine präzise Erläuterung des methodischen Vorgehens gab Traube zudem anderen Forschern eine bessere Gelegenheit zur aktiven Teilnahme am Dialog über seine Ergebnisproduktion. In Ansätzen werden hierin die arbeitsteiligen Bedingungen experimenteller Untersuchungen wie auch der kollektiven Erzeugung moderner wissenschaftlicher Ergebnisse deutlich. Der soziale Charakter des Forschungs- und Experimentalprozesses deutete sich in der gewählten Darstellungsweise an.[48]

Die Bedeutung der Subjektivität in den Wissenschaften und beim einzelnen Forscher wurde von Virchow explizit reflektiert. Zwischen objektivem und subjektivem Wissen existiere ein breites Stück des Glaubens, „auf dem der Einzelne nicht mehr die Beweise von der Wahrheit des Ueberlieferten aufnimmt, sondern sich eben im Wege der blossen Tradition unterrichtet".[49] Auch in der Naturwissenschaft sei der „Strom des Dogmas" vorhanden. Zwar bemühten sich die Naturforscher, diesen Strom zu verkleinern, doch gestand Virchow offen ein, daß es ihm nicht möglich sei, sich „ganz zu entsubjektiviren. Mit jedem Jahre sehe ich immer wieder von Neuem, dass ich selbst an solchen Stellen, wo ich geglaubt hatte, schon ganz objectiv zu sein, immer noch ein grosses Stück subjectiver Vorstellungen bewahrt habe".[50]

Das Subjektive in der Arbeit Virchows erfuhr im Zusammenhang mit der Zellularpathologie eine besondere Ausformung. Erstens belegte er die These von der Autonomie der Zelle niemals durch ein Experiment und zweitens verband er mit dieser Frage ein Raisonieren über die Einheit des organischen Lebens. Wenn Virchow in der Zelle und ihrer aus sich selbst erfolgenden Vermehrung die „organische Einheit" des Lebens sah[51] und über den „immanenten einheitlichen Grund des Lebens" nachdachte, dann verwundert es nicht, daß er in der Physik und Chemie der vitalen Vorgänge diesen Grund nicht entdecken konnte[52] und daß er verlangte, die „naturwissenschaftliche Prüderie" aufzugeben, „in den Lebensvorgängen durchaus nur ein mechanisches Resultat der den constituirenden Körpertheilen inhärirenden Molekularkräfte zu sehen".[53]

Durch die Beschäftigung mit den ontologischen Problemen der Zellentheorie relativierte Virchow die absolute Bedeutung der Naturwissenschaften und ihrer Methode. Doch stellte gerade der Entwurf der Zellularpathologie gegenüber der überlieferten Humoral- oder Neuropathologie eine moderne Alternative dar; dies korrespondierte mit seiner Berufung auf den neu eingerichteten Berliner Lehrstuhl für pathologische Anatomie im Jahr 1856. Die Formulierung der Zellularpathologie unterstrich nicht nur sein Profil als Wissenschaftler, sondern setzte auch im Rahmen der sich etablierenden Disziplin der Pathologie entscheidende Impulse.[54] Die Berufung an eine der wichtigsten Universitäten Deutschlands ermöglichte Virchow eine Institutionalisierung seines Ansatzes, was seine Möglichkeit zur Gestaltung und Einflußnahme im pathologischen Fach gewaltig vergrößerte.

Traube dagegen war von seiner Stellung in der wissenschaftlichen Hierarchie keineswegs mit einer solch großen Einflußmöglichkeit ausgestattet. Immerhin hatte er mit seinen Privatkursen in Auskultation und Perkussion ein noch nicht von anderen Klinikern okkupiertes Gebiet vertreten. Als man ihm diese Tätigkeit untersagte, konzentrierte er sich auf die experimentelle Erforschung der Krankheiten. Die Versuche mußte er anfangs auf primitivste Weise in seiner Wohnung durchführen, bevor er sie später an der Tierarzneischule fortführen durfte. Erst mit der Verfügungsmöglichkeit über eine Abteilung für Brustkranke in Schönleins Klinik erhielt er eine Anbindung an die Institution der medizinischen Klinik und nahm seine Auskultations- und Perkussionskurse wieder auf. Damit trug man zwar der Bedeutung der neuen Diagnosemethode Rechnung; doch entsprach diese neu geschaffene Abteilung nur der fortgeschrittenen diagnostischen Differenzierung innerhalb der Klinik, sie war auf keine Weise mit einem neu entstehenden Fach verbunden, das er hätte eigenständig gestalten können.

Die von Traube anfänglich konzipierten Experimente waren den Entstehungsmechanismen derjenigen Krankheiten gewidmet, die gerade durch Auskultation und Perkussion besonders gut zu diagnostizieren waren. Somit strebte er nach der wissenschaftlichen Durchdringung der von ihm gelehrten und angewandten Diagnosemethoden. Durch diesen Spezialisierungsprozeß mit seiner angewandten und seiner erkennenden Seite, dem er schon 1848 mit seiner Forderung nach Spezialkliniken eine institutionelle Basis schaffen wollte,[55] eröffnete sich Traube innerhalb der etablierten Klinik ein neues Gestaltungsfeld. Daß er sich im Rahmen der bestehenden klinischen Institution auf ein Spezialgebiet konzentrierte und sich nicht mit der Besetzung eines Lehrstuhls an der Formierung eines neuen Faches beteiligen konnte, hing mit seinem jüdischen Glauben zusammen. In Anbetracht der Benachteiligungen von jüdischen Forschern durfte er keineswegs darauf hoffen, je ein eigenes Ordinariat zu erhalten.[56]

Während Virchow von Anfang an eine kontinuierliche institutionelle Zugehörigkeit im Bereich der pathologischen Anatomie aufweisen konnte, mußte Traube zunächst eine Tätigkeit als Praktiker annehmen. Die Verwissenschaftlichung im praktischen Umgang mit Krankheiten vollzog Traube anfangs durch die Einführung der physikalischen Untersuchungsmethoden, dann durch die immer stärker an der physiologischen Technik und Methode orientierten Experimentalforschung. Die differente Ausführung des experimentellen Arbeitens von Virchow und Traube verdeutlicht den Übergang von einer individuellen (autokratischen) zu einer kollektiven (republikanischen) Experimentalstrategie.[57]

Anmerkungen

1 R. Virchow: Medizin und Naturwissenschaft. Zwei Reden 1845 (Dokumente der Wissenschaftsgeschichte), Berlin 1986, S. 59–61.
2 L. Traube: Gesammelte Beiträge zur Pathologie und Physiologie, Bd. 1: Experimentelle Untersuchung, Berlin 1871, S. V.
3 Ebenda.
4 Ebenda, S. VI.
5 Ebenda, S. V.
6 Eine Untersuchung zu diesen Unterschieden liegt bislang weder in den Arbeiten über Virchow noch in denen zu Traube vor. Zu letzterem vgl. H. Berndt: Ludwig Traubes Beitrag zur Pulmonologie, Zeitschrift für ärztliche Fortbildung 80, 1986, 641–643; ders.: Ludwig Traubes Beitrag zur Nephrologie, Zeitschrift für Urologie und Nephrologie 79, 1986, 171–174. Stangier und Boruttau benennen zwar den Unterschied zwischen Virchow und Traube und weisen darauf hin, daß Virchow vorrangig Mikroskopie, Histologie und Mikrochemie betrieben und später vom Tierexperiment Abstand genommen habe, doch belassen sie es bei der Feststellung, ohne diesen Unterschied weiter zu beleuchten. Vgl. H. Stangier: Ludwig Traube sein Leben und Werk, Diss. med., Düsseldorf 1935, S. 77; H. Boruttau: Ludwig Traube und die Geschichte der experimentellen Pathologie in Deutschland, Zeitschrift für experimentelle Pathologie und Therapie 20, 1919, 144–148, auf S. 145. Göbbels geht in seiner Dissertation kurz auf Traubes „Arbeitsmethode“ ein, die er als Objektivierung und Quantifizierung beschreibt. Vgl. W. Göbbels: Ludwig Traubes (1818–1876) Untersuchungen über die klinische Thermometrie und Fieber, Diss. med., Münster 1979, S. 16–18.
7 Vgl. dazu das Kapitel „Praxis, Vernunft und Kontext. Der Dialog zwischen Theorie und Experiment“ bei T. Lenoir: Politik im Tempel der Wissenschaft. Forschung und Machtausübung im deutschen Kaiserreich, Frankfurt/M. – New York 1992, S. 172–208.
8 Ebenda, S. 177.
9 Zur Besetzung der Prosektur mit Virchow vgl. M. Stürzbecher: Beiträge zur Berliner Medizingeschichte. Quellen und Studien zur Geschichte des Gesundheitswesens vom 17. bis zum 19. Jahrhundert (Veröffentlichungen der Hist. Komm. zu Berlin, 18), Berlin 1966, S. 156–220. Auch E. H. Ackerknecht: Rudolf Virchow. Arzt, Politiker, Anthropologe, Stuttgart 1957, S. 5–19.
10 Vgl. E. Leyden: Gedächtnissrede auf Ludwig Traube, Berlin 1876, S. 31 f.
11 Vgl. hier den methodischen Übersichtsaufsatz von S. Shapin: History of science and its sociological reconstructions, History of Science 20, 1982, 157–211. – Eine Studie zur Analyse der Mikrostrukturen wissenschaftlicher Entdeckungen, in der die Interaktion von wissenschaftlichem Schreiben und wissenschaftlicher Entdeckung dargelegt wird, stellt die Arbeit von F. L. Holmes dar: Scientific writing and scientific discovery, Isis 78, 1987, 220–235; vgl. auch ders.: The fine structure of scientific creativity, History of Science 19, 1981, 60–70; ders.: Lavoisier and the Chemistry of Life, Madison 1985.

12 J. Müller: Grundriss der Vorlesungen über die Physiologie, Bonn 1827, S. V. – Grundlage dieses von Müller konstruierten Gegensatzes bildete die Auffassung von der dem Organismus selbst „eigentümlichen" Energie. Da deshalb durch einen äußeren Eingriff nur eine Wirkung hervorgebracht werden könne, in der die innere Ursache zum Ausdruck komme, sei der Schluß von einer künstlich gesetzten Bedingung auf eine dadurch bewirkte Lebensäußerung „höchst misslich".

13 R. Virchow: Ueber die chemischen Eigenschaften des Faserstoffs, Zeitschrift für rationelle Medicin 4, 1846, 262–292, auf S. 263.

14 Vgl. z. B. den 40-seitigen Aufsatz von J. E. Purkine: Mikroskop. Anwendung und Gebrauch bei physiologischen Untersuchungen, in: R. Wagner (Hrsg.), Handwörterbuch der Physiologie mit Rücksicht auf die physiologische Pathologie, Bd. 2, Braunschweig 1844, S. 411–441 und das 1100-seitige Werk von P. Harting: Das Mikroskop. Theorie, Gebrauch, Geschichte und gegenwärtiger Zustand desselben, 3 Bde., 2. verbess. und verm. Aufl., Braunschweig 1866.

15 Vgl. A. Bauer: Die Krankheitslehre auf dem Weg zur naturwissenschaftlichen Morphologie. Pathologie auf den Versammlungen Deutscher Naturforscher und Ärzte von 1822–1872 (Schriftenreihe zur Geschichte der Versammlung Deutscher Naturforscher und Ärzte, 5), Stuttgart 1989, S. 106.

16 R. Virchow: Ueber die akute Entzündung der Arterien, Virchows Archiv für pathologische Anatomie und Physiologie und für klinische Medicin 1, 1847, 272–378, auf S. 272f.

17 Ebenda, S. 286–288.

18 Ebenda, S. 294–302.

19 Zu den verschiedenen Funktionen des Experiments vgl. A. Franklin: The Neglect of Experiment, Cambridge 1986, bes. S. 103–105.

20 Traube, Anm. 2, S. 2.

21 Ebenda, S. 4–6.

22 Ebenda, S. 16.

23 Ebenda, S. 17.

24 Ebenda, S. 116–119.

25 Ebenda, S. 36f.

26 Ebenda, S. 38.

27 Ebenda, S. 57.

28 Vgl. Virchow, Anm. 16, S. 366f. und Traube, Anm. 2, S. 18, 266. Zur Rhetorik der Argumentation vgl. Lenoir, Anm. 7, S. 146–171 und B. Lohff: Hat die Rhetorik Einfluß auf die Entstehung einer experimentellen Biologie in Deutschland gehabt?, in: C. Scriba (Hrsg.), Disciplinae novae. Zur Entstehung neuer Denk- und Arbeitsrichtungen in den Naturwissenschaften. Festschrift zum 90. Geburtstag H. Schimanks (Veröffentlichungen der Joachim Jungius Gesellschaft, 36), Göttingen 1979, S. 127–146.

29 Vgl. z. B. A. Mendelsohn: Ueber Lungenhyperämie, Archiv für physiologische Heilkunde 4, 1845, 264–278 und H. F. Stannius: Untersuchungen über die Wirkung der Digitalis und des Digitalin, Archiv für physiologische Heilkunde 10, 1851, 177–209.

30 Zur Kritik an den theoriedominierten Darstellungen der Wissenschaft vgl. Lenoir, Anm. 7, S. 172–180.

31 Zur graphischen Methode vgl. den Beitrag von Soraya de Chadarevian in diesem Band.

32 Traube, Anm. 2, S. 235f.

33 Ebenda, S. 370.

34 Ebenda, S. 460–461.

35 Ebenda, S. 463.

36 Vgl. Brief von Du Bois-Reymond an Helmholtz vom 26. 10. 1856, in: C. Kirsten (Hrsg.), Dokumente einer Freundschaft. Briefwechsel zwischen Hermann von Helmholtz und Emil Du Bois-Reymond 1864–1895 (Studien zur Geschichte der Akademie der Wissenschaften Berlin, 9), Berlin 1986, S. 162–165, auf S. 165. – Der Kontakt zwischen Traube und Du Bois-Reymond führte während der 40er Jahre dazu, daß Traube Du Bois in dessen Wohnung besuchte und bei Versuchen anwesend war. Vgl. E. du Bois-Reymond (Hrsg.): Jugendbriefe von Emil Du Bois-Reymond an Eduard Hallmann, Berlin 1918, S. 125 und P. W. Ruff: Emil Du Bois-Reymond (Biographien hervorragender Naturwissenschaftler, Techniker und Mediziner, 54), Leipzig 1981, S. 25.

37 R. Virchow: Zur pathologischen Physiologie des Blutes, Virchows Archiv für pathologische Anatomie und Physiologie und für klinische Medicin 1, 1847, 547–583 und Virchows Archiv für pathologische Anatomie und Physiologie und für klinische Medicin 2, 1849, 587–589.

38 Vgl. R. Virchow: Ueber parenchymatöse Entzündung, Virchows Archiv für pathologische Anatomie und Physiologie und für klinische Medicin 4, 1852, 261–324; ders.: Die endogene Zellenbildung beim Krebs, Virchows Archiv für pathologische Anatomie und Physiologie und für klinische Medicin 3, 1851, 197–227; ders.: Ueber cavernöse (erectile) Geschwülste und Teleangiektasien, Virchows Archiv für pathologische Anatomie und Physiologie und für klinische Medicin 6, 1854, 525–554.

39 Vgl. z. B. R. Virchow: Die Cellularpathologie in ihrer Begründung auf physiologische und pathologische Gewebelehre, Berlin 1858, S. 270.

40 R. Virchow: Cellular-Pathologie, Virchows Archiv für pathologische Anatomie und Physiologie und für klinische Medicin 8, 1855, 3–39 und Virchow, Anm. 39.

41 Vgl. z. B. R. Virchow: Ueber die Erregbarkeit der Flimmerzelle, Virchows Archiv für pathologische Anatomie und Physiologie und für klinische Medicin 6, 1854, 133f.

42 Zur zeitgenössischen Kritik an Müllers Konzept der „spezifischen Sinnesenergie" vgl. W. R. Woodward: Hermann Lotze's Critique of Johannes Müller's Doctrine of Specific Sense Energies, Medical History 19, 1975, 147–157.

43 R. Virchow: Zur Erinnerung an L. Traube, Berliner klinische Wochenschrift 13, 1876, 209f., auf S. 210.

44 Gründe für diese Nichtmitarbeit sind mir nicht bekannt. Leyden sagt in seiner Gedächtnisrede auf Traube, daß dieser mit der Gründung des Archivs durch Virchow und Reinhardt „die Führung der neuen Schule aus den Händen gegeben" habe (Leyden, Anm. 10, S. 14). Es könnte aber auch sein, daß ihm diese „Führung" aus der Hand genommen wurde und daß sich Traube durch diese Gründung verletzt fühlte und aus diesem Grunde von einer Mitarbeit absah.

45 Virchow, Anm. 40, S. 3.

46 Traube, Anm. 2, S. 116.

47 Ebenda, S. 120. – Zu dem sozialen „setting" beim Experiment und der sozialen Bedeutung der Zeugen vgl. S. Shapin: The house of experiment in seventeenth-century England, Isis 79, 1988, 373–404, auf S. 393–399.

48 Vgl. H. M. Collins: The place of the „core-set" in modern science: Social contingency with methodological propriety in science, History of Science 19, 1981, 6–19.

49 R. Virchow: Die Freiheit der Wissenschaft im modernen Staat, Berlin 1877, S. 23.

50 Ebenda, S. 26.

51 R. Virchow: Die Einheitsbestrebungen in der wissenschaftlichen Medicin, Berlin 1849, S. 8.

52 Ebenda, S. 10.

53 Virchow, Anm. 40, S. 22f.

54 Vgl. J. Pantel: Die Institutionalisierung der pathologischen Anatomie an den deutschsprachigen Universitäten im 19. Jahrhundert. Von der Idee einer naturwissenschaftlichen Medizin zur Gestalt eines neuen Faches, Diss. med., Heidelberg 1989, S. 234–236. – Zur Disziplingenese vgl. F. R. Pfetsch: Die Institutionalisierung medizinischer Fachgebiete im deutschen Wissenschaftssystem, in: F. R. Pfetsch/A. Zloczower, Innovation und Widerstände in der Wissenschaft. Beiträge zur Geschichte der deutschen Medizin (Wissenschaftstheorie, Wissenschaftspolitik, Wissenschaftsplanung, 19), Düsseldorf 1973, S. 9–90; M. Guntau/H. Laitko: Entstehung und Wesen wissenschaftlicher Disziplinen, in: M. Guntau/H. Laitko (Hrsg.), Der Ursprung der modernen Wissenschaften. Studien zur Entstehung wissenschaftlicher Disziplinen, Berlin 1987, S. 17–89. Auch R. Stichweh: Zur Entstehung des modernen Systems wissenschaftlicher Disziplinen. Physik in Deutschland 1740–1890, Frankfurt/M. 1984; Lenoir, Anm. 7, S. 190–202, 209–225.

55 Vgl. L. Traube: Ueber Spezial-Kliniken, Die medicinische Reform, 1848, 16–19, 23–25, 31–33.

56 Dennoch erhielt er 1857 einen Ruf nach Heidelberg, 1862 zwei weitere nach Breslau und Zürich, die er aber nicht angenommen hat. Vgl. Stangier, Anm. 6, S. 16. Doch wurde er, was als Ausnahme anzusehen ist, 1862 zum ordentlichen Professor an der militärärztlichen Bildungsanstalt ernannt; 1872 erhielt er dann eine ordentliche Professur an der Medizinischen Fakultät.

57 Die Begriffe „autokratisch“ und „republikanisch“ an dieser Stelle stammen von Hans-Uwe Lammel.

Robert Olby

Das Experiment nach Mendel

Mit diesem Essay wollen wir das Labor verlassen und den Garten des Experiments betreten. Darin befinden sich keine Kymographen oder Polygraphen, keine stinkenden Fliegen auf verfaulten Bananen, sondern köstlich schmeckende Erbsen *(Pisum sativum)*, herrlich süße Platterbsen *(Lathyrus odoratus)* – und ein altbewährtes, frische Eier legendes Haustier – das Huhn *(Gallus domesticus)*. Der Leser wird auch schnell merken, daß vielfach verhöhnte Begriffe wie ‚Theorie' und ‚rationale Diskussion' beibehalten und Begriffe von Bruno Latour wie ‚Netzwerke' und ‚Verhandlung' kritisiert werden.

Die ‚Tatsachen', mit denen wir es zu tun haben, bestehen in der Frequenz der Nachkommenschaft mit der einen oder anderen vererbten Eigenschaft. In Tabelle 1 werden solche Tatsachen aus einer Anzahl von Quellen der Literatur vor und nach Gregor Mendel zusammengestellt. Diese Daten wurden nicht als mehr oder weniger gute Annäherungen an ganzzahlige Verhältnisse verstanden, wie sie in der letzten Spalte berechnet sind, sondern als Ausdruck der ‚Erbkraft' eines individuellen Elternteils oder eines individuellen Charakters über den anderen. Im Gegensatz zu diesen Quellen zeigt Tabelle 2 die Ergebnisreihen, aus denen Mendel die verblüffende Nähe seiner Zahlen (5474 : 1850 und 6022 : 2001) zu einem Verhältnis von 3 : 1 folgerte. Seit Bateson 1901 die Vermutung äußerte, daß diese Experimente nicht in der Art und Weise durchgeführt wurden, wie Mendel sie beschrieben hatte, haben Diskussionen über die Frage der Konstruktion von Tatsachen und ihrer rhetorischen Präsentation nicht mehr aufgehört.[1]

Im Vergleich zu Mendel stehen im Falle Batesons zuverlässigere Manuskripte und publizierte Ergebnisse zur Verfügung, so daß ich mich auf sein Werk konzentrieren werde, vor allem auf seine Interpretation offensichtlicher Abweichungen von Mendels sogenannten ‚Gesetzen' – das Spaltungsgesetz und das Gesetz der unabhängigen Kombination der Merkmale.

Das Experiment nach Mendel

Bereits vor langer Zeit wurde Mendels Experiment zu einem der ‚großen Experimente' in der Geschichte der Biologie gekürt. Ein Anhänger von Kuhn würde es vermutlich unter jene ‚universell akzeptierten Errungenschaften' einordnen, die als „Paradigmen" für die Konstruktion jener rätsel-lösenden Aktivitäten stehen, welche für die „Normalwissenschaft" so typisch sind. Wenn eine Beschreibung dieser Art die frühe Erfolgsgeschichte der Mendelschen Forschung ausschöpfen würde, so wäre es eine langweilige Geschichte. Doch die Jahre zwischen 1900 und 1913 brachten nicht nur die Geburt und rasche Ausbreitung des Mendelismus, sondern sie waren in einigen wichtigen Punkten auch durch Unstimmigkeiten und

Tab. 1: Annäherungen an das 3 : 1-Verhältnis aus den Ergebnissen der Zeitgenossen Mendels (Gaertner, Darwin) und der Autoren, die ihn wiederentdeckt haben (De Vries, Gorrens, Tschermak).

Jahr	Autor	Art	Präpotenz	Latenz	Verhältnis
1849	Gaertner	Zea	224	64	3.5 : 1
			104	39	2.6 : 1
1868	Darwin	Antirrhinum	88 (2)	37	2.38 : 1
1894	De Vries	Lychnis	392	144	2.72 : 1
1895		Papaver	158	43	3.67 : 1
1896			1095	358	3.06 : 1
1899		Zea	3161	1082*	2.92 : 1
1899	Correns	Pisum	1394	453**	3.07 : 1
1899	Tschermak	Pisum	1854	660***	2.8 : 1
			884	288	3.07 : 1

* De Vries schreibt:
Ein Viertel war süßlich, die anderen drei Viertel waren stärkehaltig. Die ersteren hatten die großmütterlichen Eigenschaften angenommen, während die letzteren auf Vater und Großvater herauskamen. 04. Dez. 1899
(H. de Vries: Sur la fécondation hybride de l'albumen. Comptes rendus Acad. Sci., Paris, 129, 1899, S. 975.)

** Correns erinnert sich:
... Das Prinzip wurde bei der Untersuchung von Mais und Erbsen gefunden. Zuerst fiel mir keine Erklärung zu der Gesetzmäßigkeit ein ... aber dann kam es mir ‚wie aus heiterem Himmel', als ich morgens im Bett lag. 23. Jan. 1925
(H. F. Roberts: Plant Hybridisation before Mendel. Princeton University Press 1929, S. 335.)

*** Tschermak erinnert sich:
Beim Auszählen der Sameneigenschaften konnte mir das ständig wiederkehrende Zahlenverhältnis von 3 : 1 naturgemäß nicht entgehen. 07. Jan. 1925
(Roberts, op. cit., 345.)

Unsicherheiten geprägt. Gleichwohl erwies sich Forschung nach Mendel als ein ‚progressives Forschungsprogramm' im Sinne von Lakatos. Peter Galison hat von der ‚Halsstarrigkeit' der Experimentalgegenstände in der mikrophysikalischen Forschung gesprochen.[2] In unserem Falle möchte ich von ‚Launenhaftigkeit' sprechen, denn die frühen Mendelianer wurden andauernd mit unerwarteten Ergebnissen konfrontiert, die ihr Vertrauen in die Universalität von Mendels Theorie allmählich erschütterten.

Bateson sah die „Reinheit der Keimzellen" als Kernpunkt von Mendels Theorie an.[3] Jedes Merkmalspaar wird durch differierende Elemente bestimmt, die sich voneinander trennen und in verschiedene Keimzellen gelangen. Also sind die Keimzellen einer Hybride so ‚rein' wie diejenigen einer konstanten Form. Mit dieser Theorie wurde keine Aussage über die Natur oder gar die Anzahl dieser Elemente gemacht, aber sie trug den beobachteten Zahlenverhältnissen Rechnung. Da Bateson gleichermaßen gegen Weismanns spekulative Präformationstheorie der chromosomalen Vererbung wie gegen die spekulative vergleichende Embryologie der darwinistischen Morphologen eingestellt war, richtete er seine Aufmerksamkeit konsequenterweise auf die phänomenologische Ebene der Mischungsverhältnisse. Sie waren der Beweis für die Diskontinuität und die interne Entstehung von Variationen. Sein Ziel wurde es somit, den Anwendungsbereich des Mendelschen Systems auszuloten und zusätzliche Hypothesen einzu-

Tab. 2: Mendels Ergebnisse für die Eigenschaftspaare rund/kantig und gelb/grün

Eigenschaftspaar	Jahr 1858		1859	Verhältnis
Rund/kantig	Anzahl der Pflanzen 15	Anzahl der Blüten 60	Anzahl der Pflanzen 235	
Samenkörner	F_1 sämtlich rund		F_2 5474 rund 1850 kantig	2.96 : 1
gelb/grün	Anzahl der Pflanzen 10	Anzahl der Blüten 58	Anzahl der Pflanzen 258	
Samenkörner	F_1 alle gelb		F_2 6022 gelb 2001 grün	3.01 : 1

Zusammengestellt aus: G. Mendel: Versuche über Pflanzen-Hybriden. Verhandlungen des Naturforschenden Vereins Brünn 4, 1865 [1866].

führen, um abweichende Daten erklären zu können. Lindley Darden hat den Gang von Batesons Arbeit unter dem Aspekt des Theoriewechsels luzide analysiert.[4] Ich möchte allerdings einen mehr kontextuellen Ansatz präsentieren und die Bedeutung dieses historischen Materials im Hinblick auf das gegenwärtige Interesse an Labor-Experimenten diskutieren.

Ausgangspunkte

1900 standen Mendels Zahlenverhältnisse von 3 : 1, 9 : 3 : 3 : 1 und die noch ausgedehnteren Reihen für mehrere Merkmalspaare zur Verfügung. Man wußte, daß das 3 : 1 in ein 1 : 2 : 1-Verhältnis auflösbar war und daß die ‚Rückkreuzung' ein Verhältnis von 1 : 1 ergab. Zwischen 1865 und 1903 kamen aber noch weitere erklärungsbedürftige Befunde hinzu. So hatte Millardet 1894 seine ‚falschen Hybriden' beschrieben, bei denen die Nachkommen keinerlei elterliche Merkmale aufwiesen, obwohl er darauf beharrte, daß Hybridisierung stattgefunden hatte (man nennt das Pseudogamie).[5] 1890 hatte Macfarlane das Gewebe der berühmten Pfropfhybride *Laburno-Cytisus adami* studiert und war zu dem Ergebnis gekommen, daß eine somatische Fusion der Zellkerne stattgefunden habe, vergleichbar mit der Keimfusion.[6] 1903 berichtete Raunkiaer über die parthenogenetische Entwicklung von Embryos bei *Taraxacum*.[7] Im darauffolgenden Jahr beschrieb Ostenfeld dasselbe Phänomen bei *Hieracium*.[8] Diese Untersuchungen eröffneten eine ganze Palette von Möglichkeiten zur Einführung von Hilfshypothesen, um offensichtlich ‚unmendelsche' Ergebnisse befriedigend zu erklären. Wir wollen uns nun auf zwei Organismen konzentrieren, die den frühen britischen Mendelianern erhebliche Schwierigkeiten bereiteten: das Geflügel und die Erbse.

Geflügel

Bateson hatte 1898 damit begonnen, Hausgeflügel-Rassen zu hybridisieren und den Erbgang der Kamm-Eigenschaften ‚pea', ‚rose' und ‚single' zu verfolgen. Bevor er sich an Mendel orientierte, hatte er sich mit der Frage beschäftigt, ob man durch Inzucht eine latente (rezessive) Eigenschaft in eine präpotente (dominante) umwandeln könne. Auch wenn er um 1901 grobe Annäherungen an das 3 : 1-Verhältnis für ‚pea' zu ‚single' und ‚rose' zu ‚single' erreichen konnte, erhielt er eine enttäuschend große Anzahl nicht Mendelscher Ergebnisse. Zur Erklärung schlug er vor, daß einige der doppelt Rezessiven in Wirklichkeit Heterozygoten waren, in denen der dominante Charakter ‚zurückgetreten' war. Wenn dem so sei, warnte er, „ist Mendels Gesetz nicht länger die Richtschnur, und wir verfügen über keine Voraussagemöglichkeit".[9]

1902 fand Bateson überraschenderweise in der F2-Generation einen neuen Kamm-Typ durch die Kreuzung von ‚pea' und ‚rose'. In Anlehnung an ein ähnliches Merkmal bei Malay-Züchtungen nannte er ihn ‚walnut'. Die F2-Generation ergab ein grobes 9:3:3:1-Verhältnis für ‚walnut', ‚rose', ‚pea' und ‚single', das er auf die *drei* Faktoren r, p und s zurückführte. Weiterhin nahm er an, daß die ‚walnut'-Vögel drei Arten von Gameten hervorbringen, nämlich r, p und rp, wobei letzterer nicht segregiert sein sollte – eine nicht sehr Mendelsche Annahme![10] 1904 schlug er vor, die Ergebnisse dahingehend zu verstehen, daß einige der ‚rose'- und ‚pea'-Vögel sich in de Vries' „Halb-Rassen"-Stadium befänden und „einen unbekannten Anteil eines zweiten Gameten" weitergäben, nämlich den für ‚single'.[11] Ein Jahr später wurde ihm klar, daß das Vererbungsmuster durch eine einfache Dihybriden-Kreuzung mit Faktor-Interaktion erklärt werden könnte, und er drückte freimütig sein Bedauern darüber aus, daß er selbst „für die Veröffentlichung einer falschen Annahme verantwortlich sei".[12] Trotz dieser Geschichte von Konfusionen wurde die Vererbung der Kamm-Eigenschaften bei Geflügel rasch zu einem klassischen Beispiel für die Interaktion von Genen.

Lathyrus

Die 1901 von Bateson begonnenen und ab 1904 zusammen mit Punnett durchgeführten Studien über *Lathyrus* wurden bald zu einem gemeinschaftlichen Unternehmen, das eine zentrale Rolle bei der Entwicklung der Mendelschen Theorie unter den englischen Mendelianern einnahm. Als Punnett 1925 über die Kopplungsgruppen von *Lathyrus* berichtete, standen Aufzeichnungen von über 13000 Pflanzen zur Verfügung.[13] Diese Pflanze wurde zuerst untersucht, weil in der weißen Varietät ‚Emily Henderson' zwei Typen von Pollen – längliche bzw. runde Körner – entdeckt worden waren. Bateson hoffte die nach Mendels Theorie vorhergesagte Existenz von zwei unterschiedlichen Gameten in den Hybriden durch die Kreuzung der runden mit der länglichen Form sichtbar machen zu können. Er scheiterte, weil – wie er wußte – die Pollenumhüllung durch die Zygote und nicht durch den Gameten bestimmt wurde. Jedoch machten Bateson und Punnett zwei wichtige Entdeckungen. Die aus der Kreuzung der beiden weißen Pflanzen entstehenden F1-Hybriden entwickelten purpurrote Blüten, die der Wildform in Sizilien glichen, von der die kultivierten Formen angeblich abstammten. Da Bateson und Punnett wußten, daß diese Hybriden heterozygot für die Pollenform waren, erwogen sie die Möglichkeit, daß sie auch heterozygot für die Blütenfarbe sein könnten, obwohl beide gekreuzten Varietäten weiß und deshalb naheliegenderweise homozygot waren. Trotzdem, so argumentierten sie, müsse es Erbfaktoren geben, deren Assoziierung bei F1 zu dem Purpurrot führe.[14] Dieses Phänomen, das der österreichische Mendelianer Tschermak bereits 1903 als „Kryptomerie" bezeichnet hatte,[15] war ein anderes Beispiel für die Interaktion der Erbfaktoren.

Bateson und Punnett stießen aber noch auf eine weitere frappierende Anomalie. Die Erbgänge für die Blütenfarbe und die Pollenform waren nicht vollständig unabhängig voneinander. Die ‚Kopplung' von Eigenschaften mit offensichtlichen physiologischen Beziehungen war bereits bekannt und wurde auf die Determinierung beider durch einen einzigen Faktor zurückgeführt. In einem solchen Fall war die Kopplung vollständig.[16] Doch 1904 sprach Bateson von einer „teilweisen Kopplung" bei *Lathyrus*.[17] Ein Jahr später berichtete er ein 3 : 1-Verhältnis von länglichen zu runden Pollen bei seinen gesamten Daten und bei weißen Blüten, aber für die farbigen Blüten erhielt er folgende Ergebnisse:

	längliche Pollen	runde Pollen	Verhältnis
blaue Blüten	1528	106	14,41 : 1
rote Blüten	117	381	1 : 3,25

Bateson und Punnett nannten dies „teilweise gametische Kopplung" und schlugen zwei Erklärungen vor. Die erste führte zwei weitere Paare von Faktoren ein, für die sie eingestandenermaßen über keinerlei Evidenz verfügten. Dies war ein kompliziertes System. Die andere Erklärung war, daß Mendels Annahme einer gleichen Anzahl der verschiedenen Gameten unrichtig war. Sie nahmen eine Sequenz von Zellteilungen an, die für die vier Gameten ein Verhältnis von 8 : 1 : 1 : 8 anstelle von 1 : 1 : 1 : 1 ergab. (In Wirklichkeit favorisierten sie die Sequenz von 7 : 1 : 1 : 7, aber sie sahen keinen Weg, wie sich diese aus einer Reihe von symmetrischen Teilungen ergeben sollte.)[18] 1911 wiederholten sie diese Erklärung durch Zellteilung und nannten sie „Reduplikations-Hypothese". Sie waren sich völlig darüber im klaren, daß diese Hypothese eine komplizierte Situation schuf und räumten ein, „daß wir dann Abstand nehmen müßten von der natürlichen Sichtweise, wonach sich die Segregation nur bei der Reduktionsteilung abspielt".[19]

Ich bin aus verschiedenen Gründen auf die Theorie der Reduplikation zu sprechen gekommen. Erstens wurde sie in genetischen Texten ausführlich vorgestellt, so an prominenter Stelle in der 9. Vorlesung von Erwin Baurs „Einführung in die experimentelle Vererbungslehre", wo Baur aus seinen Experimenten mit

Antirrhinum auf ein 4 : 1 : 1 : 4-System schloß und eine aus der Theorie folgende Vorhersage bestätigte.[20] In der 16. Vorlesung erwähnte er Morgans Theorie, fügte aber hinzu: „Freilich sind dabei immer neue und unbeweisbare cytologische Hilfshypothesen, wie ‚crossing over' u. a. notwendig geworden."[21] Noch in der Ausgabe von 1930 wurde die Reduplikations-Hypothese beibehalten.[22] Ebenso bemerkenswert ist die Tatsache, daß es in J. B. S. Haldanes Darstellung der Kopplung bei Mäusen eigentlich um Reduplikation ging. Von Kopplung war gar nicht die Rede.[23] 1919 hatte Haldane Mullers Arbeiten über Kopplung gelesen und verglich das Maß an Übereinstimmung der Daten mit den beiden Theorien. Er kam zu dem Ergebnis, daß die Chromosomen-Theorie nicht zwingend zu beweisen sei, obwohl er sie eindeutig favorisierte.[24]

Die ‚Presence-absence-Theorie'

Der dritte Grund für die Beschreibung der Arbeiten zu *Lathyrus* besteht darin, daß die Reduplikations-Hypothese wunderbar zu der ‚Presence-absence-Theorie' paßte, die Cuénot 1903 entwickelt hatte[25] und die Bateson 1906 als allgemeine Erklärung des dominant-rezessiven Verhältnisses akzeptierte.[26] Diese

Tab. 3: Partielle gametische Kopplung

Bateson und Punnett 1905 **Lathyrus**

Blütenfarbe Getreidepollen	purpur lang	rund	rot lang	rund
Erwartung nach Mendels 2. Gesetz	1199	400	400	133
Beobachtung	1528	106	117	381
Gekoppelte Gameten 7 : 1 : 1 : 7	1448.5	122.7	122.7	401.5

Philippe de Vilmorin und Bateson 1911 **Pisum**

Samenkorn Blätter	rund geriffelt	Akazie	kantig geriffelt	Akazie
Beobachtung	319	4	3	123
Gekoppelte Gameten 63 : 1 : 1 : 63	333	3.4	3.4	109

Theorie besagte, daß alle dominanten Faktoren die Anwesenheit von Faktoren repräsentierten, alle rezessiven jedoch ihre Abwesenheit. Bateson fand sie insbesondere deshalb attraktiv, weil sie durch die Produktion oder Nicht-Produktion von Fermenten, die spezifische Reaktionen katalysierten, veranschaulicht werden konnte. Garrod fand sie attraktiv, um „die angeborenen Fehler des Metabolismus"[27] zu erklären, Bateson nutzte sie, um die Bestimmung der Farbe bei der Pflanzenblüte und beim Tierfell zu vergleichen: Danach entstehen Albinos durch das Fehlen des Enzyms für die Bildung des Farbpigments.[28] Nilsson-Ehle stützte darauf seinen Vorschlag einer multi-faktoriellen Vererbung.[29] Carlson hat die außerordentliche Verbreitung dieser Theorie in den USA (inklusive Morgan vor 1911) dargestellt.[30] Trotz ihrer bemerkenswert absurden Konsequenzen – „die Transmission des Abwesenden", die ‚Abwesenheit' kann dominant über die ‚Anwesenheit' sein –, überlebte diese Theorie bis zur Ankunft der Chromosomen-Theorie des Gens und dem Nachweis multipler Allele.

Mendel-Genetik und Laboralltag (Laboratory Life)

Vor der Zeit der Drosophila-Forschung hatte die Genetik im großen und ganzen keinen Zugang zum Labor, doch der Garten kann wie ein Labor behandelt werden. Natürlich können wir nicht den Experimental-Garten in Granchester betreten, wie Latour das Salk-Institut betreten hat; zudem sind unsere Quellen beschränkt. Batesons Korrespondenz mit Punnett und Saunders, die eng mit ihm zusammenarbeiteten, ist dürftig, bevor er Cambridge 1910 verließ. Glücklicherweise gibt es andere Quellen, die uns über Batesons Kreis, seine Zusammensetzung und die verschiedenen Beziehungen informieren. Zudem ermöglicht uns die relativ langsame Entwicklung der Forschung, die sich aus den langen Generationszeiten für höhere Pflanzen und Tiere ergab, eine genaue Analyse der einzelnen Schritte, wenn man die Ergebnisse der fünf Berichte an die Royal Society zwischen 1901 und 1909 zugrunde legt.

Gewiß habe ich dieses Material nicht wie ein ‚Außenstehender' behandelt, der einen fremden Volksstamm studiert, obwohl es Aspekte der Reduplikations-Theorie und der Lebensweise der Wissenschaftlergemeinschaft im Edwardianischen Cambridge gibt, die ich fremdartig finde. Ich habe versucht zu zeigen – wie Latour und Woolgar es fordern –, daß „alternative Beschreibungen und Lesarten" wissenschaftlicher Ergebnisse möglich sind (obwohl ich mit dem Begriff ‚Interpretationen' zufrieden wäre); doch ich bin nicht überzeugt, daß solche Alternativen für eine gegebene Datensammlung, z. B. die variierenden Grade von ‚Kopplung' der vererbten Eigenschaften, ‚ständig' zur Verfügung stehen.

Läuft das auf eine Erneuerung von Feyerabends provokativem „anything goes" hinaus? Nicht unbedingt. Nach *Laboratory Life* führt die Erhöhung des Aufwands für diejenigen, die „ebenso wahrscheinliche Alternativen" aufzustellen wünschen, dazu, daß die gegebene „Behauptung" an Wahrscheinlichkeit gewinnt und schließlich die Debatte zu ihren Gunsten entscheidet.[31] Wie ist diese These zu verstehen? Sie beschränkt sich nicht bloß auf finanzielle Kosten, obwohl dieser Aspekt im Buch von Latour und Woolgar besonders hervorgehoben wird. Sie reden von der erforderlichen „Zeit und Energie", um einen wachsenden Corpus akzeptierter Forschung zu unterhöhlen, auf den die gewählte Behauptung bezogen ist.[32] Demnach könnte es auf weniger teure, weniger apparatintensive Forschung angewendet werden, wo ‚Kosten' sich auf Zeit, Mühen und Karriereaussichten bezieht. Aber wie werden diese Kosten zu Zeiten ‚revolutionärer' Wissenschaft gedeckt? Versteckt in einer Fußnote gestehen die Autoren, daß eine solche Investition trotz immenser Kosten im Falle einer wissenschaftlichen Revolution vielleicht dennoch getätigt wird.[33] Das ist allerdings eine bedeutsame Konzession. Sie legt nämlich nahe, daß ihre Analyse nur für das gilt, was wir als ‚Normalwissenschaft' bezeichnen. Und wo bleibt die Relevanz dieses Kosten-Konzepts für die signifikanten Veränderungen in der Konstruktion von Fakten, die aus dem Transfer einer bestimmten Technik von einem Fach ins andere resultiert, beispielsweise in der Revision der Chromosomenanzahl beim Menschen? Sie wurde von 48 auf 46 reduziert, nachdem eine Technik von der Pflanzen-Cytologie auf die menschliche Cytologie übertragen wurde. Wenn man bedenkt, wie gut die Zahl von 48 in der Literatur etabliert war, warum ist es nicht dabei geblieben?[34]

Bateson gab die Reduplikations-Hypothese erst auf, als die *Drosophila*-Genetiker ihn von der Überlegenheit ihrer Chromosomentheorie überzeugten. Zu diesem Zeitpunkt, 1921,[35] hatte er dieser Hypothese bereits 16 Jahre lang angehangen, und er hatte einen großen Teil seiner Zeit mit der Untersuchung von Pflanzen-Schimären zugebracht, um die Segregation der Erbfaktoren in somatischem Gewebe nachzuweisen; denn dies war eine Voraussetzung für seine Hypothese. Er hatte ein ganzes Institut zur Verfügung und stand weder unter Zeitdruck noch unter Materialmangel für seine Low-tech-Forschung. Trotz dieser Umstände konnte er nicht die gesuchten Ergebnisse produzieren. 1922 trat er gerade nicht, wie Latour und Woolgar erwarten würden, in ‚Verhandlungen' mit den Genetikern der Columbia Universität, sondern er kapitulierte. Unter ‚Verhandlung' verstehe ich eher das Aushandeln von Kompromissen; einige Verhandlungspunkte im Austausch gegen andere preiszugeben; oder einen Preis von £50000 auf £45000 herunterzuhandeln. Warum hat Bateson kapituliert? Ich denke, daß wir sowohl nach den *Gründen* für sein Aufgeben wie auch der Möglichkeit seines Beharrens suchen müssen. Gewiß war es kein Problem finanzieller oder institutioneller Überforderung. Als er nach England zurückkehrte, stellte er einen Cytologen an, um die Anwendung der Chromosomen-Theorie auf das Pflanzen-Material seines Instituts zu untersuchen, und dies trotz seines normalerweise sparsamen Umgangs mit den Institutsgeldern.[36]

Die Chromosomen-Theorie der Vererbung war in der Lage, die teilweise Kopplung der Erbfaktoren damit zu erklären, daß die unter dem Mikroskop sichtbaren und „Chiasmen" genannten Strukturen als Fäden (Chromatiden) verstanden wurden, die von einer Hälfte des Chromosomenpaares zur anderen ‚überkreuzten'. Weiterhin bestand die Theorie in der Annahme, daß eine unbeobachtbare Trennung und Wiedervereinigung der Chromatid-Fragmente stattfand, die für die teilweise Kopplung verantwortlich sei. Auch die ‚Tatsache' der Chiasmen wurde nicht einfach unter dem Mikroskop beobachtet, sondern war eine ‚Konstruktion' oder Interpretation des unter dem Mikroskop sichtbar Gemachten. Das ist ein einfaches Beispiel für die ‚Theoriegeladenheit' der ‚Tatsachen'. Das gleiche trifft für die partielle Kopplung zu. Die Zusammensetzung der F2-Nachkommenschaft wurde als signifikante, Erklärung heischende Abweichung von Mendels Zahlenverhältnissen angesehen. Das Schwergewicht, das in *Laboratory Life* auf Konstruktion anstelle von Beobachtung oder Entdeckung von Tatsachen gelegt wird, harmoniert mit der Sichtweise von den theoriegeladenen Tatsachen so gut wie mit der längst bekannten strukturalistischen Epistemologie in der Psychologie. Was die Autoren von *Laboratory Life* über die Tätigkeit des Wissenschaftlers im Labor sagen, hat Piaget bereits vor 50 Jahren und seitdem immer wieder betont, und wir alle haben es als Kinder getan, wenn wir unsere Umwelt erkundet haben und unsere Bemühungen dahin gingen, sie uns zurechtzulegen und zu kontrollieren.[37] Solche Operationen rufen ein feedback hervor. Diese Erkundung ist ein zweigleisiger Vorgang, in dem wir Strukturen oder ‚Schemata' aufbauen, die immer wieder eine Rückkopplung produzieren, die je nach Bestätigung oder Widerspruch angenommen oder zurechtgerückt wird. In der gleichen Weise konstruieren Wissenschaftler Tatsachen und generalisieren und transformieren sie je nach der Fügsamkeit oder Launenhaftigkeit des Experimentalsystems.

Wir haben gesehen, daß Mendels Zahlenverhältnisse als Ausgangspunkt benutzt wurden. Alle weiteren Kreuzungs-Resultate wurden als Bestätigung oder Abweichung davon interpretiert. Zur Erklärung der Abweichungen wurden Hilfshypothesen aufgestellt. Bateson hielt an der Reduplikations-Hypothese so viele Jahre fest, auch als andere längst zur Chromosomen-Theorie übergeschwenkt waren, daß seine Gründe und sein Geschick, mit dem er das tat, unsere Neugier beanspruchen können. Nehmen wir zuerst seine Gründe (indem wir uns selbst das Privileg erteilen, Gründe auf unsere Tagesordnung zu setzen). Seine Entscheidung für die Reduplikation und gegen die Mechanik der Chromosomen sollte meiner Ansicht nach als Ausdruck seiner tief verankerten Sympathie für dynamische und gegen strukturelle Erklärungen verstanden werden. Zellteilung, Enzymproduktion und Polarität waren für ihn ‚dynamische' Vorgänge. Die lineare Anordnung der Faktoren auf einem Chromosom war „strukturell" und präformistisch. Diese Vorliebe war Ausdruck der Anbindung an eine Tradition aus der Embryologie und der physiologischen Chemie des 19. Jahrhunderts, welche gegen die strukturelle und morphologische Tradition in der Cytologie gerichtet war, die auf der Untersuchung von fixiertem und angefärbtem Material beruhte. William Coleman hat diese Tradition einem „Stil" im Sinne Mannheims zugeordnet, der auch als *konservatives Denken* bekannt ist.[38]

Um zu verstehen, warum Bateson an der Reduplikations-Hypothese festhielt, müssen wir uns die Struktur seiner Forschungsgruppe genauer ansehen. Sein ‚Team' in Cambridge wurde schrittweise aufgebaut. Ein großer Teil der Arbeit wurde von Frauen ausgeführt, von denen die meisten nur einen begrenzten Zeitraum dort blieben. Sie arbeiteten umsonst, aber nur teilweise für Bateson: I. B. J. Solles und Florence Durham (Batesons Schwägerin), beide Dozentinnen am Newnham College, von 1903–1908, Dorothea Mannyat von 1906–1908. Die Ausnahme war Miss Saunders, ebenfalls vom Newnham College. Sie arbeitete mit Bateson von 1897 bis zu seinem Weggang im Jahre 1910. Ihre Energien waren hauptsächlich auf die sehr schwierigen Untersuchungen an *Matthiola* konzentriert. Sowohl Saunders wie auch Punnett, der mit Bateson seit 1904 zusammenarbeitete, standen stark unter Batesons Einfluß. Unabhängigere Geister wie Robert Lock, Leonard Doncaster und Muriel Wheldale setzten ihre Laufbahn anderswo fort: Lock in Ceylon, Doncaster in Birmingham, Wheldale am University College London und in Cambridge. Die Arbeit wurde also von einer extrem hörigen Gruppe ausgeführt.[39] Es ist billig festzustellen, daß Bateson Ebenbürtige nicht mit ihm kooperierten, im Gegensatz zu Morgan in Columbia, New York. Als Bateson 1910 an das John Innes Horticultural Institute ging, versuchte er, das Cambridger Muster auch dort wieder zu etablieren.

Schluß

Anhand einer Beschreibung der frühen Geschichte der Genetik in Großbritannien ist klar geworden, daß wissenschaftliche Tätigkeit konstruktiv und „open-ended" ist. Man könnte meinen, daß diese Phase in den Kategorien von ‚Normalwissenschaft' hinreichend beschrieben ist. In Wirklichkeit jedoch handelte es sich um eine Phase größter Verwirrung. Um 1912 waren zwei rivalisierende Theorien zur Assoziierung von Erbfaktoren im Umlauf. Um die Stellung von Bateson und seinem Kreis zu diesen Alternativen zu verstehen, müssen neben der empirischen Arbeit der Experimentatoren und der sozialen Struktur seines Kreises auch Batesons theoretische und methodologische Vorgaben miteinbezogen werden.

Wir haben außerordentlich profitiert von den avancierteren Beispielen einer Anwendung der Soziologie des Wissens auf die Wissenschaftsgeschichte.[40] Sie haben Beziehungen zwischen Theorie, Praxis und Gesellschaft geknüpft und untergraben damit die Vorstellung, daß Ideen und Theorien „wie fliegende Untertassen über dem Rest der Wissenschaften schweben".[41] Allerdings weist Latour eine Grundannahme der Wissenssoziologie zurück, daß nämlich der Gesellschaft ein privilegierter Status eingeräumt werde, den man der Natur bestritten hat. Nach seiner 3. methodischen Regel ist es unmöglich, aus dem Ergebnis einer Kontroverse – die Natur – zu erklären, wie und warum diese Kontroverse ausgelöst worden ist.[42] Nach seiner 4. methodischen Regel hilft einem allerdings die Gesellschaft auch nicht weiter, um die Klärung einer Kontroverse zu verstehen.[43] Im Postscript zu *Laboratory Life* (1986) verknüpft er diese beiden Aussagen: „das Soziale wird überflüssig", weil, so führt er aus, „alle Interaktionen sozial verankert sind".[44]

Dieses Ergebnis folgt nur, wenn Latours 3. Regel akzeptiert wird. Die Regel spricht ein Verbot aus, über die mögliche Rolle der externen Welt bei der Entscheidung wissenschaftlicher Kontroversen nachzudenken, weil wir aus der Natur nicht ihre „wahre" Repräsentation direkt „herauslesen" können. Mein Vorschlag würde dagegen lauten, daß die epistemologische Unsicherheit, mit der wir versuchen, Natur zu repräsentieren, uns nicht zu Minimalisten degradieren sollte, die die Verwicklung der Natur in „Wissenschaft im Machen" leugnen oder ignorieren, auch wenn wir solches Tun als grundlegend sozial verankert ansehen.

Daraus folgt, daß „Wissenschaft im Machen" mehr ist als der Machtkampf in einem „agonistischen Feld". Man sollte Wissenschaftlern in der Tat konzedieren, daß sie ihre Arbeit aus Neugierde und Enthusiasmus für ihren Forschungsgegenstand tun, und daß die Akzeptanz ihrer Arbeit auf ein paar mehr Faktoren beruht als dem bloßen „Kostenaufwand" für ihre Zurückweisung.

Latour erinnert uns daran, daß im Unternehmen Wissenschaft Tatsachen ihres historischen und sozialen Kontextes beraubt werden. Er versucht den Kontext wiederherzustellen, indem er den Wissenschaftsprozeß im Labor untersucht. Dieser Prozeß der Dekontextualisierung ‚erwirtschaftet' geradezu einen Theoriekörper. Solche Theorien wachsen in Traditionen hinein, welche wiederum zu Disziplinen gehören und im professionellen Training dieser Disziplinen vermittelt werden. Wird das Verhalten eines Wissenschaftlers im Labor nicht durch seine Ausbildung und durch die Traditionen affiziert, die er sich aneignet? Also besteht die Notwendigkeit, *außer-* wie innerhalb des Labors nachzusehen, und die Motive hinter den Entscheidungen ebenso zu untersuchen wie die Fähigkeit oder Unfähigkeit, die bevorzugte Alternative zu verteidigen oder aufzugeben. Wir sollten das Studium der großen Trends über lange Zeitspannen nicht aufgeben, um nicht kurzsichtig zu werden. Ich kann den gegenwärtigen Enthusiasmus für Studien über die Vorgänge im Labor und im Forschungsgarten gutheißen, doch gleichzeitig fühle ich mich berechtigt, Einschränkungen der Agenda der Wissenschaftsgeschichte zurückzuweisen. In meiner Verfassung steht weder ein Artikel, der es verbietet, über Theorien und intellektuelle Traditionen nachzudenken, noch einer, der Überlegungen zu sozialen Netzwerken sowie Kontrolle ausübende Macht unterbindet.

(Übersetzung: Michael Hagner)

Anmerkungen

1 W. Bateson: Mendel's Principles of Heredity, Cambridge 1909, S. 332. Siehe auch A. Corcos/F. Monaghan: Mendel had no 'true' monohybrids, Journal of Heredity 75, 1984, 499–500; F. di Trocchio: Legge e Caso nella Genetica Mendeliana, Milano 1989.

2 P. Galison: How Experiments End, Chicago 1987, S. 257.

3 Bateson, Anm. 1, S. 339; ders.: Mendel's Principles of Heredity: a defence, Cambridge 1902, S. 15.

4 L. Darden: Theory Change in Science: Strategies from Mendelian Genetics, Oxford 1991.

5 A. Millardet: Note sur l'hybridisation sans croisement ou fausse hybridation, Mém. Soc. Sci. phys. nat. de Bordeaux, 4. Serie, 4, 1894, 361.

6 J. M. Macfarlane: A comparison of the minute structure of plant hybrids with that of their parents, and its bearing on biological problems, Transactions of the Royal Society Edinburgh 37 (1895), 269. – Die Jahreszahl 1890 bezieht sich auf eine vorläufige Mitteilung in *The Gardeners' Chronicle* vom 26. Juli 1890.

7 C. Raunkiaer: Kimdannelse uden befrugtning hos Maelkeboette (Taraxacum), Kjobenhagen Botanisk Tidsskrift 25, 1903, 109–140.

8 C. H. Ostenfeld: Zur Kenntniss der Apogamie in der Gattung Hieracium, Berichte der Deutschen Botanischen Gesellschaft 22, 1904, 537–541.

9 W. Bateson/E. R. Saunders: Experimental studies in the physiology of heredity: Part II. Experiments with poultry, Reports to the Evolution Committee of the Royal Society 1, 1902, 122. – Die Berichte werden im folgenden mit *Reports* abgekürzt.

10 W. Bateson/E. R. Saunders/R. C. Punnett: Reports 2, 1905, 110.

11 Ebenda, 113.

12 W. Bateson: Mendel's Principles of Heredity, 3. Aufl. [mit Erg.], Cambridge 1913, S. 64. – 1905 hatten Bateson und Punnett geschrieben: „Wir können nur unserer Überraschung Ausdruck geben, daß wir es nicht früher entdeckt haben." (In: A suggestion as to the nature of the 'walnut' comb in fowls, Proceedings of the Cambridge Philosophical Society 13, 1905, 166.)
13 R. C. Punnett: Lathyrus odoratus, Bibliographia Genetica 1, 1925, 65–82.
14 Bateson et al., Anm. 10, 84.
15 E. Tschermak: Die Theorie der Kryptomerie und des Kryptohybridismus, Beihefte zum Botanischen Centralblatt 16, 1903, 11–35.
16 C. Correns: Ueber Levkoyenbastarde. Zur Kenntniss der Grenzen der Mendel'schen Regeln, Botanisches Centralblatt 84, 1900, 97.
17 Bateson et al., Anm. 10, 89.
18 Bateson et al.: Reports 3, 1906, 9.
19 Ebenda, 10.
20 E. Baur: Einführung in die experimentelle Vererbungslehre, 2. Aufl., Berlin 1914, S. 158f.
21 Ebenda, S. 288.
22 E. Baur: Einführung in die experimentelle Vererbungslehre, 5. Aufl., Berlin 1922, S. 160–163.
23 J. B. S. Haldane/A. D. Sprunt/N. M. Haldane: Reduplication in mice (Preliminary communication), Journal of Genetics 5, 1915–16, 133–135.
24 J. B. S. Haldane: The probable errors of calculated linkage values, and the most accurate method of determining gametic from certain zygotic series, Journal of Genetics 8, 1919, 291.
25 L. Cuénot: La loi de Mendel et l'hérédité de la pigmentation chez les souris, Archive de Zoologie expérimentale et générale 1, 1903, (33), (41).
26 W. Bateson: The progress of genetics since the rediscovery of Mendel's papers, Progressus rei botanici 1, 1906, 368–418.
27 A. E. Garrod: Inborn Errors of Metabolism: The Croonian Lectures, London 1909.
28 Bateson, Anm. 1, S. 76.
29 H. Nilsson-Ehle: Ueber Weizenhybriden, Acta Universitatis Lundensis, N. F., Afd. 2, 5, 1909, 8.
30 E. A. Carlson: The Gene: A Critical History, Philadelphia 1966.
31 B. Latour/S. Woolgar: Laboratory Life. The social construction of scientific facts, Beverly Hills – London 1979, S. 241.
32 Ebenda, S. 239.
33 Ebenda, S. 259, Anm. 14.
34 M. J. Kottler: From 48 to 46: Cytological technique, preconception, and the counting of human chromosomes, Bulletin of the History of Medicine 48, 1974, 465–502, auf S. 466.
35 W. Bateson schreibt am 24. 12. 1921 an Beatrice Batson: „Ich sehe keine andere Möglichkeit, als im zentralen Punkt zu kapitulieren." Und am 26. 12. heißt es: „Ich wäre in eine unhaltbare Situation geraten, die geradezu lächerlich geworden wäre." Ein undatierter Brief aus dem Frühjahr 1922 beschreibt eine Vorlesung vor 1 100 Zuhörern: „... ich hämmerte ihnen die Prinzipien der Kopplung und die Bedeutung der X-Chromosomen ein ... Hast Du jemals sowas gehört?" Zit. nach B. Batson: William Bateson, F. R. S. Naturalist. His essays and addresses, Cambridge 1928, S. 143f.
36 R. Olby: Scientists and bureaucrats in the establishment of the John Innes Horticultural Institution under William Bateson, Annals of Science 46, 1989, 497–510.
37 Siehe vor allem J. Piaget: The Child's Conception of the World, London 1929. – Piaget geht davon aus, daß wir in der Kindheit eine objektive Sicht der Welt entwickeln, weil wir lernen, sie von uns selbst zu abstrahieren. Die kindliche „Realität" ist somit eine „anthropozentrische Illu-

sion" (ebenda, S. 34). Was Piaget als objektiv ansieht, ist bei Latour und Woolgar das zur „blackbox" Gemachte und wird als „real" angenommen, weil Wissenschaftler es als real behandeln. Man braucht kaum hinzuzufügen, daß diese pragmatische Behandlung des Realismus nichts mit den epistemologischen Fragen zu tun hat, die das Problem des Realismus aufwirft.

38 W. Coleman: Bateson and chromosomes: Conservative thought in science, Centaurus 15 (1970), 228–315. Vgl. auch R. Olby: Structural and dynamical explanations in the world of neglected dimensions, in: T. J. Horder/J. A. Witkowski/C. C. Wylie: A history of embryology (8th Symposium of the British Society for Developmental Biology), Cambridge 1986, S. 275–308. – Diese Diskussion ist relevant für Hans-Jörg Rheinbergers Beitrag in diesem Band.

39 R. Olby: Bateson's circle: the first generation of British Mendelians (in Vorbereitung).

40 C. Smith/M. N. Wise: Energy and Empire: A biographical study of Lord Kelvin, Cambridge 1990.

41 B. Latour: Science in Action, Cambridge/MA 1987, S. 242.

42 Ebenda, S. 99.

43 Ebenda, S. 144.

44 B. Latour/S. Woolgar: Laboratory Life. The Construction of Scientific Facts. 2nd ed. with a new postscript, Princeton 1986, S. 281.

Nelly Oudshoorn

Labortests und die gemeinsame Klassifikation von Sexualität und Geschlecht

Philosophen und Wissenschaftshistoriker haben die Entwicklung von Klassifikationssystemen in den biologischen Wissenschaften zumeist im Sinne einer Geschichte von Ideen und Begriffen aufgefaßt. Danach bedeutet Klassifikation, die Dinge einem System von Kategorien zu unterwerfen, das auf einigen allgemeinen den Köpfen der Wissenschaftler entsprungenen Prinzipien beruht.[1] Der Perspektivenwechsel von Ideen und Begriffen zu experimentellen Praktiken in den neueren Wissenschaftsstudien stellt eine Herausforderung an dieses Verständnis von Klassifikation dar. Philosophen wie Galison, Franklin und Hacking haben vorgeschlagen, die Entwicklung des wissenschaftlichen Wissens in seiner Abhängigkeit von komplexen Instrumenten, Materialien und ausgetüftelten Präparationsverfahren anzusiedeln.[2] Dieser Hypothese folgend kann man sich fragen, inwieweit auch Klassifikationssysteme als Ausdruck experimenteller Praktiken aufgefaßt werden können.

Mit der vorliegenden Arbeit beabsichtige ich, eine Fallstudie zur Entstehung der gemeinsamen Klassifikation von Sexualität und Geschlecht in den ersten Jahrzehnten des 20. Jahrhunderts vorzustellen. Dabei gehe ich zunächst auf die von Juristen und Sexualwissenschaftlern geführte Debatte über Homosexualität am Ende des 19. Jahrhunderts ein. Im Anschluß daran analysiere ich die Definition von ‚Geschlecht' durch Sexual-Endokrinologen im frühen 20. Jahrhundert und werde dabei die These vertreten, daß die Fokussierung auf experimentelle Praktiken uns in die Lage versetzt, die Verknüpfung von Klassifikationssystemen zu verstehen, die ursprünglich in verschiedenen Bereichen entstanden sind.

Die Klassifikation der Homosexualität

Den ersten relevanten Beitrag zum Verständnis der Geschlechts-Klassifikation in den biologischen Wissenschaften liefert die vor allem im Wilhelminischen Deutschland des späten 19. Jahrhunderts aktive Bewegung von Verteidigern gleicher Rechte für Homosexuelle.[3] Juristen und Sexualwissenschaftler stritten für die Aufhebung des § 175, der homosexuelle Handlungen unter Strafe stellte. Wichtig ist in unserem Zusammenhang, daß die Biologie das argumentative Rüstzeug beim Kampf gegen Vorurteil und Verurteilung bereitstellte. Einflußreiche Sexualwissenschaftler wie Richard von Krafft-Ebing, Havelock Ellis und Magnus Hirschfeld gingen davon aus, daß Homosexualität durch biologische Faktoren determiniert sei. Sie betrachteten Homosexualität als angeboren und folgerten daraus, wie Hirschfeld es formulierte, „daß niemand moralisch geächtet werden dürfe, der eine solche Disposition hat".[4]

Mit der Klassifizierung der Homosexualität als angeboren wurde gleichzeitig ein Kompetenzwechsel von der Psychiatrie zur Biologie eingeläutet. Vor dem Aufkommen der Sexualwissenschaft hatten die Psychiater den Bereich der Homosexualität unter Kontrolle. Die Psychiatrie des 19. Jahrhunderts diagnostizierte Homosexualität als einen pathologischen Geisteszustand, als eine moralische Entartung, die sie als Folge einer Verführung der Jugend ansahen. Sexualwissenschaftler wiesen diese Behauptung zurück und bemühten die Biologie, um Kriterien für die ‚Natur' der Homosexualität zu finden.

Allerdings waren ihre Anstrengungen nicht von Erfolg gekrönt. Zwar wurde eine von ihnen verfaßte Petition zur rechtlichen Gleichstellung von Homo- und Heterosexuellen vor allem von progressiven Politikern unterstützt, doch zeigt die Reichstagsdebatte von 1905, daß sie nicht über eine hinreichende Lobby verfügten. Bei der Diskussion unterlagen diejenigen Abgeordneten, die Homosexualität als eine Spielart der Natur auffaßten, einer Majorität, die sich auf den Standpunkt der Psychiater und Gerichtsmediziner stellte. Deren Argument lautete dahingehend, daß Homosexualität nicht natürlich sein könne, „da die Natur anderenfalls die Homosexualität zur Zeugung und Arterhaltung eingerichtet hätte".[5] Der Reichstag entschied, daß die Petition einer Abstimmung nicht würdig sei.

Erfolgreicher waren die Sexualwissenschaftler in der wissenschaftlichen Diskussion, denn ihre Kriterien sollten für mehr als acht Jahrzehnte die biologischen Grundpfeiler zur Klassifikation der Homosexualität bilden. Hirschfeld konkretisierte den sexologischen Ansatz mit der Entwicklung der sogenannten Zwischenstufentheorie, die in den 1860er Jahren erstmalig von dem deutschen Juristen C. H. Ulrichs formuliert worden war. Für Hirschfeld war Homosexualität eine Zwischenstufe zwischen vollständiger Männlichkeit und Weiblichkeit. Danach waren homosexuelle Männer und Frauen physisch zwar männlich bzw. weiblich, in sexueller und in emotionaler Hinsicht jedoch waren sie mit einer Reihe von Eigenschaften des anderen Geschlechts ausgestattet. Damit klassifizierte Hirschfeld Homosexuelle als Hermaphroditen oder als ein drittes Geschlecht, d. h., er knüpfte ein festes Band zwischen den beiden Klassifikationssystemen für die Sexualität und für das Geschlecht – genauer: für sexuelle Ausrichtung und für biologische Geschlechtsmerkmale.

Die Zwischenstufentheorie stieß zu Beginn des Jahrhunderts nicht auf breite Zustimmung. Sexualwissenschaftler reagierten desinteressiert oder auch ablehnend. Allerdings wurde Hirschfelds Theorie gerade von den Wissenschaftlern zur Kenntnis genommen, die auf dem Gebiet der experimentellen Erforschung der tierischen Intersexualität tätig waren. Hirschfeld selbst hoffte durch die Verbindung der Klassifizierung von Homosexualität und Geschlecht Verbündete für seine Zwischenstufentheorie zu gewinnen.

Mit diesem kurzen Abriß sollten nur die Hauptkriterien zur Klassifikation der Homosexualität dargelegt werden: Sie kann *erstens* als angeboren oder erworben klassifiziert werden; sie kann *zweitens* als natürliche Disposition im Sinne einer biologischen Variation (als nicht-pathologische Anomalie wie etwa auch Farbenblindheit) oder als pathologische Veränderung beschrieben werden. Eine *dritte* Gruppe von Kriterien zielt auf Geschlechts-Charakterisierungen: Homosexuelle können nach männlichen oder nach weiblichen Eigenschaften klassifiziert werden.

Die Klassifikation des Geschlechts

Der zweite relevante Bereich für die Konstruktion der Klassifikationssysteme von ‚sexual bodies' sind biologische Laboratorien, oder genauer: das Labor von Eugen Steinach, einem Wiener Anatomen. 1916 berichtete Steinach, daß es ihm gelungen sei, durch die Verpflanzung von Geschlechtsteilen des jeweils anderen Geschlechts Hermaphroditen herzustellen. Durch diesen Erfolg wurde die experimentelle Lücke zwischen den Klassifikationssystemen der Homosexualität und des Geschlechts geschlossen. In Übereinstimmung mit Hirschfeld hielt Steinach die Homosexualität für eine Form von Hermaphroditismus, was er als Konsequenz aus seinen Experimenten unmittelbar folgerte: „Homosexualität kann der Existenz einer hermaphroditischen Pubertätsdrüse zugeschrieben werden, wie Hirschfeld richtig feststellte, als er über die angeborene Disposition zur Homosexualität sprach."[6] Steinach schlug vor, daß die Hoden homosexueller Männer (Forschung und Theoriebildung zur Homosexualität bezog sich hauptsächlich auf Männer, kaum auf Frauen) abweichende Zellen enthielten, die er als F-Zellen bezeichnete, d. h. Zellen mit einem „feminisierenden oder Homosexualität auslösenden Effekt".[7] Damit war die Homosexualität in den Gonaden lokalisiert. Steinachs Experimente blieben nicht auf Tiere beschränkt. 1916 unternahm er die erste Operation, bei der er Hoden-Material eines heterosexuellen Mannes in einen homosexuellen Mann transplantierte. Medizinische Protokolle weisen insgesamt elf ‚Steinach-Operationen' an homosexuellen Männern zwischen 1916 und 1921 nach.[8] Durch diese Operationen wurden die Praktiken der Sexualwissenschaften und der Biologie definitiv zusammengeschmiedet. Hirschfeld übrigens beteiligte sich aktiv an der Organisierung dieser operativen Maßnahmen, indem er einige seiner Patienten an Chirurgen überwies, die die ‚Steinach-Operation' durchführten.

Steinachs Experimente bildeten nur das Vorspiel für die weitere Suche nach biologischen Markern weiblicher und männlicher Anteile bei Homosexuellen in den nächsten Jahrzehnten. Vor allem das neu entstehende Forschungsgebiet der Sexual-Endokrinologie konzentrierte sich auf diese Suche. Endokrinologen definierten männliche und weibliche Sexualhormone als chemische Stoffe, die das Erscheinungsbild von Maskulinität und Femininität kontrollieren sollten. Die Etablierung dieses Konzepts führte zu wichtigen Veränderungen in der Erforschung und Klassifizierung des Geschlechts.

Erstens wurde der bis dahin hauptsächlich gepflegte deskriptive Ansatz durch einen experimentellen Zugriff abgelöst. Während Anatomen nach dem Organ suchten, das als Sitz der Maskulinität oder Femininität akzeptiert werden konnte, konzentrierten sich die Endokrinologen auf jene kausalen Mechanismen, die die geschlechtliche Differenzierung verursachen. Sie lokalisierten das Geschlecht in chemischen Substanzen und gingen davon aus, daß Geschlecht etwas sei, das man identifizieren und vom Organismus isolieren könne. Aus dieser Chemikalisierung des Geschlechts folgt, daß der Organismus zu viel oder zu wenig von diesen Substanzen enthalten kann. Mit anderen Worten: Das Geschlecht wird meßbar und quantifizierbar, und es kann mittels Labortechniken manipuliert werden.

Zweitens ermöglichte dieser endokrinologische Ansatz einen Verzicht auf die rigoros dualistische Klassifikation von Geschlecht. Wenn man das Wesen des Geschlechts in speziellen Organen wie den Gonaden lokalisiert, können Männlichkeit und Weiblichkeit nur als einander ausschließende Entitäten verstanden werden. In diesem Modell sind weibliche Körper definitiv weiblich und männliche Körper definitiv männlich. Wenn aber das Geschlecht eher durch chemische Substanzen als durch Organe definiert wird, folgt daraus eine Aufweichung der dualistischen Definition von Geschlecht. Nachdem man in den 20er Jahren zunächst vom geschlechtsgebundenen Ursprung und einer ebensolchen Funktion von Sexualhormonen ausgegangen war, modifizierten die Endokrinologen ihre Annahme dahingehend, daß jedes Geschlecht durch seine spezifischen Hormone charakterisiert sei, daß diese jedoch in beiden Geschlechtern jeweils vorhanden seien und funktionelle Aufgaben erfüllten.[9] Damit führten sie eine rein quantitative Klassifikation für das Geschlecht ein, in der der Organismus sowohl über weibliche wie auch über männliche Eigenschaften verfügen konnte. Der amerikanische Gynäkologe Robert Frank drückte das so aus: „Die Erklärung, die sich natürlicherweise und wie von selbst ergibt, läuft auf die Theorie eines bloß quantitativen und fließenden Übergangs vom Männlichen zum Weiblichen hinaus."[10]

Damit war eine neue Klassifikation für das Geschlecht etabliert. Frühere anatomische Definitionen ordneten jedes Individuum nach einem Dreierschema ein: Aufgrund der Bestimmung der Geschlechtsorgane war man männlich oder weiblich; bei der gleichzeitigen Anlage männlicher und weiblicher Geschlechtsorgane galt man als Hermaphrodit. Durch die Einführung des endokrinologischen quantitativen Modells wurde die Klassifikation eines Individuums auf biologischer Basis erheblich erweitert. Die Variationsbreite reichte dabei, wie Frank sich ausdrückte, von „einem virilen bis zu einem verweiblichten Mann" und von „einer maskulinen bis zu einer femininen Frau". Eine holländische Forschungsgruppe um E. Laqueur beschrieb diese Geschlechts-Konzeption folgendermaßen: „Das Vorkommen des weiblichen Hormons im männlichen Organismus gibt Anlaß zu phantastischen Überlegungen ... Es ist jetzt bewiesen, daß in jedem Manne etwas enthalten ist, das eigentlich dem weiblichen Geschlecht angehört. Ob es uns gelingen wird, das individuelle Mischungs-Verhältnis eines jeden Mannes im Sinne eines prozentualen Anteils an Weiblichkeit zu bestimmen, wissen wir nicht."[11]

Die Einführung von Labortests

Die Aktivitäten der Endokrinologen beschränkten sich nicht bloß auf theoretische Bemühungen, sie führten auch Labortests ein, um den „männlichen und weiblichen Faktor" im Organismus zu bestimmen. Im frühen 20. Jahrhundert schlug man vor, das Etikett ‚weiblich' solchen Substanzen zu attribuieren, die den Organismus nach einer operativen Entfernung der Ovarien wiederherstellen konnten. Dieses Kriterium ermöglichte die Anwendung einer ganzen Palette von geeigneten Test-Methoden. Prinzipiell konnte jede veränderte Eigenschaft oder Funktion des Organismus nach Ovariektomie, die durch Substituierung von Hormon-Präparaten rückgängig gemacht wurde, zum Zweck einer biologischen Prüfung weiblicher Sexualhormone genutzt werden.[12] Vorangegangene Forschungen hatten schon das nötige Wissen bereitgestellt, welche Funktionen bzw. körperlichen Eigenschaften durch Ovariektomie beeinflußt wurden.

Bei der Durchsicht von Lehrbüchern und Zeitschriften der 20er Jahre wird rasch deutlich, daß Wissenschaftler eine Vielzahl von biologischen Testverfahren mit ovariellen Präparaten durchführten, wobei hinzuzufügen ist, daß die Ovarien zu jener Zeit als wichtigste Produktionsstätte weiblicher Hormone angesehen wurden. Schauen wir nun ein bißchen genauer, was es mit den verschiedenen Testmethoden auf sich hatte, die die verschiedenen Disziplinen – d. h. die experimentelle Gynäkologie und die Physiologie bzw. Zoologie – beim Studium der weiblichen Hormone anwendeten. In frühen gynäkologischen Studien, durchgeführt in Paris und in Wien, galt das Wachstum des Uterus – oder präziser gesagt, die Gewichtszunahme des Uterus bei ovariektomierten Kaninchen nach Hormon-Substitution – als entscheidendes Kriterium zur Etikettierung der Sexualhormone. Die Wahl dieses Tests kann man als Ausdruck der traditionellen Auffassung in den medizinischen Wissenschaften verstehen, wonach der Uterus als das weibliche Organ par excellence galt. Daneben bevorzugten die Gynäkologen diesen Test auf Grund ihres professionellen Interesses an der Schwangerschaft. Zusätzlich zu den biologischen Prüfverfahren wurden die ovariellen Präparate auch in klinischen Studien zur Behandlung solcher Krankheiten angewendet, die zu Dysfunktionen der Ovarien führten.[13]

Im Gegensatz zu den Gynäkologen führten die Laborwissenschaftler Testverfahren ein, die auf einer größeren Palette von Funktionen und Eigenschaften beruhten. Physiologen und Zoologen studierten den Effekt von Hormonpräparaten auf das Gefieder von Haushühnern; auf das Wachstum der rudimentären Brustansätze bei männlichen Mäusen; auf das Wachstum der Vulvae und der Brustdrüsen bei jungen weiblichen Ratten; sowie auf Muskelaktivität, den basalen Metabolismus und die Blutwerte von Calcium und Zucker bei Mäusen und bei Frauen.[14] Der Umstand, daß hier eine größere Testbreite als bei den Gynäkologen vorherrschte, steht im Zusammenhang mit dem traditionellen physiologischen Verständnis, wonach der tierische Organismus stets in allen seinen Aspekten untersucht werden sollte. Verschiedene Tests dienten verschiedenen Zwekken. Der Feder-Test zum Beispiel diente hauptsächlich zur Prüfung der Dauer der Hormonwirkung. Er wurde zudem als nützlich betrachtet, weil die Hormone einen kontinuierlichen und permanenten Einfluß auf das Federwachstum hatten, ganz im Gegensatz zum Uterus-Test, wo die Wirkung zeitlich begrenzt war.[15] Der Wachstumstest an den Brustrudimenten männlicher Mäuse wurde als Indikator für die Wirkung sehr geringer Mengen des Hormon-Präparats genutzt.[16]

An den Untersuchungen über Sexualhormone waren auch Psychologen beteiligt, die Verhaltensstudien durchführten. William C. Young, ein Tierpsychologe aus Chicago, testete die weiblichen Hormone am Reproduktionsverhalten. Frühere Studien hatten gezeigt, daß bei niederen Säugern, wozu gerade die im Labor bevorzugten Meerschweinchen, Mäuse und Ratten gehörten, die Weibchen nur in einer bestimmten Phase (Östrus oder Brunstzeit) empfängnisbereit sind. Nach experimenteller Ovariektomie verschwanden diese Perioden sexueller Aktivität, konnten jedoch durch Injektion weiblicher Hormone wieder hervorgerufen werden.[17] Dieser Verhaltenstest wurde nur in der Frühzeit der Untersuchungen zu Sexualhormonen durchgeführt.

Allerdings konnten sich Laborwissenschaftler und Gynäkologen nicht darüber verständigen, welcher Test als entscheidender Beweis für die Existenz eines ‚weiblichen Prinzips' im ovariellen Extrakt gelten sollte. So mußten sich die Gynäkologen den Vorwurf gefallen lassen, klinische Untersuchungen vorgenommen zu haben, bevor die physiologischen und pharmakologischen Wirkungen der ovariellen Präparate überhaupt klar waren. Zudem hielten die Laborwissenschaftler den von den Gynäkologen entwickelten Uterus-Test für inadäquat.[18] Die Auseinandersetzung über angemessene Prüfverfahren für Sexualhormone war Bestandteil eines allgemeineren Streits zwischen Klinikern und Laborwissenschaftlern, der für diese Periode der Medizingeschichte als geradezu typisch gelten kann. Das frühe 20. Jahrhundert brachte eine zunehmende Professionalisierung der Wissenschaften mit sich. Laborwissenschaftler reklamierten für sich den Anspruch auf die größte Autorität von allen verschiedenen Gruppen, die Kliniker eingeschlossen, die sich professionell mit organischen Naturerscheinungen beschäftigten. Gegen die Kliniker hoben sie die Überlegenheit physiologischer Methoden über klinische Testverfahren und damit ihren Experten-Status für den Geltungsbereich von Testverfahren hervor, wodurch auch die Demarkationslinien ihrer eigenen Profession klar definiert wurden.[19]

1923 führten Laborwissenschaftler einen neuen Test ein, der ihrer Ansicht nach viel besser als alle vorangegangenen war, um die Wirkung ovarieller Präparate zu messen.[20] Zwei amerikanische Wissenschaftler, Edgar Allan, ein Anatom aus Yale, und Edward Doisy, ein Biochemiker aus St.Louis, führten den vaginalen Abstrich-Test ein. Dieser Test bestand in der Feststellung cytologischer Veränderungen in der Vagina bei ovariektomierten Mäusen und nach Hormon-Applikation. Der Vaginal-Abstrich wurde als geradezu revolutionär angesehen, weil er die Forscher in die Lage versetzte, die Vorgänge in den Geschlechtsorganen ohne chirurgische Eingriffe zu verfolgen. Cytologische Veränderungen der Vagina konnten einfach festgestellt werden, indem der Abstrich unters Mikroskop gebracht wurde. Im Vergleich zu anderen Verfahren, die zeitraubende chirurgische Interventionen erforderten, was zudem teuer war, da für jeden neuen Versuch neue Tiere verbraucht wurden, war dieser Test schnell durchzuführen und kostengünstig. Diese instrumentellen Vorteile waren der Hauptgrund dafür, daß der Vaginal-Abstrich bei der *Ersten Konferenz zur Standardisierung der Sexualhormone* 1932 in London zum Standard-Test für die Erforschung weiblicher Sexualhormone deklariert wurde.[21]

Einer ähnlichen Logik wie bei der Erforschung weiblicher Hormone folgend, entschied man sich dafür, das Etikett ‚männliches Sexualhormon' denjenigen Substanzen zuzuschreiben, die nach der Entfernung der Hoden zur Wiederherstellung des Organismus führten. Im Prinzip wurde jedes Merkmal, das sich nach Kastration veränderte, als brauchbarer Parameter angesehen. Der entscheidende Unterschied bei der Erforschung der männlichen Sexualhormone besteht darin, daß ausschließlich Laborwissenschaftler, vor allem Physiologen und Zoologen, einige Tier-Psychologen und später Biochemiker beteiligt waren. Einer der frühesten Tests galt dem Kamm-Wachstum bei kastrierten Hähnen: der sogenannte Kamm-Test. Dabei wurde die Kammgröße vor und nach Hormonbehandlung gemessen. Laqueur und seine Mitarbeiter in Amsterdam nutzten die Photographie, indem sie die Silhouette des Kamms photographierten und damit Veränderungen in der Kamm-Größe einfach registrieren konnten.[22] Die Entscheidung für diesen Test war einer der Gründe dafür, daß sich die Erforschung männlicher Sexualhormone nicht so rasch ausbreitete wie die der weiblichen. Man kann sich leicht vorstellen, daß die Haltung von Hähnen nicht unproblematisch war, zumal die meisten Laboratorien jener Zeit nur über wenig Platz verfügten. Trotz dieses Nachteils galt der Kamm-Test als brauchbare Methode, weil die Versuchstiere mehrfach verwendet werden konnten und es recht einfach war, die Veränderungen des Kamms zu verfolgen.[23]

Zusätzlich zum Kamm-Test führten die Physiologen als Parameter Veränderungen in den Fett-Depots, Körpergröße und -gewicht sowie Haarwachstum bei Ratten und Meerschweinchen ein. Auch hier illustriert die Breite der Tests das Interesse an allen Aspekten der tierischen Körperfunktion. Ab 1930 war der Kamm-Test der am meisten verbreitete. Bei der *Zweiten Konferenz zur Standardisierung der Sexualhormone* 1935 in London wurde er als Standard-Test für männliche Sexualhormone anerkannt.[24]

Geschlechts-Tests für Homosexuelle

Mit der Einführung dieser Standard-Tests wurde das Band zwischen den Klassifikationssystemen der Homosexualität und des Geschlechts fest geknüpft. Während Steinachs Experimente noch am Rand der wissenschaftlichen Bühne operierten, rückten die Endokrinologen diese Klassifikationspraktiken unmittelbar ins Zentrum der Wissenschaften vom Leben. In den 30er Jahren wurden die Laborwerkzeuge zur Messung der Sexualhormone für die Bestimmung des ‚weiblichen' und des ‚männlichen' Faktors bei Homosexualität angewendet. Die wissenschaftliche Diagnose der Homosexualität durch Endokrinologen lautete:

endokrine Gleichgewichtsstörung. 1935 beschrieb Clifford Wright, ein Allgemeinarzt aus Los Angeles, die hormonelle Ätiologie der Homosexualität wie folgt:

„Alle Individuen sind zum Teil männlich und zum Teil weiblich, d. h., sie sind bisexuell. Dieses Faktum wird durch Hormon-Bestimmungen im Urin bewiesen. Der Urin eines normalen Mannes bzw. einer normalen Frau enthält Hormone des männlichen und des weiblichen Typs ... Beim normalen Mann dominiert das normale männliche Hormon, bei der normalen Frau das normale weibliche Hormon. Dies ist meiner Ansicht nach die Ursache der normalen sexuellen Ausrichtung. Bei Homosexuellen ist das Verhältnis umgekehrt. Beim Mann dominiert das weibliche Element, und bei der homosexuellen Frau dominiert der männliche Faktor."[25]

Ärzte untersuchten den Urin ihrer homosexuellen Patienten (zumeist Männer) in ihrer Privatpraxis oder in der Klinik, um die Anteile männlicher und weiblicher Sexualhormone zu bestimmen. Der Vaginal-Abstrich wurde zur Bestimmung des ‚weiblichen Elements' herangezogen; der ‚männliche Faktor' wurde mit dem Kamm-Test gemessen. Die Resultate wurden anschließend mit der Hormon-Ausscheidung im Urin von ‚normalen Männern und Frauen' (sprich: Heterosexuellen) verglichen. Die ‚normale' Ausscheidung von männlichen Sexualhormonen bei Männern wurde auf einen Normalwert von 25–45 Kastraten-Einheiten (capon unit) festgesetzt, wohingegen das Exkret der weiblichen Hormone den Wert von 12–14 Maus-Einheiten nicht überschreiten sollte.[26] Homosexualität wurde somit in den Kategorien von Kastraten- und Maus-Einheiten beschrieben.

Mit der Einführung dieser Tests wurde die Laborpraxis mit der Gerichtspraxis verflochten, denn der Homosexualitäts-Test wurde nicht nur zu medizinischen Zwecken durchgeführt. Gerichtsfälle machten einen Teil der ärztlichen Praxis aus, und da die Ausübung der Homosexualität als krimineller Akt angesehen wurde, war die Untersuchung der ‚wahren Natur' solcher Menschen, die man der Homosexualität verdächtigte, von höchster Bedeutung.[27] Endokrinologen nahmen nun für sich in Anspruch, über einen wissenschaftlichen Test zu verfügen, um die ‚biologischen Marker' der Homosexualität zu messen. Mit der Einführung der Hormon-Bestimmungen war die Erwartung verbunden, zwischen ‚wirklich angeborener' und ‚erworbener' Homosexualität unterscheiden zu können.

Zusammenfassend können wir feststellen, daß die Labortests zur Klassifikation von Sexualität wie auch von Geschlecht fungierten. Ihre Anwendung erlaubte Differenzierungen zwischen Homo- und Heterosexualität, zwischen angeborenen und erworbenen Formen der Homosexualität, zwischen maskulinen und femininen Frauen ebenso wie zwischen femininen und maskulinen Männern, und endlich zwischen biologischer Variante und pathologischem Fall. Im

Hinblick auf dieses letzte Kriterium war Hirschfelds Anliegen, Homosexualität als Variante und nicht als krankhaft anzusehen, gescheitert. Homosexualität blieb eine pathologische Veränderung, eine unerwünschte Anomalität, die durch medizinische Behandlung ‚geheilt' werden mußte. Bald nachdem die ersten Sexualhormone chemisch identifiziert und synthetisiert worden waren, wurden Homosexuelle zunehmend mit ‚geeigneten Sexualhormonen' behandelt, um ihre sexuelle Ausrichtung zu verändern.[28] In den 30er und 40er Jahren wurden viele männliche Homosexuelle mit männlichen Hormonen behandelt, aber auch in jüngerer Zeit (in den 60er und 70er Jahren) beanspruchten deutsche Neurochirurgen die ‚Heilung' von Homosexuellen durch operative Entfernung von bestimmten Teilen des Hypothalamus, die als „weibliches Sexual-Zentrum" angesehen wurden.[29] Wir können also davon ausgehen, daß das Klassifikationssystem als therapeutischer Akt fungierte, wodurch die Homosexualität in das Schema der Krankheiten eingeordnet wurde.

Experimentelle Praktiken und Klassifikationssysteme

Was können wir aus der Fokussierung auf Labortechniken schließen, um die Konstruktion von Klassifikationssystemen besser zu verstehen? Diese Fallstudie legt nahe, daß Klassifikationen tatsächlich in einem viel größeren Maße von Experimentalpraktiken geprägt sind als bloß von Ideen und Konzepten. Diese Praktiken haben einen erheblichen Einfluß auf die Bestimmung von Homosexualität.[30] Die Einführung von Labortests führte zu einer Abwendung von der Psyche hin zur Physis; ein Wandel, der die auf Verhaltenskategorien basierenden Kriterien zugunsten der Bestimmung innerer Körpereigenschaften ablöste; ein Wechsel zudem von einem deskriptiven zu einem experimentellen Modell. All das mündete in diagnostische Techniken und in medizinische Eingriffe.

Darüber hinaus ermöglicht uns der Blick auf die Labortechnologien ein besseres Verständnis, wie der Diskurs über Sexualität mit dem Diskurs über das Geschlecht verflochten wurde. Durch die Labortechniken wurden zwei verschiedene Klassifikationspraktiken – zum einen die des Labors und zum anderen die der Sexualwissenschaftler bzw. der Gerichte – amalgamiert. In diesem Kontext gewann das Klassifikationssystem der Homosexualität erhebliche Stoßkraft und blieb bis in die späten 80er Jahre hinein unbeschädigt. Erst 1988 wurde die Homosexualität von der WHO-Liste der Krankheiten gestrichen. Ebenso wurde erst in den letzten Jahren die Klassifikation der Homosexualität in den Koordinaten von männlichen oder weiblichen Charakteristika in Frage gestellt. Die Fixierung auf die Eigenschaften des jeweils anderen Geschlechts scheint sowohl aus dem Diskurs der Bio-Wissenschaften wie aus dem der Schwulenbewegung – wenigstens in den Niederlanden – zu verschwinden. Wenn wir Klassifikation als eine Konvention betrachten, die als Reaktion auf Laborpraktiken etabliert und auch modifiziert wird, werden wir wohl noch erleben, daß die Klassifikationssysteme für Sexualität und für Geschlecht wieder entflochten werden.

(Übersetzung: Michael Hagner)

Anmerkungen

1 E. A. Murphy: Classification and its alternatives, in: H. T. Engelhardt/F. Spicker/B. Towers, Clinical Judgement, A Critical Appraisal, Dordrecht 1979, S. 59–85.

2 Über die Rolle des Experiments vgl. die Studien von P. Galison: How Experiments End, Chicago 1987; A. Franklin: The Neglect of the Experiment, Cambridge 1986; G. N. Gilbert/M. Mulkay: Experiments are the key: Participants histories and historians histories of science, Isis 75, 1984, 105–125; I. Hacking: Representing and Intervening. Introductory Topics in the Philosophy of Natural Science, Cambridge 1986.

3 Meine Analyse dieser Debatte basiert hauptsächlich auf G. Schmidt: Allies and persecutors: Science and medicine in the homosexuality issue, Journal of Homosexuality 10, 1984, 127–141.

4 Hirschfeld zit. nach Schmidt, Anm. 3, S. 128.

5 Deutscher Reichstag 1905, zit. nach Schmidt, Anm. 3, S. 129.

6 Schmidt, Anm. 3, S. 137.

7 Ebenda.

8 Ebenda, S. 133.

9 Für eine ausführliche Analyse dieser Debatte siehe N. Oudshoorn: Endocrinologists and the conceptualization of sex, 1920–1940, Journal of the History of Biology 23, 1990, 163–186.

10 R. T. Frank: The Female Sex Hormone, Springfield and Baltimore 1929, S. 115.

11 E. Borchardt/E. Dingemanse/S. E. de Jongh/E. Laqueur: Over het vrouwelijk geslachtshormoon Menformon, in het bijzonder over de anti-masculine werking, Nederlands Tijdschrift van Geneeskunde, 1928, 1028.

12 Frank, Anm. 10, S. 887.

13 R. G. Gustavson: The bioassay of androgens and estrogens, in: E. Allen, Sex and Internal Secretions, 2. Aufl., Baltimore 1939, S. 887–901.

14 Frank, Anm. 10, S. 109.

15 A. S. Parkes: Off Beat Biologist. The Autobiography of Alan S. Parkes, Cambridge, England 1985, S. 515.

16 E. Allen/F. L. Hisaw/W. U. Gardner: The endocrine function of the ovaries, in: E. Allen, Sex and Internal Secretions, Anm. 13, S. 452–595.

17 Ebenda, S. 503.

18 M. Borell: Organotherapy and the emergence of reproductive endocrinology, Journal of the History of Biology 18, 1985, 1–30.

19 Ebenda, S. 4, 11, 18.

20 Frank, Anm. 10, S. 887.

21 H. H. Dale: Conference of the standardisation of sex hormones held at London on July 30th and August 1st 1932, Quarterly Bulletin of the Health Organisation of the League of Nations 4, 1935, 121–128.

22 Frank, Anm. 10, S. 807f.

23 M. Tausk: Over een mannelijk geslachtshormoon, Het Hormoon 1, no. 7, 1932, 50.

24 H. H. Dale: Report of the Second Conference on the standardisation of sex hormones, held in London July 15th to 17th 1935, Quarterly Bulletin of the Health of the League of Nations 4, 1935, 618–630. – Für eine weitergehende Analyse der Einführung von Testmethoden in die Hormonforschung siehe N. Oudshoorn: On measuring sex hormones: The role of biological assays in sexualizing chemical substances, Bulletin of the History of Medicine 64, 1990, 243–261.

25 C. A. Wright: Further studies of endocrine aspects of homosexuality, Medical Records, May 18, 1938.

26 Ebenda, S. 450.

27 Ebenda, S. 449.

28 H. F. L. Meyer-Bahlburg: Psychoendocrine research on sexual orientation. Current status and future options, Progress in Brain Research 61, 1984, 375–399.

29 Schmidt, Anm. 3, 135.

30 N. Oudshoorn: Homo's, hersenen en hormonen, Homologie 12, no. 3, 1990, 4–8.

Hans-Jörg Rheinberger

Vom Mikrosom zum Ribosom

‚Strategien' der ‚Repräsentation' 1935–1955*

Im Titel dieser Arbeit steckt die Anlage zu einem doppelten Mißverständnis. Es ist von *Strategien* die Rede und von *Repräsentation.* Zu einer Strategie wird üblicherweise ein *Ziel* gedacht, zu einer Repräsentation ein *externer Referent.* Beiden Denkfiguren werde ich versuchen, den Boden zu entziehen. Am Ende wird sich gezeigt haben, daß die *experimentelle* Forschung über ‚Strategien' läuft, die kein Ziel haben und ‚Repräsentationen' erzeugt, die sich auf nichts beziehen, was der Tätigkeit des Repräsentierens nicht inhärent wäre. „Nein", sagt Michel Serres. „Wer forscht, der weiß nicht, der tastet, bastelt, zögert, hält seine Dinge am Schweben. Nein, er konstruiert nicht, dreißig Jahre vor seiner Verwirklichung, den Rechner von übermorgen, denn er sieht ihn nicht voraus, wie wir, die wir ihn kennen und seitdem benützen, etwa schließen könnten. ... Ja, er kommt wie durch ein Wunder zu einem Ergebnis, das er nicht wohl voraussah, das er aber dennoch suchte, das er also sah, ohne es zu sehen." Und Serres vergleicht die Wissenschaft in ihrer Geschichte als ein Werk der Zeit, mit den „Verästelungen eines variablen Flußbetts, seinen vielen Zuflüssen und Rinnen, in denen die Ströme auf abenteuerliche Hindernisse, Sperren, Staus und Vereisungen treffen, sich durch Beugen und Passagen zwängen, an Eisbrüchen vorbei, ganz zu schweigen von den beständigen Turbulenzen, den Gegenströmungen, die den Flußlauf umkehren, den blind endenden Verzweigungen und den toten Hinterwässern ..."[1]

Seit Bruno Latours und Steve Woolgars Arbeit über Labor-Inskriptionen[2] und seit Ian Hackings Reflexionen über Repräsentieren und Intervenieren[3] beginnt das Problem der Repräsentation in der Wissenschaftspraxis die Aufmerksamkeit der Wissenschaftshistoriker zu beanspruchen.[4] Ich will hier meine Bemerkungen über ‚Repräsentation' als einen Prozeß der Spurenerzeugung nicht wiederholen.[5] Aber ich möchte darauf hinweisen, daß im folgenden der Ausdruck ‚Repräsentation' gewissermaßen ‚sous rature' gebraucht wird. Das ist in einem doppelten Sinne zu verstehen. ‚Sous rature' ist zunächst einmal seine traditionelle Bedeutung der Stellvertretung. Wie sich zeigen wird, läuft meine Erzählung darauf hinaus, daß es letztlich so etwas wie die Repräsentation eines Wissenschaftsobjekts oder ,epistemischen Dings' gar nicht gibt, da am Ende sich die Repräsentation immer schon als das Wissenschaftsobjekt selbst herausstellt. Sodann gibt es keine Repräsentation ohne eine *Kette* von Repräsentationen, mit dem unmittelbaren *caveat,* daß eine Repräsentationskette „eine Kette ist, in der kein Glied in einer Beziehung von Ursache und Wirkung steht, weder zu dem nachfolgenden, noch zu dem voraufgehenden".[6] Schließlich erweist sich der Prozeß wissenschaftlichen Repräsentierens als ein Prozeß ohne ,Objekt' und ohne ,Ursprünge'. So paradox es klingen mag, genau das ist die Bedingung seiner vielzitierten Objektivität und, wie man hinzufügen kann, seiner besonderen Historizität.[7]

Das Hühnertumor-I-Agens[8]

Als Albert Claude sich am Freitag, den 13. September 1929 von Antwerpen nach New York einschiffte, um seine Arbeit bei James Murphy am Rockefeller-Institut für Medizinische Forschung aufzunehmen, wußte er, was er wollte. „Mein Vorschlag war", erinnert er sich, „mit chemischen und biochemischen Mitteln die Konstitution des Rous'schen Hühnertumor-I-Agens zu isolieren und zu bestimmen".[9] Dieses „filtrierbare" Prinzip, wie man es nannte, hatte Peyton Rous erstmals im Jahre 1910 aus Sarkomgewebe gewonnen, und er hatte in ihm etwas vermutet, was man damals als „virales", im Lichtmikroskop nicht sichtbares Agens von Mikroben zu unterscheiden begann.[10] Onkologen begegneten der Botschaft mit „entschiedenem Unglauben".[11] Rous selbst gelang es nicht, ähnliche Substanzen aus menschlichen Tumoren zu gewinnen, und so wandte er sich enttäuscht und sicher nicht ohne aktuellen Anlaß 1915 der Blutkonservierung zu. Erst etwa 15 Jahre später nahm sich James Murphy, der frühere Mitarbeiter von Rous und damalige Direktor des Krebslabors am Rockefeller-Institut, erneut des Tumoragens an. Nachdem inzwischen eine Reihe weiterer, sehr spezifischer übertragbarer Geflügel-Tumoren bekannt geworden waren, begann er den Verdacht zu hegen, es könne eine zelleigene Substanz von „enzymartiger Natur" dahinterstehen, die man „von den Krankheitserregern der Virusklasse" zu unterscheiden hatte.[12] Murphy machte sich zunächst daran, die Substanz mit den geläufigen Methoden der sauren Fällung und Elektrodialyse zu reinigen. Claude versuchte es im Anschluß mit der Adsorption an kolloidales Aluminiumhydroxid. Das Ergebnis war „enttäuschend": Die Adsorption war irreversibel; das Material ging also verloren.[13] Aber es gab auch eine *Überraschung.* Es stellte sich nämlich heraus, daß im nicht adsorbierten Material zwar wenig, jedoch sehr aktives Tumoragens übrigblieb. Claude hatte unverhoffterweise einen Weg gefunden, selektiv ein „hemmendes Prinzip" vom aktiven Krebsagens abzutrennen. Diesen Weg verfolgte er weiter, und in den nächsten Jahren gelang es ihm, durch Kopräzipitation mit Gelatine und durch Dialyse einige weitere Beimischungen zu entfernen. Das Resultat war eine etwa 20-fache Anreicherung des Tumoragens. Die chemische Analyse legte nahe, daß es mindestens aus „einem Protein und einem Phospholipoid" bestehen könnte.[14] Obwohl Murphy und seine Kollegen bereits 1931 einen positiven Nukleinsäuretest erhalten und aufgrund der verminderten Antigenizität des Isolats auf einen „nicht-proteinhaltigen" Stoff getippt hatten,[15] blieben Claudes Versuche, zusammen mit Alexandre Rothen eine Nukleinsäure mittels UV-Absorption nachzuweisen, unschlüssig.[16] Um 1935 kam die Arbeit ins Stocken.

Differentielle Zentrifugation: Vorstoß ins Unsichtbare

Als ebenfalls im Jahre 1935 zwei erfolgreiche Versuche bekannt wurden, Hühnertumor-Agentien mit Hilfe der Ultrazentrifuge zu sedimentieren,[17] machte sich Claude sofort daran, dieses Instrument in sein Experimentalsystem einzubauen.[18] In weniger als zwei Jahren gelang es ihm,[19] durch differentielle Zentrifugation (Tab. 1) im 14000fachen Schwerefeld das krebserregende Agens von einem zelleigenen Hemmstoff zu befreien[20] und es 2800fach zu konzentrieren.[21] Das sedimentierte Material bestand zu etwa einem Drittel aus Lipiden, zu etwa 10–15 % aus Nukleinsäuren vom Ribosetyp und zur Hälfte aus Proteinen.[22]

War dieses Material das Tumoragens? Und wenn, welches war die „verursachende" Komponente? 1928 hatte Murphy eine enzymartige Substanz favorisiert. 1931 schien eine Nicht-Proteinkomponente ins Spiel zu kommen. 1935 lagen ein Protein und ein Phospholipoid vorne. Mit dem Zentrifugensediment kam nun eine Nukleinsäure in den Blickpunkt,[23] und es schien zumindest möglich, daß der Lipidbestandteil nur als „zufällige Beimischung des aktiven Prinzips"[24] anzusehen war.

Zur gleichen Zeit jedoch begannen die Dinge, durch ein anderes unerwartetes Ereignis überlagert zu werden. In parallelen Experimenten isolierte Claude aus normalem embryonalen Hühnergewebe eine Fraktion, die „in ihren Haupteigenschaften der aktiven Fraktion des Hühnertumor I gleicht".[25] Man hat darauf als eine jener für die Forschung charakteristischen Situationen verwiesen, wo die Kontrolle zum ‚eigentlichen' Experiment wird.[26] Zwei Interpretationen waren möglich. Entweder waren die Hauptbestandteile der Tumorfraktion bloß „inerte Elemente, die auch in normalen Zellen existieren". Oder „die Substanz, die man in normalem Hühnerembryonen-Gewebe findet", stellte vielleicht eine „Vor-

Tab. 1: Fraktionierung eines Hühnertumor-Filtrates durch Hochgeschwindigkeitszentrifugation (Claude 1937b, Anm. 20, dort Tabelle 2).

	Fraction No.	Inoculation tests (24 day old tumors)			
		No. of areas injected	Positive inoculations	Average size of tumors	Index of activity
			per cent	*cm.*	
33 cc. Berkefeld filtrate { clear; pH 7,3; total solids, 2.30 mg. per cc.; viscosity = 1.87 }	1	10	100	1,8×1.5	270
↓ 5 min. 17,000 R.P.M.					
Sediment { minute deposit; light brown; discarded } — *Supernatant fluid* { very clear; Tyndall effect uncertain } ↓ 3 hrs. 17,000 R.P.M.					
5.5 cc. tube { Surface layer (1 cc.)	2	4	25	1.2×0.8	24
2nd " (1 ")	3	4	50	1.4×1.2	84
3rd " (1 ")	4	4	50	0.8×0.7	28
4th " (1 ")	5	4	50	1.4×1.1	77
5th " (1 ")				No test	
6th " (0.5 cc.)	6	4	100	2.3×1.7	391
Sediment { thin film; white; 2 mm in diameter }					
Sediment from 33 cc. filtrate (combined in 5.5 cc. Tyrode's solution of pH 8.8) ↓ 5 min. 3,000 R.P.M.					
Sediment (discarded) — *Supernatant fluid* { homogeneous; Tyndall effect positive } ↓ 24 hrs. 17,000 R.P.M.					
Wash water (clear)	7	2	100	0.9×0.8	72
Washed sediment { resuspended in 5.5 cc. Tyrone's solution; homogeneous; transparent; Tyndall effect positive; no absorbing power for ultraviolet light }					
Washed sediment, diluted { volume made up to 33 cc. with Tyrode's solution; total solids from filtrate 0.0008 mg. per cc. }	8	6	100	2.0×1.6	320
Berkefeld filtrate, diluted { 1:10 with Tyrode's solution; total solids 0.23 mg. per cc. }	8	6	100	2.0×1.6	320

stufe des Hühnertumor-Prinzips dar, die unter gewissen Bedingungen die selbstvermehrenden Eigenschaften des Tumoragens annimmt".[27]

Damit war ein Experimentalprozeß in Gang gesetzt, der sich seinen eigenen Weg zu bahnen anfing und schnell vom Tumoragens wegführte, das Claude fast zehn Jahre lang beschäftigt hatte. Eine alternative Option kam ins Spiel. Die differentielle Ultrazentrifugation, zunächst eingesetzt, um ein submikroskopisches *Krebsagens* zu gewinnen, versprach ein Mittel zu werden, das Cytoplasma *normaler Zellen* zu fraktionieren.

Vom Tumorprinzip zum „Mitochondrium"

Das Hühnertumor-Agens begann aus dem Blickfeld zu rücken. Einerseits hatte die Hochgeschwindigkeits-Fraktionierung die ganze bisherige Hühnersarkom-Forschung in Frage gestellt. Andererseits öffnete sie ein neues Feld. Claude begann mit „Partikeln des *Cytoplasmas*" zu hantieren.[28] Unter dem Gesichtspunkt ‚Experimentalstrategien' ist dieser Übergang charakteristisch für etwas, das man als *unscharfes Programm* bezeichnen könnte,[29] und das Claude zwischen Krebsforschung und Cytomorphologie *fluktuieren* ließ. Er ließ sich dabei jeweils von den aktuellen Ergebnissen den nächsten Schritt vorgeben. Das Tumoragens sollte ein halbes Dutzend Jahre später sein elektronenmikroskopisches Comeback feiern.[30]

Die *differentielle Zentrifugation* versprach, einen neuen *Raum* cytoplasmatischer *Repräsentation* zu erschließen. Bis dahin war die Cytomorphologie die Domäne lichtmikroskopischer Beobachtung und korrespondierender präparativer Fixierungs- und Färbemethoden gewesen. „Mitochondrien"[31] hatte man seit vielen Jahrzehnten in Zellen ausgemacht, ebenso eine basophile Grundsubstanz, für die der Name „Ergastoplasma"[32] geläufig geworden war. Nach seinem Färbeverhalten zu urteilen, enthielt letzteres Ribonukleinsäuren, von denen Torbjörn Caspersson vermutete, sie spielten bei der Eiweißbildung eine Rolle.[33]

Als Claude 1941 auf einem Symposium in Cold Spring Harbor über seine Arbeit berichtete, war das Tumoragens zur Marginalie geworden. Er konstatierte ohne weitere Einschränkung, daß die aus Tumorzellen isolierten Partikel „sich von ähnlichen, aus anderem tierischen Gewebe isolierten [Partikeln] nicht zu unterscheiden scheinen".[34] Aus einem Tumoragens war ein cytoplasmatisches Teilchen geworden. Das neue Objekt schälte sich gewissermaßen aus der Hülle des alten Experimentalsystems heraus.

Die desintegrierten Zellen wurden einer Serie von drei Zentrifugationsschritten unterworfen: Ganze Zellen, Zellfragmente und Kerne sedimentierten in 5

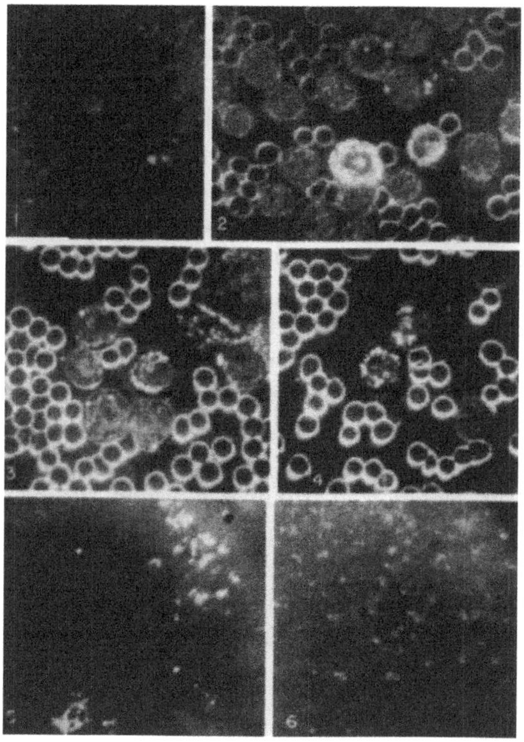

Abb. 1: Dunkelfeld-Aufnahmen isolierter zytoplasmatischer Partikel, Vergrößerung × 1000. 1. Ratte, Leukämie. „Kleine Partikel". 2. Ratte, Leukämie. Normale und leukämische Blutzellen. 3. Ratte, Leukämie. Hepariniertes Blut. Lymphoide Zellen. 4. Dass., aber gereinigte Partikel zum Plasma zugegeben. 5. Meerschweinchenleber. „Kleine Partikel", bei pH 6 agglutiniert. 6. Meerschweinchenleber. Gereinigte „Bensley"-Granula (Claude 1941, Anm. 28, dort Abbildung 1–6, hier halbe Größe).

Minuten bei 2000 x g. Nach weiteren 5 Minuten bei 18000 x g erhielt man Partikel von der Größenordnung zwischen 0,5 und 3 µm, die „großen Granula", „sekretorischen Granula" oder „Bensley-Granula".[35] Die interessanteste Fraktion war die der „kleinen Partikel", die sich nach 1 Stunde bei 18000 x g am Boden des Zentrifugenröhrchens sammelten, und deren Größe Claude auf 60–200 mµ schätzte. Sie waren im Dunkelfeld gerade noch als reflektierende Punkte sichtbar zu machen (Abb. 1). Claude tendierte zu der Vermutung, „diese granulären Elemente könnten Mitochondrien sein",[36] vielleicht auch Elemente, aus denen sich die größeren, spezialisierten Mitochondrien aufbauen mochten. Ihre chemische Zusammensetzung jedenfalls wie ihre Instabilität gegenüber Säuren und Erhitzung ließen sich als Indiz dafür deuten.

Die Technik der differentiellen Ultrazentrifugation erlaubte einerseits eine fraktionierte Darstellung des Zellsaftes, welche die der Lichtmikroskopie gesetzten Grenzen überschritt. Andererseits aber brachte sie eine neue Dimension von *Zuordnungs*problemen mit sich. Die traditionellen Techniken der Lichtmikroskopie von Zellgewebe hatten zu einer metastabilen, wenn auch nicht hochauflösenden Repräsentation subzellulärer Strukturen geführt. Die neue Technik *zerstörte* die Zellen und trennte ihre Komponenten aufgrund ihres Sedimentationsverhaltens im Schwerefeld. Die klassischen Darstellungen *in situ* konnten, wie begrenzt auch immer, beanspruchen, ein ‚Bild' von ganzen Zellen zu vermitteln. Aber die Zentrifugationstechnik lieferte eine *Repräsentation ohne Bild.* Wie sollte man die Sedimente den verschiedenen Strukturen zuweisen, die das Lichtmikroskop zeigte? Trennte man hier scharf nach Größe unterschiedene Gruppen von Teilchen oder machte man willkürliche Schnitte in ein Kontinuum von Partikeln, die das Cytoplasma bevölkern mochten?

Was hier – noch – ‚Repräsentation' genannt wird, hat bereits die Bedeutung der Produktion, Charakterisierung, Isolierung, Reinigung eines Wissenschaftsobjekts angenommen. Die tendenzielle Entkopplung von Repräsentation und Bild führt zwangsläufig zu einer Unterminierung der traditionellen Konnotationen dieses Begriffs. Wenn ein ‚epistemisches Ding' sich in einem Experimentalsystem, einem Raum materieller Repräsentation zu artikulieren beginnt, ist man immer schon über Begriffe wie Bild oder Abstraktion hinaus. Wenn es hier überhaupt so etwas wie eine ‚Einbildung' gibt, dann ist es die Vorstellung einer Zelle außerhalb eines repräsentationalen Kontextes, eines Raums materieller Verfügbarmachung, eines Feldes von Eingriffen, aus und in dem sich experimentelle Signifikanten erst ‚bilden' können.[37]

Vom „Mitochondrium" zum „Mikrosom"

Etwa zwei Jahre lang galten die „kleinen Partikel" als Mitochondrien. Dann ließ Claude diese Zuordnung fallen. In geeigneten Pufferlösungen resuspendiert, enthielt das Sediment der „kleinen Partikel" keine Teilchen mehr, welche die übliche Größe der Mitochondrien hatten. Er gab den „kleinen Partikeln" der „submikroskopischen" Fraktion nun den Namen „Mikrosomen",[38] machte damit ihrem kurzen Dasein als Mitochondrien ein Ende und versuchte, die entstandene Irritation mit einem suggestiven Ausdruck zu beseitigen, der ihm als „unverfänglich" erschien.[39] Er sollte sich nur auf die Größe der Partikel beziehen, und auch das in einer eher vagen Form. Das Problem war nur: Man konnte sie nicht *sehen.* Dennoch mußten es *Partikel* sein, denn sie *sedimentierten* im vielfachen Schwerefeld. Die Zentrifuge war in einen Bereich vorgestoßen, der sich der optischen Kontrolle entzog.

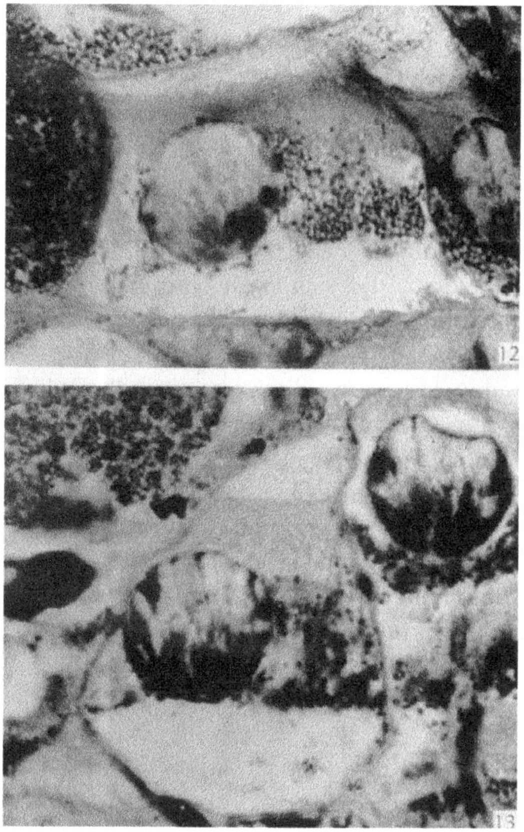

Abb. 2: Leber von Amphiuma. Intrazelluläre Segregation der morphologischen Komponenten von Leberzellen, 60 Min. Zentrifugation bei 18000 × g. Lichtmikroskopisch bei 1000 × aufgenommen, Endvergrößerung hier 1400 × (Claude 1950, Anm. 48, dort Abbildung 12 und 13).

Die Zelle im Zentrifugenröhrchen: Sehen, was man nicht sehen kann

In dieser Situation verfiel Claude auf einen eleganten Darstellungstrick. Er *kombinierte* zwei Techniken – die *in situ* Färbung und die *in vitro* Sedimentation. Der so bestechende wie einfache Kniff – ein Zufallsfund? – bestand darin, *ganze Zellen* zu zentrifugieren (Abb. 2). Leberzellen von *Amphiuma tridactylum* waren stabil genug, um im Gewebeverband den starken Zentrifugationskräften zu widerstehen, ohne zu platzen. Das Zellsediment konnte man fixieren, selektiv anfärben, schneiden und unter das Lichtmikroskop legen. Parallel zur Sedimentationsrichtung geschnittene Zellen zeigten nun einen *geschichteten* Zellinhalt. Am Boden hatte sich eine farblose Masse, vermutlich Glykogen, angesammelt. In der Schicht darüber lag der Kern, umgeben von Mitochondrien und „sekretorischen Granula", wie aus dem Färbeverhalten dieses Bandes zu schließen war. Die nächste Schicht zeigte die gleiche Färbung wie sonst die *in situ* strukturlose, sogenannte *Grundsubstanz*. Zum Schluß kam der Zellsaft. Das färbbare Material der cytoplasmatischen Grundsubstanz war also *vom Charakter sedimentierbarer Partikel,* und zwar nicht nur dann, wenn man die Zellen mechanischer Desintegration aussetzte, sondern auch innerhalb der intakten Zellmembran.

Diese Bilder wurden berühmt. Sie machten die unsichtbaren Teilchen sichtbar durch ihre Sedimentationsgrenzen innerhalb der Zelle. Es lag nahe, die dritte Schicht mit dem Material zu identifizieren, das sich nach einer Stunde bei 18000 x g im Zentrifugenröhrchen absetzte und mit dem man, einer der großen Vorteile der fraktionierten Sedimentation, im präparativen Maßstab arbeiten konnte. Von einem „praktischen Standpunkt" aus war dies „ermutigend". Es ließ hoffen, daß die „Methode der differentiellen Zentrifugation ... der quantitativen Trennung verschiedener Zellkomponenten angemessen" war.[40]

Damit waren die „Mikrosomen" als legitime Einwohner des Cytoplasmas ausgewiesen. Sie ließen sich vom bloßen Zellsaft absetzen, und es gab ausreichend chemische und färbetechnische Gründe, sie als von den „Mitochondrien" gesonderte Elemente zu betrachten. Aber ihre Funktion blieb weiter im dunkeln. Und wenig bis nichts wies darauf hin, daß die Mikrosomenfraktion homogen in bezug auf die Partikelgröße und damit überhaupt einheitlich zu definieren war.

Schnitte ins cytoplasmatische Kontinuum?

Diese Frage blieb das ganze Jahrzehnt hindurch und darüber hinaus kontrovers. So wies etwa Hubert Chantrenne[41] aus dem Labor Jean Brachets mit Recht darauf hin, daß Claudes eigene Größenabschätzungen insgesamt ein Spektrum von fast zwei Größenordnungen abdeckten. In seinen eigenen Untersuchungen an Mäuseleberhomogenaten setzte er die zentrifugalen Schnitte etwas anders und erhielt nun fünf statt drei Fraktionen, die sich in den getesteten Eigenschaften stufenweise, aber nicht in der qualitativen Zusammensetzung und Aktivität unterschieden. Er kam zu dem Schluß, daß es keineswegs statthaft sei, „die verschiedenen Gruppen von Granula, die man durch fraktionierte Zentrifugation isolieren kann, als grundlegend verschiedene zelluläre Bildungen aufzufassen".[42]

Von der Bilanzchemie zur Landkarte der Enzyme

Bereits um 1943 war offensichtlich, daß die in den 30er Jahren verfolgte „Buchführungs-Chemie“[43] keine brauchbaren Unterscheidungen mehr produzierte. Die Bestimmung der Stickstoff-, Phosphor-, Lipid-, Nukleinsäure- und Proteingehalte der einzelnen Fraktionen vermochten dem Material keine *funktionellen* Signale zu entlocken. Eine Gruppe von Kollegen und jüngeren Mitarbeitern Claudes begann, die Technik der differentiellen Zentrifugation mit einer Art ‚angewandter Enzymologie‘ zu verbinden. Zu den Pionieren dieser „biochemischen Kartierung“[44] zählten Rollin Hotchkiss, George Hogeboom, Walter Schneider und George Palade. Diese kollaborative Arbeit zog sich über die ganze zweite Hälfte der 40er Jahre hin.[45] Das Prinzip der Methode bestand darin, die einzelnen Zellfraktionen mit Hilfe etablierter Erkennungsreaktionen auf ihren spezifischen Enzymgehalt zu prüfen (Tab. 2).

Dieses biochemische Darstellungsverfahren brachte erstens einen wichtigen Aufschluß über das Muster der Enzymverteilung in der Zelle, zweitens eine kleine, aber revolutionäre technische Neuerung im Fraktionierungsverfahren, und drittens ein Problem, an dem auch diese Repräsentationstechnik wieder an ihre Grenzen stieß.

Schon in den ersten Versuchen zeichnete sich ab, daß die Enzyme der Atmungskette im wesentlichen mit der Fraktion der „großen Granula“ segregierten. Ein Problem bestand jedoch weiterhin darin, daß diese Fraktion heterogen erschien und zumindest aus Mitochondrien und aus „sekretorischen Granula“ bestand. Die Mitochondrien hatten bislang eine außerordentliche Schwierigkeit geboten: *In situ* wurden sie zumeist als filamentöse Gebilde sichtbar, und sie ließen sich mit einem besonderen Farbstoff, Janus Grün B, selektiv anfärben.[46]

Tab. 2: Verteilung von Cytochrom Oxidase und Succinoxidase im cytoplasmatischen Extrakt von Rattenleber (Claude 1950, Anm. 48, dort Tabelle 3).

Liver fraction		Per cent recovery	
		Cytochrome oxidase	Succinoxidase
E	Extract	(100)	(100.0)
L. G. c.	Large Granules (concetrated)	71	74.0
L. G. w.	Large Granules (washed)	70	52.0
M. w.	Microsomes (washed)	< 4	6.5
S_2	Supernate (after removal of L. G. and M.)	0	0

Beide Eigenschaften gingen bei der Zentrifugation jedoch verloren, und es wurde fast unmöglich, die gerundeten Mitochondrien von den sekretorischen Gebilden zu unterscheiden. In Salzlösungen bestand auch die Tendenz zur Aggregation, während in Wasser die Partikel schwollen und schnell desintegrierten.

Zucker statt Salz

Hogeboom, Schneider und Palade [47] versuchten es im Laufe ihrer Optimierungsversuche unter anderem mit nicht-elektrolytischen Zuckerlösungen. Dies hatte eine unglaubliche Wirkung: Die Fraktion der „großen Granula" zeigte nun filamentöses Material, das sich mit Janus Grün B anfärben ließ, während die sekretorischen Vesikel stark vermindert waren. Auf diese Fraktion ließen sich auch die respiratorischen Enzymaktivitäten beziehen, und gegen Ende des Jahrzehnts konnte Claude in seiner Harvey-Vorlesung die Vermutung äußern, daß Mitochondrien – oder „Granula desselben Typs", wie er sich vorsichtig ausdrückte –, „vielleicht als die wirklichen Kraftwerke der Zelle anzusehen sind".[48]

Aber die Zentrifugation aus einer Zuckerlösung wirkte sich auch auf die Mikrosomenfraktion aus. Die Aggregatbildung nach Resuspension des Sediments war stark verringert. Die chemische Zusammensetzung jedoch blieb heterogen,[49] und am meisten enttäuschte, daß die Mikrosomen im Gegensatz zu den Mitochondrien kein definiertes und ausschließlich ihnen zuschreibbares Enzymmuster aufwiesen.[50] Die Partikel der cytoplasmatischen Grundsubstanz widerstanden hartnäckig dem Typ von Biochemie, der die Enzymkartierung auszeichnete. Die „biochemische Kartierung" hätte anfänglich Aufschluß über die Funktion der *Mikrosomen* geben sollen – statt dessen führte sie auf ihrem Weg durch den Repräsentationsraum der Fraktionen zur Identifizierung der *Mitochondrien* als den Energielieferanten der Zelle. Das Fluktuieren zwischen den Wissenschaftsobjekten kam auch im kleinen zum Tragen, wobei die Repräsentationstechnik jeweils als Vehikel diente.

Noch eine Konjunktur:[51] Elektronenmikroskop und Zellkultur

Seit den frühen 40er Jahren hatte Claude Zugang zu einer weiteren Repräsentationstechnik gesucht und gefunden, die versprach, den Bereich des Sichtbaren zu erweitern: die Elektronenmikroskopie. Er bekam ab 1942 die Gelegenheit, das damals einzige Elektronenmikroskop in New York City zu benutzen.[52] Zusammen mit Ernest Fullam, dem Elektronenmikroskopiker der Forschungslaborato-

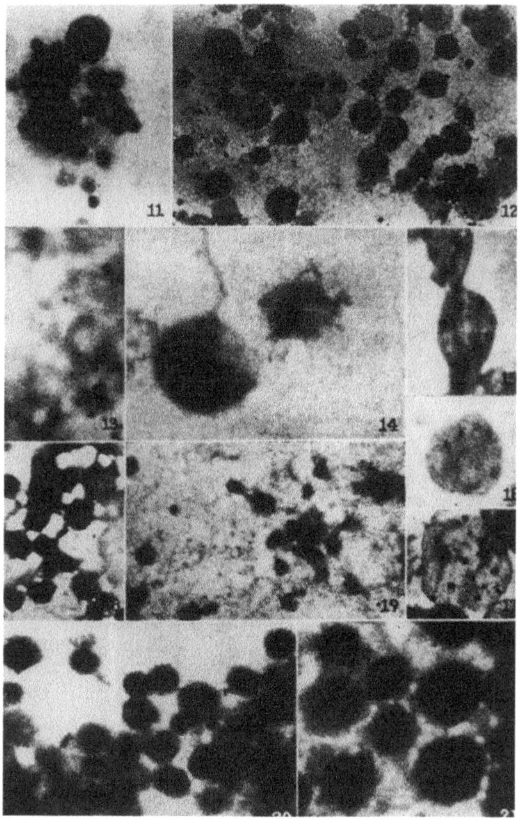

Abb. 3: 11. Gruppe von Mitochondrien (5000 ×). 12. Extrahierte und gewaschene Mitochondrien (5000 ×). 13. Mikrosomen (35000 ×). 14. Zerrissenes Mitochondrion (12000 ×). 15. Mitochondrien mit internen Strukturen (12000 ×). 16. Desintegrierendes Mitochondrion (12000 ×). 17. Abgeflachtes Mitochondrion mit scharfen Konturen (12000 ×). 18–20. Separierte und gewaschene Mitochondrien (10000 ×). 21. Extrahierte und gewaschene Mitochondrien (Claude und Fullam 1945, Anm. 53, dort Tafel 5, hier etwa halbe Größe des Originals).

rien der Interchemical Corporation, versuchte er, aus dem Instrument eine Anlage zur Beobachtung biologischer Proben zu machen. Das Gerät war weit von der berechneten Auflösungsgrenze entfernt. Die eigentlichen Schwierigkeiten jedoch waren mit der Probenvorbereitung verbunden. Die Anwendung auf biologisches Material stellte die Elektronenmikroskopie vor ganz neue präparative Anforderungen. Es bedurfte unter anderem einer gleichmäßigen Spreitung des Spezimens auf einer möglichst strukturlosen Unterlage, starker Fixierung, dünner Schichten und einer völligen Dehydrierung.[53] Die Probe mußte in ein Vakuum eingeführt werden, und die Inspektion selbst basierte auf einer Bombardierung mit Elektronen, die biologisches Material leicht zerstören konnte. Andererseits versprach die Technik, wieder in den Bereich der visuellen Repräsentation zu holen, was die Hochgeschwindigkeits-Zentrifugation ihr entrückt hatte.

Als Versuchsobjekte dienten zunächst isolierte Mitochondrien.[54] Ein erster

Abb. 4: Elektronenmikrographie einer fibroblastenartigen Hühnerembryo-Zelle mit Mitochondrien und zytoplasmatischem Netzwerk. Zusammengesetztes Bild, 1600 × (Claude 1950, Anm. 48, dort Abbildung 15, hier 0,7-fache Größe des Originals).

Blick auf diese Bilder von 1944 hinterläßt den Eindruck eines hoffnungslosen Unterfangens (Abb. 3). Sphärische, gänzlich opake Tröpfchen waren zu sehen, die keinerlei interne Struktur zeigten. Sie waren kaum von dem zu unterscheiden, was Claude und Fullam „ringförmige Artefakte" nannten, die, wie sie meinten, durch „unvollständig getrocknete Präparationen" verursacht wurden.[55]

Noch einmal war es in dieser Situation eine Technik der Manipulation ganzer Zellen, die es erlaubte, zwischen Repräsentationen von *in vitro* gewonnenem

Material und *in situ* charakterisierten Strukturen hin und her zu wandern. Und sie erlaubte es, die Elektronenmikroskopie an das ‚anzuschließen', was die Lichtmikroskopie an Zellstrukturen sichtbar zu machen vermochte. Im vorliegenden Fall war die Fabrikation „interner Referenten"[56] eng mit einer Zellkultur-Technik verbunden, mit der Keith Porter umzugehen verstand. Zellen verschiedenster Gewebetypen konnten auf einer Glasfläche in einer einlagigen Schicht zur Vermehrung gebracht werden. Porter gelang es, den Vermehrungsvorgang auch auf Gläsern durchzuführen, die mit einem dünnen Plastikfilm überzogen waren.[57] Dann konnte man den Film ablösen, die Zellen mit Osmiumtetroxid fixieren, auf ein kleines Metallnetz übertragen, trocknen und im Vakuum unter den Elektronenstrahl bringen. Die freiliegenden Zellen waren an ihren Rändern abgeplattet genug, um vom Elektronenstrahl durchdrungen zu werden und, je nach Elektronendichte, mehr oder weniger deutliche Strukturen zu produzieren. Bei einem Auflösungsvermögen von etwa 20 nm wurden Vesikel, Körnchen und Fäden im Cytoplasma sichtbar, die bisher kein optisches Äquivalent hatten (Abb. 4).[58]

Die Rückkehr des Tumoragens als Virus

Die Möglichkeit, den Inhalt fibroblastenartiger Zellen einer Auflösung von etwa 200 Å zuzuführen, führte zu dem aus dem Blick geratenen Hühnertumor-Agens zurück. Keith Porter und Edward Pickels zogen Gewebekulturen von Sarkomzellen. Parallel dazu wurden nicht infizierte Zellen von Hühnerembryonen kultiviert. Die elektronenoptische Inspektion machte deutlich, daß die Tumorzellen vollgepackt waren mit kleinen, elektronendichten Partikeln von etwa 70 Millimikron Durchmesser, für die keine äquivalente Struktur in nicht infizierten Zellen aufzufinden war (Abb. 5).[59] Damit kam das Hühnertumoragens, das um 1938 in einer Zentrifugenfraktion von normalen Zellen gewissermaßen ‚verschwunden' war, wieder zu Identität und Individualität. Was jedoch als ein endogenes intrazelluläres Agens angesehen worden war, seit Murphy es in den späten 20er Jahren wieder aufgegriffen hatte, war nun mit guten Gründen als ein zellfremdes Virus anzusprechen. Claude zögerte nicht, die Partikel als „selbst-reproduzierende Entitäten" zu klassifizieren, die in normalen Zellen „kein Gegenstück" hatten.[60]

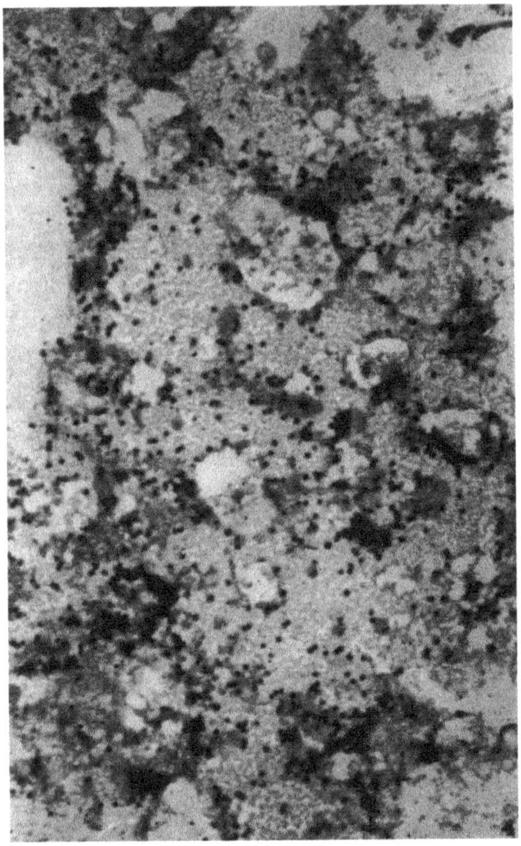

Abb. 5: Elektronenmikroskopie von Hühnertumor-I-Zellen aus Gewebekultur. Die elektronendichten Partikel „stellen vermutlich die kausalen Agentien des Tumors dar". Endvergrößerung hier 6700 × (Claude 1950, Anm. 48, dort Abbildung 23).

Kleine Schritte

Aber *was war was* in der cytoplasmatischen Grundsubstanz normaler Zellen? Wenn man erwartet hatte, daß die Mikrosomen etwas Homogenes in Größe und Form waren, so sah man sich enttäuscht. Was da an Pünktchen, Vesikeln und einem Netzwerk von Fäden und sonstigen Gebilden im Cytoplasma erschien, war alles andere als einförmig. Und isolierte Mikrosomen, die man zum Vergleich hätte heranziehen können, lagen jenseits der technischen Möglichkeiten der Darstellung.[61]

Die Konstellation von Faktoren, die zur nächsten Generation von Bildern führte, war das Ergebnis eines klassischen empirischen Herumtappens. Die

Tafeln, die George Palade 1952 veröffentlichte,[62] beruhten auf einer Präparationstechnik, die vier für sich genommen unwirksame Komponenten integrierte: die Einbettung des Materials in eine harte Plastiksubstanz,[63] die Einführung von Glasmessern zum Abschilfern der Schnitte,[64] ein Mikrotom mit reduzierter Vorschubrate,[65] und schließlich die gepufferte Osmiumtetroxid-Fixierung.[66] Eine Reihe von kleinen technischen Details produzierte, zusammengenommen, eine präparative Revolution. Ein cytoplasmatisches System von Membranen, das ein dreidimensionales Geflecht darstellen mochte, begann unter dem Namen „endoplasmatisches Retikulum" Gestalt anzunehmen.[67] Und ein Vergleich mit dem zentrifugierten Inhalt der Mikrosomenfraktion vermittelte den Eindruck, daß letztere möglicherweise aus Fragmenten dieses Retikulums bestand.

Gibt es Mikrosomen überhaupt?

Histochemische, zentrifugale und elektronenoptische Darstellungsweisen der Mikrosomen begannen zu interkalieren, gegenseitig zu ständig sich verschiebenden Bezugspunkten zu werden. Zusammengenommen sprachen sie *gegen* Mikrosomen als diskrete Partikel. In dem Maße, wie man seiner elektronenmikroskopisch habhaft wurde, begann das ‚Bild' der Mikrosomen zu zerfließen. Vielleicht waren es doch nur artifizielle Bruchstücke eines cytoplasmatischen Netzwerkes, die beim Aufbrechen der Zellen entstanden. Und dieses Netzwerk selbst schien hochflexibel im Hinblick auf seine Form zu sein. Porters Aufnahmen zeigten ganz unterschiedliche retikuläre Muster. „Die Elektronenmikrographien beschreiben das System als außerordentlich komplex",[68] faßte Porter zusammen, indem er charakteristischerweise die Aktivität des Beschreibens den Bildern selber zuwies. Das Retikulum war eine Schöpfung des Elektronenmikroskops (Abb. 6).

Neue Objekte: ultrazentrifugale Makromoleküle

Das Geschiebe von einer Repräsentationstechnik zur anderen und von dieser wieder zurück, ihr Nachtragen und Voreilen, diese Selbstorganisation des Referenten jenseits aller Möglichkeit einer letztwilligen Verfügung einer wie auch immer gearteten ‚Natur', ‚Wirklichkeit' oder ‚Wahrheit' setzte sich fort. Wo die Lichtmikroskopie an ihre Schranken gestoßen war, hatte die fraktionierte Zentrifugation die Grenzen des Sichtbaren überschritten. Die differentielle Fraktionierung gewann ihrerseits Konturen, als es gelang, der rein physikalischen und chemischen Charakterisierung eine biochemisch-enzymologische zu

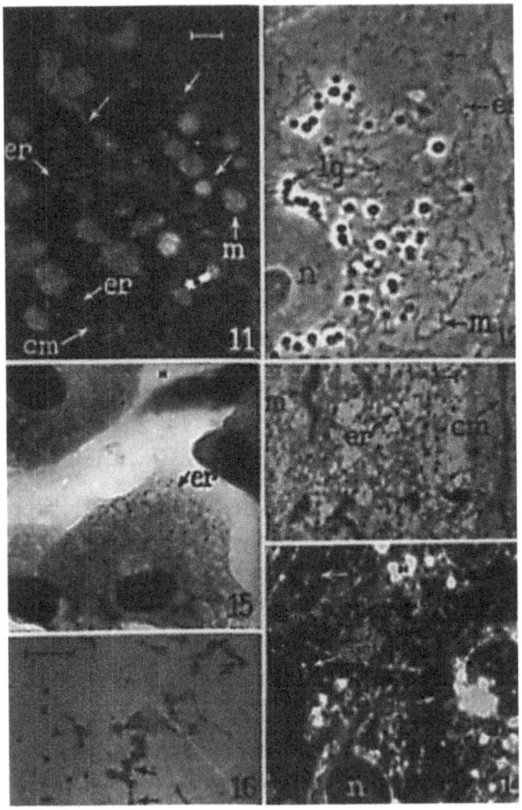

Abb. 6: 11. Ausschnitt aus einer Kaninchen-Endothelzelle. er, endoplasmatisches Retikulum; m, Mitochondrien; cm, Zellmembran; 6800 ×. 12. Phasenkontrastmikroskopie einer lebenden Nierenepithelzelle. lg, Lipidgranula; n, Nukleus; 1800 ×. 13. Elektronenmikrographie eines Teils einer Nierenepithelzelle, 4100 ×. 14. Photomikrographie einer lebenden Nierenepithelzelle im Dunkelfeld, 1300 ×. 15. Photomikrographie von Mesothelzellen aus Rattenherz, 1050 ×. 16. Elektronenmikrographie einer isolierten Mikrosomenfraktion mit vermuteten Fragmenten des endoplasmatischen Retikulums, 11100 × (Porter 1953, Anm. 67, dort Tafel 48, hier 0,6-fache Größe des Originals).

substituieren. Die Elektronenmikroskopie führte wiederum auf die Cytomorphologie zurück und verwischte gleichzeitig die bereits stabilisierte mikrosomale Partition. Nun war es eine *Variante* der Zentrifugationstechnik, die analytische Ultrazentrifugation, mit deren Hilfe *sedimentierende* Partikelfronten anstelle *sedimentierter* Partikel schlierenoptisch aufgezeichnet werden konnten, die erneut die Frage der Diskontinuität mikrosomaler Granula aufwarf. Schien die fraktionierte Sedimentation die Schnitte durch das retikuläre Material willkürlich zu setzen, so wies die schlierenoptische Aufzeichnung des Wanderungsprozesses von Mikrosomen aus Mäusemilz- und Rattenleber-Homogenaten darauf hin, daß es zwar mehrere Partikelgrößen geben mochte, die aber nicht ineinanderschmierten, sondern offensichtlich diskret waren (Abb. 7).[69]

Mary Petermann und Mary Hamilton vom Sloan-Kettering-Institut in New York kamen wie Claude aus der Krebsforschung. Sie suchten nach Unterschie-

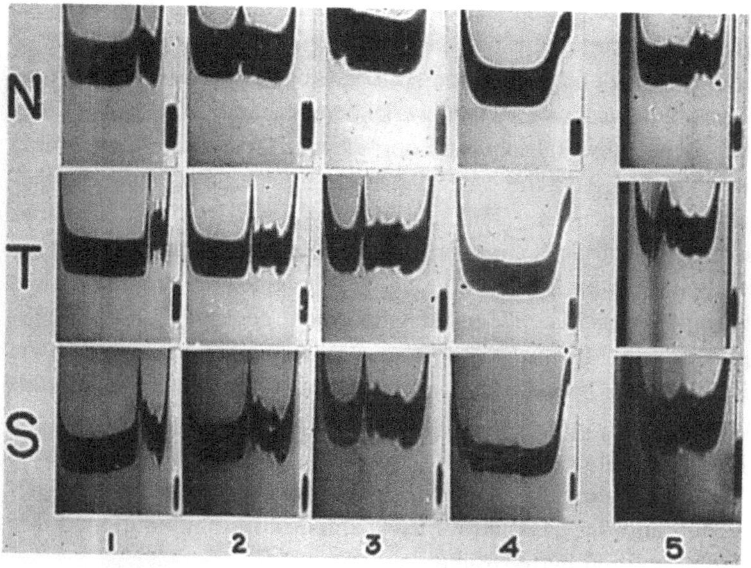

Abb. 7: Sedimentationsmuster von Partikeln aus normaler und leukämischer Milz. Die Sedimentationsrichtung ist nach links. N, normale Milz; T, transplantierte Leukämie; S, spontane Leukämie (Petermann und Hamilton 1952, Anm. 69, dort Abbildung 1).

den in der Mikrosomenfraktion von gesundem und malignem Gewebe. Die Differenz, die auftauchte und ihr Forschungsprogramm zu bestimmen begann, lag aber wieder einmal nicht zwischen normalen Zellen und Krebszellen, sondern erwies sich als eine Differenz in der Konstitution der Mikrosomenfraktion selbst. Wieder produzierte die Technik, welche die Forscherinnen anwendeten, etwas, das sie nicht gesucht hatten, als sie mit ihren Experimenten anfingen. Das Signal hing mit der Methode der Sucrosezentrifugation von Hogeboom, Schneider und Palade[70] zusammen. Die extrem hohen Zentrifugationsgeschwindigkeiten von bis zu 250000 x g, die erforderlich waren, um das Material durch eine fast einmolare Zuckerlösung zu sedimentieren, scherte unregelmäßige Retikulumfetzen als „polydisperses“ Material[71] ab und produzierte distinkte Körnchen, wenn auch von verschiedener Größe. Sie waren sehr viel kleiner als die durchschnittlichen mikrosomalen Vesikel und erhielten den Namen „makromolekulare Teilchen“.[72]

Diese Makromoleküle waren sehr lipidarm und reich an Ribonukleinsäuren. Es dauerte nicht lange, so tauchten isolierte Makromoleküle als elektronendichte Kügelchen von mehr oder weniger regulärer Gestalt und vergleichbarer Größe auch im Elektronenmikroskop auf.[73] Und es blieb nicht aus, daß diese Art der Darstellung mit der elektronenmikroskopischen Registratur des endoplasmatischen Retikulums in der Zelle rückkoppelte: Die Kügelchen machten sich als feiner Besatz dieses fädig-vesikulären Netzwerks bemerkbar.[74]

So lief die chemische, physikalische und optisch-morphologische Darstellung der mikrosomalen Partikel trotz ihres ständig fluktuierenden Status der biochemischen Charakterisierung dieser Teilchen weit voraus. „Im Wahren"[75] der jeweiligen Forschungsarbeit gibt es immer nur die Minimalbedingungen für die Kohärenz einer signifikanten Kette mit der Würde eines wissenschaftlichen Objekts. Was zu einem gegebenen Zeitpunkt in einem gegebenen Forschungsprozeß beispielsweise ein Mikrosom ‚repräsentiert', ist eine Artikulation von Graphemen, die sich den Prozeduren der Experimentalanordnung verdankt. Unter dem „non-committal term" von Claude mäandrierte dieses ‚epistemische Ding' seit 15 Jahren in immer neuen, sich gegenseitig verstärkenden oder auch auslöschenden Repräsentationen[76] durch den submikroskopischen Raum der Zentrifugenröhrchen und der evakuierten Elektronenrohre, ohne daß man ihm eine auszeichnende Funktion hätte zuschreiben können.[77]

Was macht ein Mikrosom?[78]

Der Anschluß der mikrosomalen *Struktur*forschung an die biochemische *Funktions*forschung begann sich auf einem Wege abzuzeichnen, dem noch einmal eine ganz andere Technik der Darstellung zugrunde lag. Gegen Ende der 40er Jahre hatten Paul Zamecnik und seine Kollegen an der Harvard Medical School in Boston, aber auch Henry Borsooks Gruppe am Caltech in Pasadena, David Greenberg und Theodore Winnick in Berkeley sowie Tore Hultin am Wenner-Gren-Institut in Stockholm damit begonnen, die Proteinsynthese mit Hilfe von radioaktiv[79] oder durch schwere Isotope markierten Aminosäuren als sogenannten ‚Tracern' des Stoffwechsels zu verfolgen. Zamecniks frühe Arbeiten waren ebenso wie die von Claude und die von Petermann und ihren Kolleginnen in die Krebsforschung eingebettet. Er wollte herausfinden, ob sich Krebszellen von normalen Zellen in ihrer Proteinsynthese unterscheiden. Die mikrologischen Kontingenzen des Experimentalprozesses produzierten jedoch Signale, die von der „zweiten Geschichte" der Krebsforschung weg- und zu dem hinführten, was Zamecnik die „erste Geschichte" nannte.[80] Er begann, sich mit der Etablierung von Experimentalsystemen zu beschäftigen, die den Einbau von Aminosäuren in Proteine vom intakten Tierorgan schrittweise ins Reagenzglas verlegten. Den Übergang bildeten quasi ‚hybride' Systeme, in denen die Synthese in Gewebe-

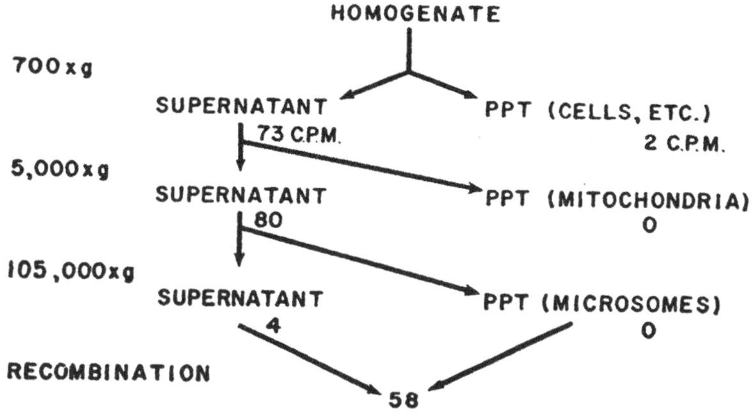

Abb. 8: Fraktionierung und Rekombination eines Rattenleber-Extraktes. Inkubation mit C^{14}-Leucin und Hexosediphosphat als Energiequelle; c.p.m., radioaktive Counts pro Minute pro mg. Protein. Mikrosomen und Überstand nach der letzten Zentrifugation sind inaktiv, ihre Rekombination stellt die Aktivität wieder her (Zamecnik und Keller 1954, Anm. 86, dort Abbildung 2).

schnitten verfolgt wurde.[81] Tore Hultin in Stockholm[82] und Betty Keller in Zamecniks Labor in Boston[83] waren unter den ersten, denen auffiel, daß nach der Verabreichung von markierten Aminosäuren und anschließender Zellfraktionierung die fest gebundenen Isotope vorwiegend mit der *Mikrosomenfraktion* sedimentierten. Es gab jedoch auch Hinweise auf eine Beteiligung der *Mitochondrien* an diesem Prozeß.[84] Dementsprechend aufmerksam wurde registriert, als es Philip Siekevitz in Zamecniks Labor gelang, den Vorgang, den man vorsichtig als „Aufnahme" oder „Inkorporation" von Aminosäuren in Proteine bezeichnete, fraktioniert im Reagenzglas ablaufen zu lassen.[85] Er fand, an der Auflösungsgrenze des Systems entlang operierend, daß das Synthesesignal in synergistischer Weise von der Mikrosomenfraktion *und* der Mitochondrienfraktion abhing, und daß beide für sich genommen nur ein reduziertes Signal von sich gaben. Schon zwei Jahre später jedoch hatten sich die Mitochondrien aus dem Geschäft der Proteinbiosynthese wieder verabschiedet, als es gelang, die Energiezufuhr für den Syntheseprozeß durch Adenosintriphosphat und ein ATP regenerierendes Enzymsystem zu substituieren. 1954 erforderte die Proteinsynthese im Reagenzglas die Mikrosomenfraktion, die „löslichen Faktoren" des Enzymüberstands sowie eine geeignete Energiequelle (Abb. 8).[86]

Damit hatte die biochemische Funktionsanalyse einen ersten Anschluß an die mikrosomale Strukturforschung gefunden, aber die *Ungleichzeitigkeit* der Repräsentationsweisen war damit keineswegs aufgehoben. In den biochemischen Testsystemen funktionierte nur gerade das nicht weiter aufgetrennte mikrosomale Material, das in der zentrifugalen Analyse mittlerweile als ganz heterogen ausgewiesen war. Die Petermannschen Makromoleküle hingegen gaben keinerlei Zeichen der Aktivität von sich. Wieder zerfloß ein anscheinend eindeutiges Ergebnis im Dämmerlicht zellulärer Komplexität. War es am Ende Palades Retikulum, das die Proteine machte, oder gar seine fetthaltige Membrankomponente?

Verschiebungen, Verschiebungen

Die Fraktionierung des Mikrosomensediments in einen aktiven Teil und eine inaktive Beimischung wollte sich nicht ergeben. Sie war im Jahre 1955, in dem ich diese ‚Geschichte' abbreche, dabei, von der weiteren Partition ihres Gegenstücks, der als löslich bezeichneten Enzymfraktion, überholt zu werden.[87] Und hier gab es wieder keine Vorgaben, keine externen Referenten, an denen sich die Partitionsversuche hätten kalibrieren lassen. Erst über weitere Verschiebungen, in deren Gefolge eine kleine, „lösliche RNA"[88] ins Geschäft der Proteinsynthese eintrat, sollte sich gegen Ende des Jahrzehnts ein zelluläres Partikel konsolidieren, das mit dem mikrosomalen „Plasmagen" des vorigen so gut wie nichts mehr gemein hatte. Es setzte unter dem neu erworbenen Titel *„Ribosom"*[89] eine Odyssee fort, deren weitere Stationen sich nicht weniger abenteuerlich gestalten sollten als seine ‚Vorgeschichte' – die es dadurch übrigens erst schuf, denn die Vergangenheit ist immer die Vergangenheit einer Zukunft.

Noch einmal: Strategie und Repräsentation

Ich komme zurück auf meine einleitenden Bemerkungen. Wenn diese Geschichte etwas sagt, dann, daß epistemische Dinge sich „Experimentalereignissen"[90] verdanken, die mit der üblichen Vorstellung von Forschungs*strategie* und *Repräsentation* eher verdeckt als erhellt werden. Strategien verweisen auf Ziele, Repräsentationen auf externe Referenten. Man bleibt damit im klassischen Raum einer Metaphysik der Finalität und der Unmittelbarkeit von Präsenz.[91] Weder das eine noch das andere trägt besonders viel zum Verständnis dessen bei, was sich in Experimentalsystemen wie den beschriebenen abspielt. Hier sind Strategien am Werk, die Jacques Derrida mit dem Begriff der *Differanz* belegen würde: „Eine Strategie ... ohne Finalität; man könnte dies", fährt Derrida fort, als „tactique aveugle, errance empirique" bezeichnen, als „Irre in der

Spur", wie man das übersetzen könnte.[92] Schon Claude Bernard hat diesen Prozeß, etwas prosaischer vielleicht, als „tâtonnement" bezeichnet.[93] Er ist eng verknüpft mit der Natur der *Mittel,* durch die der experimentelle Graphismus, diese „Epigraphie der Materie"[94] sich realisiert. Die Inskriptionstechniken, in denen er sich schreibt, enthalten unvorwegnehmbare Überschüsse, die erst im *Machen* selbst erscheinen. Damit wird aber auch die Absicht der Repräsentation hintergangen: Alles Darstellen ist Herstellen, und das Herstellen von ‚epistemischen Dingen' ist dadurch ausgezeichnet, daß sie keine Vor-Bilder haben. „Repräsentation *ist* Intervention".[95] Die List dieser ‚Dialektik' von Fakt und Artefakt[96] besteht nun aber darin, daß sie gerade nur um den Preis der *Destruktion* ihres *konstruktiven* Aspekts funktioniert: Das Neue kommt nicht durch die Haustür herein, sondern durch den Riß in der Mauer. „Das bringt es mit sich, daß es gänzlich unmöglich ist, von einem konstruktivistischen Argument" – nennen wir es *Strategie* – „für mehr als drei Minuten überzeugt zu sein, obwohl kein Philosoph eine Korrespondenztheorie der Wahrheit verteidigt" – nennen wir sie *Repräsentation.* „Gut", fügt Latour hinzu, „sagen wir für eine Stunde, um fair zu sein."[97]

Anmerkungen

* Eine umgearbeitete und erweiterte englische Fassung dieses Artikels erscheint demnächst im *Journal of the History of Biology* (1993).

1 M. Serres: Préface qui invite le lecteur à ne pas négliger de la lire pour entrer dans l'intention des auteurs et comprendre l'agencement de ce livre, in: ders., Elements d'histoire des sciences, Paris 1989, S. 1–15, auf S. 15.

2 B. Latour/S. Woolgar: Laboratory Life, London 1979, Neuaufl. Princeton 1986.

3 I. Hacking: Representing and Intervening, Cambridge 1983.

4 Vgl. die Aufsatzsammlung von M. Lynch/S. Woolgar (Hrsg.): Representation in Scientific Practice, Cambridge/MA 1990; vgl. auch die Sondernummer von *Biology and Philosophy,* 6, 1991, über bildliche Repräsentationsverfahren.

5 H.-J. Rheinberger: Experiment, difference, and writing. I. Tracing protein synthesis, Studies in History and Philosophy of Science 23, 1992, 305–331, und II. The laboratory production of transfer RNA, ebenda, 389–422; sowie ders.: Experiment, Differenz, Schrift. Anmerkungen zur Geschichte epistemischer Dinge, Marburg 1992.

6 C. Bernard: Philosophie. Manuscrit inédit. Jacques Chevalier (Hrsg.), Paris 1954, S. 14.

7 Jacques Derridas Begriff der „Historialität" wäre hier vielleicht angebrachter. J. Derrida: Grammatologie, Frankfurt/M. 1983, S. 44. Vgl. auch H.-J. Rheinberger: Experimental systems: Historiality, deconstruction, and the chicken sarcoma agent, Science in Context, (im Druck).

8 Ich danke Ilana Löwy für Hinweise und Anregungen. Vgl., aus der Perspektive der Virologie, auch I. Löwy: Variances in meaning in discovery accounts, Historical Studies in the Physical and Biological Sciences 21, 1990, 87–121.

9 A. Claude: The coming age of the cell, Science 189, 1975, 433–435, auf S. 433.

10 P. Rous: A sarcoma of fowl transmissible by an agent separable from tumor cells, Journal of Experimental Medicine 13, 1911, 397–411.

11 P. Rous: The challenge to man of the neoplastic cell, Science 157, 1967, 24–28, auf S. 26. Vgl. auch G. W. Corner: A History of the Rockefeller Institute, New York 1964, S. 109–111, 217.

12 J. B. Murphy/O. M. Helmer/E. Sturm: Association of the causative agent of a chicken tumor with a protein fraction of the tumor filtrate, Science 68, 1928, 18f.

13 J. B. Murphy/O. M. Helmer/A. Claude/E. Sturm: Observations concerning the causative agent of a chicken tumor, Science 73, 1931, 266–268, auf S. 266.

14 A. Claude: Properties of the causative agent of a chicken tumor, Journal of Experimental Medicine 61, 1935, 41–57, auf S. 57.

15 Murphy u. a., Anm. 13, S. 267.

16 A. Claude/A. Rothen: Properties of the causative agent of a chicken tumor. XII. Ultraviolet light absorption spectrum of purified chicken tumor extracts containing the active principle, American Journal of Cancer 26, 1936, 344–350.

17 J. C. G. Ledingham/W. E. Gye: On the nature of the filterable tumour-exciting agent in avian sarcomata, Lancet 228 (1), 1935, 376f.; J. McIntosh: The sedimentation of the virus of Rous sarcoma and the bacteriophage by a high-speed centrifuge, Journal of Pathology and Bacteriology 41, 1935, 215–217.

18 Die Entwicklung der analytischen Ultrazentrifuge geht auf die Arbeit von The Svedberg zurück. 1935 gab es nur zwei Maschinen in Uppsala (vgl. S. Brohult/N. Gralén: The Institute of Physical Chemistry at the University of Uppsala, in: The Svedberg 1884–1944, Uppsala 1944, S. 623–638), jedoch waren zu dieser Zeit Hochgeschwindigkeits-Zentrifugen ohne optisches Zubehör bereits auf dem Markt. Am Rockefeller-Institut wurde ein Instrument der International Equipment Company, Boston/MA, benutzt (Typ B, Rotorkopf Nr. 295).

19 A. Claude: Fractionation of chicken tumor extracts by high speed centrifugation, American Journal of Cancer 30, 1937, 742–745.

20 A. Claude: Properties of the causative agent of a chicken tumor, Journal of Experimental Medicine 66, 1937, 59–72; A. Claude: Preparation of an active agent from inactive tumor extracts, Science 85, 1937, 294f.

21 Claude, Anm. 20 (1937), S. 69; A. Claude: Concentration and purification of chicken tumor I agent, Science 87, 1938, 467f.

22 A. Claude: Chemical composition of the tumor-producing fraction of chicken tumor I, Science 90, 1939, 213f.

23 Claude, Anm. 19. Vgl. dazu auch A. Claude/A. Rothen: Properties of the causative agent of a chicken tumor, Journal of Experimental Medicine 71, 1940, 619–633.

24 Claude, Anm. 21 (1938), S. 467.

25 A. Claude: A fraction from normal chick embryo similar to the tumor producing fraction of chicken tumor I, Proceedings of the Society for Experimental Biology and Medicine 39, 1938, 398–403, auf S. 403.

26 K. R. Porter: The 1974 Nobel Prize for physiology or medicine, Science 186, 1974, 516–518, auf S. 516.

27 Claude, Anm. 25, S. 402.

28 A. Claude: Particulate components of cytoplasm, Cold Spring Harbor Symposia on Quantitative Biology 9, 1941, 263–271, Hervorhebung hinzugefügt.

29 Der Terminus ist in Analogie zu dem von Ilana Löwy verwendeten Begriff des „unscharfen Objekts“ gebildet; vgl. ihren Beitrag in diesem Band.

30 A. Claude/K. R. Porter/E. G. Pickels: Electron microscope study of chicken tumor cells, Cancer Research 6, 1946, 502; A. Claude/K. R. Porter/E. G. Pickels: Electron microscope study of chicken tumor cells, Cancer Research 7, 1947, 421–430.

31 Bereits Max Schultze war die körnige Struktur seines „Protoplasmas" aufgefallen. Vgl. M. Schultze: Über Muskelkörperchen und das, was man eine Zelle zu nennen habe, Archiv für Anatomie und Physiologie, 1861, 1–27. – Carl Benda brachte um die Jahrhundertwende die Bezeichnung „Mitochondria" auf. Vgl. C. Benda: Die Mitochondria, Ergebnisse der Anatomie und Entwicklungsgeschichte 12, 1902, 743–781.

32 C. Garnier: Contribution à l'étude de la structure et du fonctionnement des cellules glandulaires séreuses, Journal de l'Anatomie et de la Physiologie 36, 1900, 22–98.

33 T. Caspersson: Studien über den Eiweißumsatz der Zelle, Naturwissenschaften 29, 1941, 33–43.

34 Claude, Anm. 28, S. 264.

35 Nach R. R. Bensley/N. L. Hoerr: Studies on cell structure by the freezing-drying method. VI. The preparation and properties of mitochondria, Anatomical Record 60, 1934, 449–455.

36 Claude, Anm. 28, S. 265.

37 Im Hinblick auf Helmholtz' Sinnesphysiologie und die Rolle der Kommunikationstechniken bei ihrer Ausbildung verwendet Timothy Lenoir den Begriff „Materialitäten der Kommunikation" in einer Weise, die vergleichbar ist mit dem, was hier als „materieller Raum der Repräsentation" bezeichnet wird. Vgl. T. Lenoir in diesem Band.

38 A. Claude: The constitution of protoplasm, Science 97, 1943, 451–456.

39 A. Claude: Distribution of nucleic acids in the cell and the morphological constitution of cytoplasm, in: N. L. Hoerr: Frontiers in Cytochemistry, Biological Symposia 10, Lancaster 1943, S. 111–129, auf S. 119f.

40 Claude, Anm. 39, S. 124f.

41 H. Chantrenne: Hétérogénéité des granules cytoplasmiques du foie de souris, Biochimica et Biophysica Acta 1, 1947, 437–448.

42 Chantrenne, Anm. 41, S. 446. Vgl. auch C. P. Barnum/R. A. Huseby: Some quantitative analyses of the particulate fractions from mouse liver cell cytoplasm, Archives of Biochemistry 19, 1948, 17–23.

43 Claude hat von einer „balance sheet-quantitative analysis method" gesprochen. Claude, Anm. 9, S. 434.

44 Palade spricht von einem „biochemical mapping". G. E. Palade: Intracellular distribution of acid phosphatase in rat liver cells, Archives of Biochemistry 30, 1951, 144–158, auf S. 144.

45 Vgl. u. a. G. H. Hogeboom/A. Claude/R. D. Hotchkiss: The distribution of cytochrome oxidase and succinoxidase in the cytoplasm of the mammalian liver cell, Journal of Biological Chemistry 165, 1946, 615–625; eine Übersicht gibt W. C. Schneider/G. H. Hogeboom: Cytochemical studies of mammalian tissues, Cancer Research 11, 1951, 1–22.

46 L. Michaelis: Die vitale Färbung, eine Darstellungsmethode der Zellgranula, Archiv für mikroskopische Anatomie 55, 1900, 558–575.

47 G. H. Hogeboom/W. C. Schneider/G. E. Palade: Cytochemical studies of mammalian tissues, Journal of Biological Chemistry 172, 1948, 619–635.

48 A. Claude: Studies on cells: morphology, chemical constitution, and distribution of biochemical function, The Harvey Lectures 43, 1950, 121–164, auf S. 137.

49 Mit ihrer luftgetriebenen Ultrazentrifuge hatten Barnum und Huseby außerordentlich kleine Partikel sedimentiert, die sehr lipidarm waren. Jedoch hielten sie ihre „Trennung von M und U [Partikeln] für rein willkürlich". Barnum/Huseby, Anm. 42, S. 22.

50 Nach mehr als fünfjährigen Bemühungen wußten Schneider und Hogeboom nach wie vor „relativ wenig über die enzymatischen Eigenschaften der Mikrosomen". Schneider/Hogeboom, Anm. 45, S. 16.

51 Mit „Konjunktur" bezeichne ich hier die unvorhergesehene Kombination zweier Repräsentationstechniken im Rahmen eines Experimentalsystems. Zur Verwendung des Begriffs siehe auch Rheinberger, Anm. 5 (1992). Vgl. dazu die weitere Fassung, die Michael Hagner diesem Begriff gibt, wenn er von der „Konjunktur eines Experiments" spricht, in diesem Band.

52 Porter, Anm. 26, S. 517. Das Instrument war von RCA. Vgl. Corner, Anm. 11, S. 401 f. Zur Geschichte der Elektronenmikroskopie in den USA vgl. J. H. Reisner: An early history of the electron microscope in the United States. Advances in Electronics and Electronic Physics 73, 1989, 133–231, sowie N. Rasmussen: Mitochondrial structure and the practice of cytology in the 1950s, in: N. Wise (Hrsg.): Experimental Visualization, Princeton (im Druck).

53 A. Claude/E. F. Fullam: An electron microscope study of isolated mitochondria, Journal of Experimental Medicine 81, 1945, 51–61, auf S. 54.

54 Claude/Fullam, Anm. 53. Zu den Vorarbeiten vgl. H. Green/E. F. Fullam: Some applications of the high resolving power of the electron microscope, Journal of Applied Physics 14, 1943, 332–340.

55 Claude/Fullam, Anm. 53, Appendix, Beschreibung von Tafel 5, Abb. 13.

56 B. Latour: The force and reason of experiment, in: H. E. Le Grand (Hrsg.): Experimental Inquiries, Dordrecht 1990, S. 49–80.

57 K. R. Porter/A. Claude/E. F. Fullam: A study of tissue culture cells by electron microscopy, Journal of Experimental Medicine 81, 1945, 233–246, auf S. 234.

58 Porter u. a., Anm. 57.

59 Claude u. a., Anm. 30.

60 Claude, Anm. 48, S. 156 und 160.

61 Claude, Anm. 48, S. 149.

62 G. E. Palade: A study of fixation for electron microscopy, Journal of Experimental Medicine 95, 1952, 285–297.

63 S. B. Newman/E. Borysko/M. Swerdlow: Ultra-Microtomy by a new method, Journal of Research of the National Bureau of Standards 43, 1949, 183–199.

64 H. Latta/J. F. Hartmann: Use of a glass edge in thin sectioning for electron microscopy, Proceedings of the Society for Experimental Biology and Medicine 74, 1950, 436–439.

65 B. B. Geren/D. McCulloch: Development and use of the Minot rotary microtome for thin sectioning, Experimental Cell Research 2, 1951, 97–102.

66 Palade, Anm. 62.

67 K. R. Porter: Observations on a submicroscopic basophilic component of cytoplasm, Journal of Experimental Medicine 97, 1953, 727–749.

68 Porter, Anm. 67, S. 743.

69 M. L. Petermann/M. G. Hamilton: An ultracentrifugal analysis of the macromolecular particle of normal and leukemic mouse spleen, Cancer Research 12, 1952, 373–378.

70 Hogeboom u. a., Anm. 47; Petermann/Hamilton, Anm. 69, S. 374.

71 Petermann/Hamilton, Anm. 69, S. 375.

72 Ebenda, S. 373.

73 G. E. Palade: A small particulate component of the cytoplasm, Journal of Biophysical and Biochemical Cytology 1, 1955, 59–68.

74 G. E. Palade/P. Siekevitz: Liver microsomes, Journal of Biophysical and Biochemical Cytology 2, 1956, 171–200, Abb. 1 und 2.

75 M. Foucault: Die Ordnung des Diskurses, München 1974, S. 23.
76 Zum Phänomen der Resonanz von Repräsentationen vgl. den Beitrag von Bettina Wahrig-Schmidt in diesem Band.
77 G. H. Hogeboom/W. C. Schneider/M. J. Striebich: Localization and integration of cellular function, Cancer Research 13, 1953, 617–632, auf S. 626.
78 Vgl. dazu ausführlicher Rheinberger, Anm. 5 (1992).
79 Vgl. R. B. Loftfield: Preparation of C 14-labeled hydrogen cyanide, alanine, and glycine, Nucleonics 1, 1947, 54–57.
80 P. C. Zamecnik: The use of labeled amino acids in the study of the protein metabolism of normal and malignant tissues, Cancer Research 10, 1950, 659–667.
81 P. C. Zamecnik/I. D. Frantz Jr./R. B. Loftfield/M. L. Stephenson: Incorporation in vitro of radioactive carbon from carboxyl-labeled DL-alanine and glycine into proteins of normal and malignant rat livers, Journal of Biological Chemistry 175, 1948, 299–314.
82 T. Hultin: Incorporation in vivo of 15 N-labeled glycine into liver fractions of newly hatched chicks, Experimental Cell Research 1, 1950, 376–381.
83 E. B. Keller: Turnover of proteins of cell fractions of adult rat liver in vivo, Federation Proceedings 10, 1951, 206.
84 H. Borsook/C. L. Deasy/A. J. Haagen-Smit/G. Keighley/P. H. Lowy: Uptake of labeled amino acids by tissue proteins in vitro, Federation Proceedings 8, 1949, 589–596.
85 P. Siekevitz/P. C. Zamecnik: In vitro incorporation of 1-C14-DL-alanine into proteins of rat-liver granular fractions, Federation Proceedings 10, 1951, 246; P. Siekevitz: Uptake of radioactive alanine in vitro into the proteins of rat liver fractions, Journal of Biological Chemistry 195, 1952, 549–565.
86 P. C. Zamecnik/E. B. Keller: Relation between phosphate energy donors and incorporation of labeled amino acids into proteins, Journal of Biological Chemistry 209, 1954, 337–354.
87 M. B. Hoagland: An enzymic mechanism for amino acid activation in animal tissues, Biochimica et Biophysica Acta 16, 1955, 288f.
88 M. B. Hoagland/P. C. Zamecnik/M. L. Stephenson: Intermediate reactions in protein biosynthesis, Biochimica et Biophysica Acta 24, 1957, 215f.
89 R. B. Roberts: Introduction, in: ders., Microsomal Particles and Protein Synthesis, New York 1958.
90 Latour, Anm. 56, S. 65.
91 Wie prekär diese Unmittelbarkeit bei näherem Zusehen konstituiert ist, macht Soraya de Chadarevians Analyse der Inskriptionen deutlich, die ‚selbstschreibende' Geräte in der Physiologie der zweiten Hälfte des 19. Jahrhunderts erzeugten. Vgl. ihren Beitrag in diesem Band.
92 J. Derrida: Die différance, in: ders., Randgänge der Philosophie, Wien 1988, S. 29–52, auf S. 32f.
93 C. Bernard: Leçons sur les phénomènes de la vie communs aux animaux et aux végétaux. Nachdruck der 2. Ausg., Paris 1966, S. 19.
94 G. Bachelard: Der neue wissenschaftliche Geist, Frankfurt/M. 1988, S. 168.
95 Die Formel wandelt ein Thema von Hacking (Anm. 3) ab.
96 G. Bachelard, zitiert nach Latour, Anm. 56, S. 64.
97 Latour, Anm. 56, S. 64.

Reproduktionserlaubnis: Cold Spring Harbor Laboratory (Abb. 1), The Rockefeller University Press (Tab. 1, Abb. 3 und 6), Charles C. Thomas Publisher (Abb. 2, 4 und 5, Tab. 2), The University of Chicago Press (Abb. 7), American Society for Biochemistry and Molecular Biology (Abb. 8).

Ilana Löwy

Unscharfe Begriffe* und föderative Experimentalstrategien

Die immunologische Konstruktion des Selbst

1. Einleitung

Die Immunologie ging aus zwei getrennten Wissenschaftstraditionen hervor, einer chemischen und einer medizinischen. Beide zusammen definierten im späten 19. und beginnenden 20. Jahrhundert den Gegenstand der neuen Disziplin: die Untersuchung der physiologischen Mechanismen, die ‚Immunität' gegen ansteckende Krankheiten verleihen. Zwischen 1880 und 1910 nahmen immunologische Studien einen ungeahnten Aufschwung und förderten in rascher Folge wichtige Entdeckungen zutage. Dann jedoch führte eine spezifische Konstellation von technischen und theoretischen Schwierigkeiten zur Aufgabe des ursprünglichen begrifflichen Rahmens der Disziplin. Eine Alternative wollte sich nicht ergeben. Das Ergebnis war eine immer stärker technische Orientierung. Über einen langen Zeitraum wurde die Immunologie dann als ein Sammelsurium esoterischer Laborpraktiken angesehen, das von der maßgeblichen Entwicklung biologischer Erkenntnis isoliert war.

Meine These ist, daß das Wiedererstarken und der gegenwärtige Erfolg der Immunologie eng mit ihrer Neudefinition als Wissenschaft vom ‚Selbst' und ‚Nicht-Selbst' verbunden ist. Als solche untersucht sie biologische Mechanismen, die es dem Organismus ermöglichen, zwischen dem ‚Selbst' und dem ‚Nicht-Selbst' zu unterscheiden und auf letzteres zu reagieren. Die Definition von Immun-Mechanismen als Vorrichtungen zur Erhaltung der biologischen Individualität entstand im Rahmen eines Forschungsprogramms, das darauf zielte, dem Terminus ‚Selbst' eine präzise chemische und genetische Bedeutung zu verleihen. Dazu kam es jedoch nicht; statt dessen wurde die immunologische Konzeption des Selbst immer komplexer und unschärfer. Zugleich aber erleichterte die Unbestimmtheit des Begriffs die Zusammenarbeit zwischen Wissenschaftlern und Medizinern unterschiedlicher wissenschaftlicher Traditionen. Es wurden neue Experimentalstrategien entwickelt, die das Erbe früherer immunologischer Laborpraktiken bewahrten und sie in einen neuen begrifflichen und institutionellen Kontext stellten.

Meine Behauptung geht dahin, daß der Fall der Immunologie nicht außergewöhnlich ist. ‚Unscharfe Begriffe' spielen bei der Konstruktion von Wissen sowie der Verbreitung von Innovationen in den biomedizinischen Wissenschaften eine wichtige Rolle. Sie tragen dazu bei, Allianzen zwischen professionellen Gruppen zu schaffen. Sie erlauben es den Partnern, sich einer im Wandel begriffenen kognitiven und sozialen Umgebung anzupassen und dabei gleichzeitig ihre experimentellen Praktiken und ihre Autorität auf einem speziellen Fachgebiet zu bewahren. Unscharfe Begriffe können auch die Entwicklung ‚föderativer' Experimentalstrategien fördern sowie langfristig lockere und institutionelle Koalitionen zwischen etablierten Fachgruppen aufrechterhalten.[1]

Die Idee, daß in der Entwicklung der Wissenschaft unscharfe Begriffe eine wichtige Rolle spielen, ist nicht ganz neu. Bereits 1937 wies Ludwik Fleck als erfahrener Bakteriologe und Immunologe darauf hin, daß ein wissenschaftlicher Ausdruck von verschiedenen ‚Denkkollektiven' oft unterschiedlich gebraucht wird: So bedeutet z. B. der Begriff ‚Lipid' für einen Chemiker etwas anderes als für einen Immunologen.[2] Fleck vermerkte auch, daß Bedeutungsverschiebungen von Begriffen, die zwischen verschiedenen ‚Denkkollektiven' zirkulieren, zu wissenschaftlichen Innovationen führen können.[3] Jedoch war er, wie später auch Thomas Kuhn, hauptsächlich an der Inkommensurabilität zwischen Denkkollektiven interessiert. Er betrachtete die Bedeutungsvarianz mehr als ein ‚Rauschen', ein heuristisch gelungenes, aber zufälliges Resultat der Unmöglichkeit, Begriffe getreu aus einem ‚Denkstil' in einen anderen zu übertragen, und nicht als ein ‚Signal', ein strategisches Werkzeug in der Konstruktion von Wissen.

Die Rolle unscharfer Begriffe begann Wissenschaftshistoriker und -soziologen zu interessieren, als sie von der Untersuchung großer Umschwünge wie der Herausbildung neuer Disziplinen oder neuer professioneller Rollen abrückten und sich auf Laborpraktiken, lokale Interaktionen und allmählichen Wandel zu konzentrieren begannen. Dabei gewannen der Prozeß der ‚Härtung' ‚wissenschaftlicher Tatsachen', die Dynamik der Wechselwirkung zwischen verschiedenen Gruppen und schließlich die begrifflichen und technischen Werkzeuge ihrer Verständigung an Interesse.[4]

Kürzlich haben Susan Leigh Star und James Griesemer einen neuen Terminus geprägt – ‚unscharfe Objekte'.[5] Er erleichtert es, die Zusammenarbeit über Grenzen verschiedener Sichtweisen und Absichten hinweg zu verstehen. Star und Griesemer untersuchten den Aufbau eines Naturhistorischen Museums. Dieser erforderte eine enge Zusammenarbeit zwischen heterogenen sozialen Gruppen wie Fachwissenschaftlern, Amateuren, Verwaltung und Publikum. Sie sehen ‚unscharfe Objekte' als konkrete oder begriffliche Gegenstände, die robust genug sind, um ihre Integrität zu bewahren, aber auch plastisch genug, um in verschiedenen ‚sozialen Welten' gehandhabt zu werden. Unscharfe Begriffe sind definitionsgemäß multifunktional. Sie ermöglichen die Konstruktion eines bestimmten Wissensbereichs und transportieren gleichzeitig spezielle soziale Interessen. Wie die Grenzsteine (boundary stones), auf die sich ihr Name metaphorisch bezieht, kann man über sie verhandeln: Sie verbinden Territorien professioneller Expertise und begrenzen sie zugleich.

In der Immunologie gibt es eine große Zahl solcher Ausdrücke. Vielleicht hängt das damit zusammen, daß Spezialisten in diesem Bereich es mit zwei verschiedenen Referenzgruppen zu tun haben: Grundlagenforschern und Ärzten. Derselbe immunologische Ausdruck, etwa ‚cytotoxische Zellen',[6] ‚Rezeptoren'[7] oder ‚Histokompatibilität'[8] bedeutet für Kliniker und Wissenschaftler oft etwas Verschiedenes. Diese ‚Polyphonie der Bedeutung'[9] oder ‚Indeterminiertheit'[10] hat bei der Herausbildung von Experimentalstrategien in dieser Disziplin eine wichtige Rolle gespielt. Das gilt vor allem für den Schlüsselbegriff der ‚neuen' Immunologie seit den 50er Jahren, das immunologische ‚Selbst'. Dieses ‚unscharfe Objekt' hat eine Verbindung zwischen medizinischen und wissenschaftlichen Problemstellungen ermöglicht und es erlaubt, den Kompetenzbereich der Immunologen neu zu definieren und auszuweiten.

Die vorliegende Arbeit umfaßt zwei Teile. Im ersten diskutiere ich das Scheitern der Bemühungen am Anfang des 20. Jahrhunderts, einen immunologischen Begriff des Selbst zu entwickeln. Ich behaupte, daß dieser Versuch gescheitert ist, weil seine Verfechter nicht in der Lage waren, Experimentalstrategien zur Untersuchung der immunologischen Individualität zu entwickeln. Der zweite Teil behandelt die Herausbildung des immunologischen Begriffs des Selbst in den 40er und 50er Jahren und befaßt sich dann mit dem Einfluß, den die Konstruktion dieses ‚unscharfen Objekts' auf die ‚immunologische Explosion' der 60er und 70er Jahre gehabt hat.

2. Der immunologische Begriff des Selbst im frühen 20. Jahrhundert: Möglichkeiten und Grenzen des Experimentierens

Die Anfänge der Immunologie sind eng mit der Bakteriologie verknüpft. Unter Immunologie verstand man zunächst die Untersuchung der Schutzmechanismen des Organismus vor Infektionskrankheiten. Es zeigte sich rasch, daß zumindest ein Teil dieser Mechanismen spezifisch war. Man ging davon aus, daß dies die Spezifität der Krankheiten und ihrer bakteriellen Erreger widerspiegelte. Das Interesse an den Immunreaktionen verband das neue Forschungsfeld mit den ebenso neuen biochemischen Untersuchungen spezifischer chemischer Reaktionen der Zelle.[11] Anfänglich konzentrierte man sich auf das Problem, wie der

Organismus zwischen verschiedenen Mikroorganismen unterscheidet. Die Frage, wie er zwischen seinem Selbst und dem Eindringling unterscheidet, hielten die Immunologen aufgrund der großen phylogenetischen Distanz zwischen pathogenen Bakterien und ihren Wirten für irrelevant. Zu Beginn des 20. Jahrhunderts aber rückte die Selbsterkennung aufgrund zweier Ereignisse in den Vordergrund: der Entdeckung hämolytischer Antikörper und der Beobachtung schädlicher Nebenwirkungen bei der therapeutischen Injektion von Immunseren.

Antibakterielle Substanzen im Serum wurden zuerst aufgrund der Fähigkeit von Antikörpern nachgewiesen, pathogene Bakterien zu neutralisieren oder zu lysieren. 1898 zeigte Jules Bordet, daß das Serum eines mit roten Blutkörperchen vom Kaninchen immunisierten Meerschweinchens diese Blutkörperchen im Reagenzglas zu zerstören vermag. Die neue Technik demonstrierte, daß Meerschweinchen ebensogut Antikörper gegen eine andere Nagerart bilden wie gegen Bakterien. Das Problem verlagerte sich von der Erkennung der Mikroorganismen zur Erkennung einer nahe verwandten Tierart. In Übereinstimmung mit der damals weitverbreiteten Annahme, daß nur Proteine die Bildung von Antikörpern induzieren können, wurde es in der Folge reformuliert als Problem der Erkennung von Proteinen einer fremden Spezies.[12]

Bordet schloß daraus, daß Organismen in der Lage sind, arteigene Proteine von artfremden zu unterscheiden. Er wurde durch die Beobachtung der ‚Serum-Krankheit' bestärkt – einer schweren, manchmal tödlich verlaufenden Reaktion auf die wiederholte Injektion von Antiserum. Das meist aus Pferden stammende Anti-Diphtherie-Antiserum war 1894 in die Diphtherie-Therapie eingeführt worden. Die ersten durch diese Behandlung verursachten Todesfälle wurden 1896 beschrieben. Andere Patienten starben zwar nicht, litten jedoch unter schweren Nebenwirkungen. Die Immunologen weigerten sich zunächst, die Immunisierung als gefährlich anzusehen. Später gaben sie zu, daß mit einem Antiserum gegen Diphtherie-Toxine behandelte Patienten gelegentlich auch Antikörper gegen Proteine des Pferdeserums bildeten, und daß die wiederholte Behandlung mit dem gleichen Serum zu einer gefährlichen Überreaktion führen kann. 1902 beobachteten Portier und Richet[13] eine heftige, oft letale Reaktion bei Labortieren nach einer zweiten Injektion winziger Mengen artfremden Proteins. Damit waren die Beobachtungen der Kliniker auch experimentell bestätigt. Man nannte dies Anaphylaxie.

Überlegungen zur physiologischen Bedeutung der Anaphylaxie führten Richet zum Begriff der biologischen Individualität. Er fragte sich, warum solch ein potentiell gefährlicher Mechanismus existiert und warum er so eng mit den Mechanismen zum Schutz vor Infektionskrankheiten verbunden ist. Seine Antwort war, daß auch die Anaphylaxie ein Abwehrmechanismus ist, dessen Ziel darin besteht, die chemische Integrität der Spezies zu bewahren:

„Es ist in der Tat bedeutend, daß Tierarten eine bestimmte chemische Zusammensetzung aufweisen. Wenn infolge einer zufälligen oralen oder parenteralen Zufuhr fremde Proteine im Zellsaft als Bestandteil der Körperflüssigkeit auftauchen würden, wäre die chemische Zusammensetzung des Lebewesens verändert und regelrecht pervertiert. Das würde für die Tierart eine schwere Bedrohung bedeuten, gäbe es nicht einen Mechanismus, der ihre chemische Zusammensetzung stabil hielte."[14]

Aber, so fügte Richet hinzu, Immunmechanismen garantieren nicht nur die Stabilität der chemischen Konstitution der Art; sie formen auch die Physiologie des Individuums.

„Wie die Immunisierung schafft die Anaphylaxie humorale Unterschiede zwischen verschiedenen Individuen. Kommt eine Zelle mit Antigenen in Kontakt, so wird sie dadurch veranlaßt, bestimmte Substanzen wie Antitoxine ... abzusondern. Diese zirkulieren entweder im Blut oder setzen sich in den Zellen fest und erzeugen damit für jeden Organismus einen spezifischen humoralen Zustand, der von den Antigenen abhängt, denen dieser Organismus ausgesetzt war."[15]

Nach Richet sollte man also das hereditäre Erscheinungsbild des Organismus – ein Abbild der Entwicklungsgeschichte der Spezies – von der zeitlich begrenzten ‚humoralen Persönlichkeit' unterscheiden – dem Abbild der Individualgeschichte. Und er forderte, auch die ‚humorale Persönlichkeit' zum Forschungsgegenstand zu machen: „Das bedeutet, daß es von nun an nicht mehr ausreicht, die Physiologie der Art zu untersuchen. Eine andere Physiologie muß in Angriff genommen werden, die sich gerade erst ankündigt, und die sehr schwierig sein wird: die Physiologie des Individuums."[16]

Die Vererbung erklärte zwar Unterschiede zwischen den Arten, aber nicht zwischen den Individuen einer Art. Richet blieb dem Glauben treu, daß es Immunreaktionen nur gegen artfremde Proteine gibt. Die Überzeugung, daß Immunmechanismen sich nicht gegen arteigene Proteine richten, wurde jedoch bald erschüttert. Zwei verschiedene experimentelle Zugänge waren dafür verantwortlich: die Untersuchung von Blutgruppen und Studien zur Transplantation. Die Agglutination roter Blutkörperchen durch das Serum eines anderen Individuums[17] ließ es möglich erscheinen, daß ein bestimmtes Individuum Antikörper gegen ein anderes artgleiches Individuum produzierte. Zunächst wiesen diese Studien eher auf einen prinzipiellen Unterschied zwischen Gruppen innerhalb einer Spezies hin: Sie bestätigten nicht das Prinzip der biologischen Individualität, sondern die Existenz von Untergruppen. Erst sehr viel später, mit der Entdeckung ‚kleinerer' über das AB0-System hinausgehender Blutgruppen führten solche Untersuchungen zur Aufdeckung wirklich individueller biologischer Unterschiede.

Der Fall der Transplantation lag anders. Er führte rasch zur Idee der Existenz wirklicher biologischer Individualität. Der Pionier der Organtransplantation, Alexis Carrel, hatte herausgefunden, daß von einem Individuum auf ein anderes artgleiches Individuum verpflanzte Organe und Gewebe immer abgestoßen wurden, während eine Entnahme und Rücktransplantation beim selben Individuum praktisch immer erfolgreich waren.[18] Carrel erklärte dies mit unbekannten physiologischen Mechanismen, die eine strikte biologische Individualität aufrechterhalten. 1911 erklärte er:

„Wenn einem Tier ein Organ entnommen und es dann wieder in dasselbe Tier zurückverpflanzt wird, bleibt es auch weiterhin in guter Verfassung. Wenn das Organ aber in ein anderes Individuum verpflanzt wird, so wird es im Allgemeinen von seinem neuen Träger angegriffen, oder es greift den Organismus an. ... Es ist deshalb unerläßlich zu untersuchen, warum ein Organ in einem anderen Individuum nicht gut (ein)wächst. ... Eine solche Untersuchung müßte zu *physikochemischen Eigenschaften führen, die der Individualität zugrunde liegen.*“[19]

Für die Mediziner war die Idee, chemische Parameter biologischer Individualität zu untersuchen, zweifellos attraktiv. Nicht zufällig wurde sie zunächst von Forschern (Richet, Carrel) aus der französischen Kliniktradition eingeführt, in der man die individuelle Reaktion eines jeden Patienten betonte. Die Ärzte suchten nach einem Erklärungsschema, das ihnen ermöglichte, mit den individuellen Unterschieden bei ähnlichen Erkrankungen umzugehen. Richets und Carrels Ideen hatten den Vorzug, daß sie ein konkretes, von führenden Medizinern getragenes Forschungsprogramm vorschlugen – sowohl Richet (1913) als auch Carrel (1912) bekamen den Nobelpreis für Physiologie oder Medizin. Es stand obendrein nicht im Widerspruch zum Wissen der Zeit. Dennoch wurde die Erforschung biologischer Individualität nicht weiter verfolgt und geriet während der nächsten 30 Jahre fast vollständig in Vergessenheit.

Warum gaben die Immunologen den Begriff der biologischen Individualität auf? Richet selbst hielt das Konzept für „sehr schwierig“. Zwischen 1910 und 1920 gab es keine Labortechniken zur Feststellung winziger individueller Unterschiede in den Immunreaktionen. Die Geschichte der ‚cytotoxischen Antikörper‘ mag die Grenzen der immunologischen Techniken dieser Zeit illustrieren. In der ersten Dekade des 20. Jahrhunderts hatte die Entdeckung hämolysierender Antikörper zu zahlreichen Versuchen geführt, Anti-Organ- oder Anti-Gewebe-Antikörper herzustellen. Die Forscher spekulierten mit der Möglichkeit, Antikörper zu produzieren, die gezielt bestimmte Zelltypen zerstören würden. Solche ‚cytotoxischen‘ Antikörper, so postulierte man, würden ein wirksames Forschungswerkzeug für die Physiologie und ein Mittel zur Krebstherapie darstellen. Der neue Forschungszweig sah zunächst sehr vielversprechend aus. Man injizierte Tieren verschiedener Arten gereinigte Organextrakte und behauptete, die so erhaltenen ‚cytotoxischen Seren' würden bestimmte physiologische Funktionen spezifisch hemmen. Im nachhinein fand man jedoch, daß die cytotoxischen Effekte dieser Seren auf artspezifischen Antikörpern beruhten; praktisch waren also alle ‚cytotoxischen Seren' hämolysierend. Mit dem Vorhandensein hämolysierender und anderer nicht-organspezifischer Antikörper im Serum konnten sämtliche beobachteten Wirkungen erklärt werden. Damit waren die ‚cytotoxischen Antikörper' als Labor-Artefakte klassifiziert.[20]

Das Beispiel der cytotoxischen Antikörper zeigte die technischen Grenzen der immunologischen Methoden zur Untersuchung komplexer physiologischer Mechanismen. Zwischen 1910 und 1920 wurden diese Versuche durch eine andere Experimentalstrategie ersetzt: Man wandte sich einfachen Experimentalsystemen zu, die ausreichend präzise mit den existierenden Methoden untersucht werden konnten. Die Immunologie trat in ihre ‚chemische Phase'[21] ein. Die Immunologen studierten Antikörper, die gegen genau definierte chemische Verbindungen gerichtet waren. In dieser ‚chemischen Periode' qualifizierten die führenden Forscher die Untersuchung komplexer physiologischer Mechanismen wie Anaphylaxie und Auto-Immunität als marginal, wenn nicht gar als ‚rückständig'.

Die Untersuchung ‚biologischer Individualität' wurde in den 20er und 30er Jahren zwar nicht völlig aufgegeben, aber sie beschränkte sich auf Bereiche, die vom ‚mainstream' der Immunologie abgeschnitten waren. Einige frühe Untersuchungen zur Transplantation[22] hatten die Abstoßung fremden Gewebes durch Immunmechanismen zu erklären versucht. Sie brachten jedoch keinen Nachweis spezifischer Antikörper gegen das Transplantat. Die verwirrenden, oft widersprüchlichen Befunde, die in heterogenen und wenig harmonisierten Experimentalsystemen erhoben wurden, ließen diese Annahme bestenfalls als unbewiesen erscheinen.[23] Aufgrund des Fehlens verläßlicher Methoden zur Untersuchung der Abstoßungsmechanismen konzentrierten sich die Studien auf genetische Aspekte des Problems, die der experimentellen Bearbeitung besser zugänglich waren, z. B. die Hauttransplantation in genetisch reinen Mäusestämmen. So wurde die Transplantation allmählich zur fast ausschließlichen Domäne der Mausgenetiker.[24] Andererseits führten Blutgruppen-Untersuchungen[25] zur Erforschung individueller Protein-Organisationsmuster auf der Oberfläche menschlicher roter Blutkörperchen. Diese Arbeiten lagen jedoch in den Händen einer spezifischen Berufsgruppe – den Hämatologen. Zudem basierten sie auf einer damals atypischen Kategorie – den ‚natürlichen', ohne vorherige Immunisierung auftretenden Antikörpern. Sie wurden lange Zeit von ‚normalen' Antikörpern unterschieden und deswegen als für den Immunologen wenig geeignetes Objekt angesehen.

Inzwischen hatte die veränderte Forschungsstrategie und die Hinwendung zum Studium einfacher, gut bestimmter Antigene eine unerwartete Folge: die Entdeckung der Immunität gegen ‚künstliche Antigene'. Man fand,[26] daß einfache chemische Verbindungen (Haptene), die an ein Protein gekoppelt und einem Labortier injiziert wurden, zur Bildung spezifischer Antikörper führten. Dieses entwaffnend einfache Experiment hatte weitreichende Konsequenzen: Es warf grundlegende Fragen über die physiologische Rolle von Immunmechanismen auf. Bordets Entdeckung von Antikörpern gegen rote Blutkörperchen hatte das Verständnis von Immunität als einer bloßen ‚Abwehr gegen eindringende Mikroorganismen' unterminiert. Evolutionäre Argumente mit ihrer Betonung der biologischen Integrität des Organismus erlaubten es jedoch, bei einem teleologischen Erklärungsmuster zu bleiben. Die Entdeckung von Antikörpern gegen künstliche Antigene machte nun aber diese theoretische Konzeption so gut wie unmöglich. Es entstand eine lang anhaltende konzeptuelle Leere. Unterm Strich wurde in der Immunologie theoretische durch technische Validität ersetzt. Wie Fleck 1937 sagte:

„Als Ergebnis des Zusammenbruchs der alten Theorie der Immunität und des Fehlens einer alternativen zeitgenössischen Sichtweise, der Geschlossenheit der Gemeinschaft der Serologen sowie der beherrschenden Rolle der Technik in dieser Disziplin nehmen die Grundbegriffe der Serologie wie ‚Komplement', ‚Amboceptor', ‚serologisches Merkmal', ‚A-B Komponente', ‚serologisches Reagens' die Qualität von Hypostasen an. Sie sind Reifikationen von Zuständen und Prozessen, ja von Laborverfahren, und diese Reifikation ist mittlerweile durch und durch zum Charakteristikum der Serologie geworden."[27]

Flecks Wahrnehmung einer Krise in der Immunologie der 30er Jahre war die eines Außenseiters. Seine weniger zu epistemologischen Reflexionen neigenden Kollegen sahen die chemische Wende der Immunologie eher als ein sicheres Zeichen für die Verwissenschaftlichung ihres Faches.[28] Während der ‚chemischen Periode' wurde die Zukunft des Fachs allein im Rahmen zweier Experimentalstrategien gesehen: chemischen Untersuchungen von Antigenen und Antikörpern sowie deren medizinischer Anwendung in der Serologie. Das war eine eher beschränkte Zukunft: Die Immunochemiker wurden bald als Biochemiker und Proteinchemiker, die Serologie als eine Unterabteilung der medizinischen Bakteriologie angesehen. Die Erneuerung der Immunologie nach dem Zweiten Weltkrieg war dann auch nicht das Resultat neuer Entwicklungen im Rahmen der etablierten Immunologie, sondern kam aus ganz anderen Richtungen: aus Untersuchungen zum Mechanismus und zur Kinetik der Antikörpersynthese sowie aus der Immunopathologie.

3. Der immunologische Begriff des Selbst nach dem Zweiten Weltkrieg: Von den ‚Selbst-Markern' zu idiotypischen Netzwerken

Der von Macfarlane Burnet eingeführte Begriff des immunologischen Selbst wurde für das immunologische Denken in den 50er Jahren zentral. Burnet war eine komplexe Wissenschaftlerpersönlichkeit. Er definierte sich selbst als altmodischen ‚Arzt und Naturforscher', aber zugleich war er außerordentlich interessiert an den neuesten Entwicklungen in der Biologie. So erfaßte er 1943 sofort die Bedeutung der Untersuchungen von Avery und seinen Mitarbeitern über den ‚Transfer-Faktor' der Pneumokokken als „Isolierung eines reinen Gens in der Form von Ribonukleinsäure".[29] In seiner experimentellen Arbeit war er Reduktionist, doch er war Ökologe, wenn es um die Betrachtung neuer experimenteller Befunde im Kontext der Biologie als ganzer ging.[30] Er war mit den neuen Experimentaltechniken vertraut, aber bevorzugte selbst immer wieder Experimente, die mit den einfachsten technischen Mitteln durchzuführen waren. Schließlich mag seine geographische Außenseiterrolle (er verbrachte fast sein ganzes wissenschaftliches Leben in Australien) zur Entwicklung eines Denkens beigetraten haben, das sich von den herkömmlichen Konzepten löste.

Burnet, zunächst Bakteriologe und Virologe, erklärte später, scin Interesse an Antikörpern sei Ende der 30er Jahre aus seinen Studien zur Kinetik der Produktion von Anti-Staphylokokken-Antikörpern in Kaninchen entstanden. Er hatte bemerkt, daß die Menge spezifischer Antikörper im Blut logarithmisch anwuchs und daraus geschlossen, daß sich da ungefähr alle 12 Stunden etwas verdoppeln mußte. Die Beobachtung selbst war eher trivial, weniger jedoch Burnets Fähigkeit, die Kinetik der Antikörper-Bildung als ein bedeutsames biologisches Problem zu erkennen. Zu dieser Zeit tendierten die Immunologen dazu, immunisierte Labortiere einfach als Antikörper-Fabriken und die Kinetik der Antikörper-Bildung als bloßen Effizienztest anzusehen.

Burnets erster Aufsatz, in dem er seine Hypothese der Verdopplung eines ‚Antikörper-bildenden Elementes' formulierte, wurde von einer Fachzeitschrift abgewiesen. Daraufhin erweiterte er seinen Artikel zu einer Monographie, die dann ohne das Veto der Herausgeber publiziert werden konnte.[31] Das Ergebnis[32] war ein neuartiger Versuch, die Erkenntnisse über die Chemie der Antigene und Antikörper mit einem physiologischen Zugang zur Antikörper-Bildung zu verbinden. Burnet brachte die Antikörper-Synthese mit zwei biologischen Grundfragen zusammen: den Bedingungen der Proteinsynthese in der Zelle und der Fähigkeit biologischer Systeme, sich als Reaktion auf gemachte ‚Erfahrungen' zu verändern. Ausgehend von der Beobachtung, daß ein zweiter Kontakt mit einem Antigen eine beschleunigte ‚sekundäre' Immunantwort hervorruft, spekulierte Burnet über die mögliche Basis und die Grenzen dieses ‚immunologischen Gedächtnisses'. Es war bekannt, daß sehr junge Tiere für einige Zeit keine Antikörper produzieren. Burnet interpretierte diese Tatsache als Anzeichen dafür, daß „Immunreaktionen jeglicher Art das Ergebnis eines ‚Trainings'prozesses darstellen".[33] In der zweiten Auflage seiner Monographie[34] formulierte er als Grundproblem jeder physiologischen Theorie der Antikörper-Bildung, „die Differenzierung jener Funktion zu erklären, vermöge derer das natürliche Eindringen fremder Mikroorganismen oder die künstliche Injektion fremder roter Blutkörperchen eine Immunreaktion hervorruft, wohingegen das physiologisch ähnliche autologe Material dies nicht tut."[35]

Die experimentelle Evidenz deutete darauf hin, daß die Unterscheidung zwischen autologem und fremdem Material während der Embryonalentwicklung erlernt wird. Embryos, erklärte Burnet, „sind nicht in der Lage, fremdes Material in der Weise wahrzunehmen und abzulehnen, wie dies erwachsene Zellen tun". Hingegen zeigten Experimente der Natur wie Erythrozyten-Mosaiken in Kalbszwillingen, daß fremde Zellen auf Dauer toleriert wurden, wenn sie früh genug in der Embryonalentwicklung implantiert wurden.[36] Um die Unterschiede zwischen Embryonen und adulten Tieren zu erklären, entwickelte Burnet das Konzept des ‚Selbst-Markers'. Danach gründet sich die Unterscheidung zwischen ‚Selbst' und ‚Nicht-Selbst' auf eine begrenzte Zahl erkennbarer chemischer Komponenten in jeder Zelle, deren Kombination für den Organismus spezifisch ist. Burnets Modell war stark beeinflußt von Peter Medawars experimenteller Arbeit über Hautverpflanzungen bei Kaninchen. Diese hatten eine hohe Spezifität der Abstoßung sowie eine beschleunigte ‚sekundäre' Abstoßung ergeben, die der ‚sekundären' Antikörper-Reaktion ähnlich war.[37] Nach diesem Modell ist das ‚Eigenmuster' (self-pattern) des Organismus vererbt, während das Vermögen, dieses zu erkennen, während der Embryonal- oder der frühen Postembryonal-Stadien erworben werden muß.

Burnets Modell unterstellte einen zelleigenen Mechanismus, der gelernt hat, das ‚Nicht-Selbst' zu erkennen, darauf mit der Synthese eines spezifischen Antikörpers zu reagieren und dieses Ereignis in Erinnerung zu behalten. Jedoch ging Burnet 1949 von einer Instruktionstheorie der Antikörper-Bildung aus: Er nahm an, daß deren Synthese am Antigen als Matrize stattfindet, in Übereinstimmung mit der damals weitverbreiteten Theorie der Proteinsynthese, nach der die

Sequenz der Aminosäuren nicht automatisch die Tertiärstruktur eines Proteins bestimmte; diese sollte den Aminosäureketten vielmehr durch spezifische Matrizen (Gene, Antigene) aufgeprägt werden. In den 50er Jahren machten der Fortschritt im Verständnis makromolekularer Strukturen und die Herauskristallisierung des ‚zentralen Dogmas' der Molekularbiologie alle Instruktionstheorien obsolet. Die Lösung bestand in der Entwicklung – neben anderen durch Burnet – der klonalen Theorie der Antikörper-Bildung.[38] Sie ging von der Präexistenz einer großen Zahl Antikörper bildender Zellen aus, die sich fortpflanzen und nach Kontakt mit einem Antigen spezifische Antikörper produzieren. Die ‚Antikörper-bildenden' Zellen wurden während der Embryonalentwicklung gewissermaßen ‚erzogen' (selektiert) und waren die Hüter des immunologischen Gedächtnisses. Sie waren das Rückgrat des ‚Immunsystems' – ein diffuses, aber wesentliches Konzept, das Verbindungen zwischen den verschiedenen physiologischen Reaktionen der Erkennung von Selbst und Nicht-Selbst postulierte.

Wissenschaftshistoriker[39] haben die klonale Theorie der Antikörper-Selektion später als das entscheidende Ereignis angesehen, das die Expansion der Immunologie in der Nachkriegszeit auslöste. Diese Annahme ist jedoch fraglich: Der starke Anstieg an Veröffentlichungen in dieser Disziplin fand zwischen 1950 und 1960 statt,[40] also noch vor der allgemeinen Anerkennung der Theorie der Klone, die noch 1967 als nicht bewiesen galt.[41] Im Gegensatz zur langsamen Durchsetzung der klonalen Theorie der Antikörper-Bildung erhielt die Neudefinition der Immunmechanismen als solche der Erkennung von Selbst und Nicht-Selbst schnell breite Anerkennung. Wahrscheinlich hing dies mit der praktischen Bedeutung der neuen Definition zusammen. Die klonale Selektionstheorie war zwar eine testfähige Hypothese, aber sie interessierte hauptsächlich die Grundlagenforscher. Hingegen wurde die Frage der Erkennung von Selbst und Nicht-Selbst wegen ihrer möglichen Konsequenzen für Organ- und Gewebetransplantation, Allergie und Auto-Immunität sogleich äußerst attraktiv für die Mediziner. Besonders die ersten Versuche zur Nierentransplantation in den 50er Jahren machten die Organtransplantation zu einem hervorstechenden Symbol neuer Hoffnungen in die Medizin. So verwundert es nicht, daß bei der Verleihung des Nobelpreises an Burnet und Medawar im Jahre 1960 die potentielle Bedeutung dieser Entdeckung für die Organ- und Gewebetransplantation unterstrichen wurde.[42] Auch Burnet betonte in seiner Nobelpreisrede die praktischen Folgen, die mit der Neudefinition der Immunologie als einer Wissenschaft der Erkennung von Selbst und Nicht-Selbst einhergingen. Er wies darauf hin, daß „die neue Immunologie ... viel größere Aussichten auf eine praktische Anwendung in der Medizin und auf ein besseres Verständnis der Lebensprozesse eröffnet als die klassische Immunchemie, die sie in sich aufnimmt und damit ablöst".[43] Burnets

Voraussage über die Bedeutung der ,neuen Immunologie' sollte sich bald bewahrheiten. 1967 erklärte Niels Jerne, daß „es Sir Macfarlane Burnet geschmeichelt haben muß, zu sehen, wie stark seine stimulierenden Ideen die Gemeinde der Immunologen vergrößert haben".[44] Die 60er und 70er Jahre brachten ein schnelles Anwachsen der Zahl spezialisierter immunologischer Zeitschriften, die Verstärkung und Neugründung immunologischer Abteilungen an Universitäten und einen erheblichen Zuwachs an Finanzmitteln.[45] Die rasche Entwicklung der Immunologie war Ausdruck der erneuerten Allianz zwischen dem Forschungslabor und der Klinik. Die Immunologie wurde zu einem der Bindeglieder zwischen den neuesten Entwicklungen in der Biologie und der medizinischen Praxis. Die Interpretation der Immunerscheinungen in Begriffen, die sowohl mit der allgemeinen Physiologie als auch mit der Molekularbiologie kompatibel waren, erlaubten die Integration der Immunologie in den ,mainstream' der biologischen Forschung.

Mit Nachdruck sei darauf hingewiesen, daß die ,neue Immunologie' sich anfänglich gerade nicht durch Einbeziehung innovativer experimenteller Methoden in die ,alte Immunologie' entwickelte. Genau andersherum: Obwohl die Mehrheit der Protagonisten aus der biologischen Forschung (Zoologie, Physiologie, Virologie) zur Immunologie stießen, wurden bei den Untersuchungen, welche die ,neue Immunologie' begründeten, traditionelle Labortechniken verwendet.[46] Als sich jedoch die immunologische Grundlagenforschung vom Bild einer esoterischen und altmodischen ,technischen' Spezialdisziplin befreit hatte, zog sie auch Biochemiker, Biophysiker, Genetiker und Molekularbiologen an, die hier ein expandierendes Feld sahen, das interessante biologische Probleme zu untersuchen erlaubte. Gleichzeitig versprach es dank der Verbindung zur medizinischen Anwendung den Zugang zu finanziellen Mitteln und professioneller Etablierung. Diese Spezialisten führten dann eine große Zahl neuer experimenteller Techniken ein, die von den 60er Jahren an die immunologische Praxis radikal veränderten.

Die Expansion der immunologischen Grundlagenforschung war mit einer raschen Ausbreitung immunologischer Untersuchungen in der Klinik verbunden. Sie fanden Eingang in die Domäne der Transplantation, der Allergie, der Autoimmunität und der Immundefizienz. Zudem hatte die neue Sicht des ,Immunsystems' als eines grundlegenden Regulationsmechanismus der Integrität des ,Selbst' zur Untersuchung des Immunstatus bei verschiedenen Krankheiten geführt: vom Krebs über Kreislaufkrankheiten bis zu endokrinen Defekten. Die Kliniker griffen die Vorteile des neuen Wissens in ihrer Praxis rasch auf. Viele vorher unerklärte pathologische Erscheinungen wurden in die Sprache der modernen Biologie übersetzt.[47] Dabei beschränkte die Einführung der neuen

Immunologie keineswegs den Bereich klinischer Kompetenz. Im Gegenteil, sie erweiterte und bereicherte sie. Die Untersuchung von Immunreaktionen wurde zum Bestandteil von biologischen Routinetests im Krankenhaus.

Das breite Eindringen immunologischer Untersuchungen in die Klinik führte zusammen mit dem Wachstum der Grundlagenforschung zur zitierten eindrücklichen „Vergrößerung der Gemeinde der Immunologen". Die Erkenntnisse über Immunerscheinungen in normalen und pathologischen Situationen wuchsen an – gleichzeitig aber auch die Einsicht in ihre Komplexität. Es wurde immer schwieriger, alle verfügbaren Daten in Burnets elegantes und einfaches theoretisches Gebäude einzufügen. In den 70er und 80er Jahren wurde die Immunantwort nicht mehr als einfacher Mechanismus zur ‚Synthese von Antikörpern' angesehen, sondern als eine Interaktion zwischen verschiedenen Typen von Zellen, die über ein komplexes System von Membranrezeptoren kommunizierten, und die teils einer genetischen, teils somatischen Kontrolle unterlagen. Das Bild verwikkelte sich weiter durch die Entdeckung der Rolle nicht-spezifischer löslicher Botenstoffe: der Lymphokine und Wachstumsfaktoren. Die Verwirrung angesichts dieser wachsenden Komplexität hat R. K. Gershon treffend in einer Reihe von Zeichnungen festgehalten, auf denen das ‚immunologische Orchester' von 1968 ein wohlorganisiertes Ensemble mit einem einzigen Dirigenten ist, während es sich in den nächsten zehn Jahren allmählich in einen chaotischen Haufen verwandelt, der von mehreren Dirigenten zugleich geleitet wird.[48]

1967 sagte Niels Jerne das ‚Ende der Immunologie' und ihr Aufgehen in der allgemeinen Biologie voraus.[49] Wenige Jahre später schlug er angesichts der wachsenden Komplexität experimenteller Daten und der Schwierigkeit, sie alle in den existierenden begrifflichen Rahmen einzupassen, eine neue originelle Theorie der Immunität vor – die Theorie idiotypischer Netzwerke. Sie hatte einen erheblichen Einfluß auf die Entwicklung der Immunologie in den 80er Jahren.[50] Im Gegensatz zu Burnet legte Jernes neue Theorie großes Gewicht auf die ‚humorale Persönlichkeit' (Richet), d. h. den Einfluß der Entwicklung des Individuums auf seine Immunantwort. Ihrzufolge entwickelt sich das Immunsystem während der embryonalen Phase als Resultat einer ‚Selbst-Erfahrung': Bevor sie auf ein äußeres Antigen treffen, müssen die Zellen des Immunsystems lernen, miteinander zu ‚sprechen'. Später reguliert sich die Immunantwort eines Organismus durch ein Netz von ‚Anti-Idiotyp-Antworten' – Antworten auf die spezifische Antikörper charakterisierenden antigenen Determinanten. Jeder ‚Idiotyp' agiert zugleich als Antigen und Antikörper, und die Wirkung jedes Antigens kann durch sein ‚internes Bild' (einen Anti-Antikörper) nachgeahmt werden. Die Immunantwort ist demnach das Ergebnis eines komplizierten Wechselspiels zwischen externen und internen Antigenen. In solch einem komplexen

Netzwerk ist es nicht mehr einfach zu entscheiden, was ‚Selbst' und was ‚Nicht-Selbst' ist.

Burnets ursprüngliches Forschungsprogramm – die Untersuchung der chemischen Natur der postulierten ‚Selbst-Marker' und der angeblich einfachen Mechanismen ihrer Erkennung – wurde also nie eingelöst. Statt dessen wuchs die Komplexität des regulatorischen Netzwerks der Immunmechanismen. Und mit ihr nahm auch die Komplexität des institutionellen Netzes zu, das die Immunologen untereinander und mit anderen Gruppen verband. Beide, so behaupte ich, entwickelten sich in einer Art von Interdependenz: Die Komplexität und Unbestimmtheit der immunologischen Schlüsselbegriffe erleichterte die Entwicklung eines ‚Netzwerks von Wissenschaftlern'. Die Entwicklung der AIDS-Forschung als ein rezentes Beispiel belegt, wie ‚unscharfe Objekte' – das ‚immunologische Selbst' – die Zusammenarbeit zwischen Gruppen von Fachwissenschaftlern erleichtern. Unser gegenwärtiges Verständnis von AIDS basiert auf den Erkenntnissen dreier unterschiedlicher Forschergruppen: den Molekularbiologen, die Makromoleküle reinigen und analysieren, den Zell-Immunologen, welche die biologischen Wirkungen der HIV-Infektion untersuchen, und den Medizinern, die AIDS-Patienten beobachten und versorgen. Die erste Gruppe förderte eine beeindruckende Fülle von Erkenntnissen über die chemische Struktur des HIV zutage. Die detaillierte Kenntnis der Struktur dieses Virus reicht jedoch nicht aus, um die Auswirkungen einer HIV-Infektion auf den Patienten zu erkären. Die Hypothese, daß alle pathologischen Erscheinungen, die bei AIDS-Patienten beobachtet werden, das direkte Ergebnis der Wechselwirkung zwischen Virus und befallenen Zellen sind, stimmt nicht mit allen klinischen und Laborbefunden überein. Es gibt auch heute noch keine einfache und direkte Erklärung für die Mechanismen der Pathogenität des HIV.[51]

In alternativen Erklärungen beansprucht das ‚idiotypische Netzwerk' einen großen Raum, insbesondere die Möglichkeit eines zum Teil ‚hausgemachten' pathogenen Prozesses, der auf der Fähigkeit des HIV basiert, Strukturen des Selbst nachzuahmen und die Autoimmun-Antwort und Selbstzerstörung von CD4-Lymphocyten auszulösen. In solchen Erklärungen wird das einfache Bild der Attacke eines externen pathogenen Agens ersetzt durch das Bild eines komplexen Vorgangs, der die Grenzen zwischen dem ‚Selbst' und dem ‚Nicht-Selbst' verwischt.[52] Die Komplexität und Unbestimmtheit solcher auf Netzwerk-Theorien beruhenden Erklärungen wird vielleicht einen angemessenen Rahmen abgeben für die oft schwierige Integration der Erkenntnisse von Molekularbiologen, Immunologen und Medizinern sowie für die Ausarbeitung gemeinsamer Forschungsstrategien. Der Erfolg solcher Strategien hängt nicht unbedingt von der Haltbarkeit der Hypothese ab, die Wissenschaftler aus verschiedenen ‚Denkkollektiven' zusammenbringt. Er mag im Gegenteil darauf beruhen, daß eine bestimmte Hypothese oder ein bestimmtes ‚unscharfes Objekt' es erlaubt, föderative Strukturen auszubilden und Ressourcen zu mobilisieren.

4. Schluß

Ich habe in dieser Arbeit die Rolle eines ‚unscharfen Objekts' – des ‚Selbst' – in der Entwicklung der Immunologie diskutiert und zu zeigen versucht, daß sein Einfluß darauf beruht, Kontakte zwischen verschiedenen Fachgruppen zu erleichtern. Wenn, mit einem Wort von Peter Medawar, die „alte Immunologie sich zusammensetzte aus einem falschen Empirismus und einer konfusen Terminologie, einer Mischung von Vakzinen, Antiseren, Haut-Tests und nichts anderem",[53] so war die neue Immunologie wenigstens anfänglich – um Medawar zu paraphrasieren – zusammengesetzt aus ‚einer Mischung von Vakzinen, Antiseren, cutanen Tests und noch etwas dazu'. Dieses ‚Inkrement' war ein ‚krauses' theoretisches Geflecht, das es erlaubte, die Disziplin in den ‚mainstream' der Biologie einzuordnen, gleichzeitig ihre privilegierte Beziehung zur Klinik aufrechtzuerhalten und die Kontinuität experimenteller immunologischer Traditionen zu bewahren[54] – mit Burnets Worten: die alte Immunologie „aufzunehmen und abzulösen".

Der Erfolg des Begriffs des ‚immunologischen Selbst' in den 50er Jahren steht im Gegensatz zu seinem Versagen um 1910. Beide Male spielt, so glaube ich, der Entwicklungsstand experimenteller Zugänge zu den Immunerscheinungen eine entscheidende Rolle. Um 1910 waren sowohl der begriffliche Rahmen als auch die zwischen 1880 und 1900 entwickelten experimentellen Methoden für eine Untersuchung der physiologischen Mechanismen des Schutzes vor infektiösen Krankheiten ungeeignet. Die damalige Krise der Immunologie kann als Resultat einer hochgradigen technischen und zugleich strategischen Unsicherheit angesehen werden.[55] Die Konjunktur dieser beiden Momente war für den Wissenschaftsanspruch der Immunologie verheerend. Sie verhinderte auch die Zusammenarbeit mit Fachrichtungen, in denen eine weniger ausgeprägte strategische und/oder technische Unsicherheit herrschte.

Die Immunologen gingen mit dieser Schwierigkeit auf zweierlei Weise um. Die Serologen gaben ihr Selbstverständnis als Grundlagenforscher auf, wandten sich der Lösung konkreter medizinischer Probleme zu und schraubten so die technische und strategische Unsicherheit ihrer Aufgabenstellung herunter. Damit verloren sie jedoch ihren autonomen Status: Die Serologie wurde zu einer Unterabteilung der medizinischen Mikrobiologie. Diejenigen, die als Wissenschaftler betrachtet werden wollten, gingen zu immunochemischen Untersuchungen über. Sie reduzierten ihre strategische Unsicherheit, indem sie die teleologischen Theorien der Immunität aufgaben. Die technische Unsicherheit grenzten sie ein, indem sie zu einem einfachen, gut reproduzierbaren experimentellen Modell übergingen: dem Studium spezifischer Antikörper im Reagenzglas. Diese Strategie war erfolgreich, und man akzeptierte sie als kompetente Grundlagenforscher. Aber der Preis war eine Einschränkung ihres Untersuchungsbereichs. Die serologische Wende der medizinischen Immunologie und die immunochemische Wende der Grundlagenforschung reduzierten, zusammengenommen, den Kompetenzbereich der Immunologen drastisch.

Die Entwicklung neuer experimenteller Methoden zum Studium lebender Systeme nach dem Zweiten Weltkrieg verminderte die technische Unsicherheit in der Biologie. Im Gegensatz dazu blieb die strategische Unsicherheit in diesem Bereich hoch. Meine These ist, daß ‚unscharfe Objekte' besonders dort Allianzen zwischen Forschergruppen und föderative Experimentalstrategien zwischen Wissenschaftsbereichen schaffen, wo eine hohe strategische Unsicherheit sich paart mit einer geringen technischen Ungewißheit in der Aufgabenbestimmung. In solchen Fällen wird die Zusammenarbeit mit anderen Gruppen durch eine geringe Übereinstimmung über die Forschungsziele beeinträchtigt. Wenn sich jedoch dieses anfängliche Hindernis durch lose definierte ‚unscharfe Objekte' überwinden läßt, können die Beteiligten sich auf einen Fundus gemeinsamer technischer Lösungen stützen und damit die Fortsetzung ihrer Arbeit gewährleisten. Genau das traf für die Immunologen der 50er Jahre zu.

Um die Mitte der 50er Jahre führte ein ‚unscharfes Objekt' zur Neudefinition der Immunologie als einer Disziplin, die ein grundlegendes biologisches Phänomen untersucht – die Erkennung von Selbst und Nicht-Selbst. Das führte zur Herauskristallisierung einer Gruppe von Verfechtern einer ‚neuen Immunologie'. Sie setzte sich hauptsächlich aus Wissenschaftlern zusammen, die aus verschiedenen Disziplinen der Biologie kamen: Zoologie, Virologie, Physiologie, Pathologie. Sie sahen im Studium der Immunerscheinungen einen erfolgversprechenden Weg, um biologisch relevante Fragen anzugehen. Dank der Neudefinition der Immunologie gewannen ihre Verfechter Zugang zu innovativen experimentellen Verfahren der Untersuchung komplexer biologischer Erscheinungen: neue Methoden der Reinigung von Makromolekülen, radioaktive Markierung, Kristallographie, genetische Methoden. Das erlaubte ihnen, spezifische immunologische Techniken in den gemeinsamen Bestand biologischer Laborpraktiken zu integrieren, wodurch die Zusammenarbeit zwischen Immunologen, Biologen und Medizinern erleichtert wurde. Die Entwicklung föderativer Experimentalstrategien erlaubte die Zusammenarbeit von Wissenschaftlern und Klinikern, ohne daß sie die Vorteile ihrer jeweiligen Gruppenidentität aufgeben mußten. Das Resultat war eine Erweiterung der Sphäre des ‚Besitzstandes‘[56] oder der ‚Rechtsprechung‘[57] der Immunologen, die Befestigung des Status der Disziplin und ihre rasche Ausbreitung in den 60er und 70er Jahren.

(Übersetzung: Hans-Jörg Rheinberger)

Anmerkungen

* Im Original: boundary concepts.

1 I. Löwy: Variances in meaning in discovery accounts: The case of contemporary biology, Historical Studies in the Physical and Biological Sciences 21, 1990, 87–121.

2 L. Fleck: Genesis and Development of a Scientific Fact (1935), übers. von F. Dradley/T. Trenn, Chicago – London 1979.

3 Ebd., S. 99–103.

4 M. Callon/B. Latour: Unscrewing the big leviathan: How actors macrostructure reality and how sociologists help them, in: K. Knorr-Cetina/A. Cicourel (Hrsg.): Towards an Integration of Micro- and Macro-Sociologies, London 1981; J. Fujimura: Constructing doable problems in cancer research: Articulating alignment, Social Studies of Science 17, 1987, 257–293; B. Latour: Science in Action: How to Follow Scientists and Engineers Through Society, Cambridge 1987; A. Cambrosio/P. Keating: Going monoclonal: Art, science and magic in the day-to-day use of hybridoma technology, Social Problems 35, 1988, 244–260.

5 S. L. Star/J. R. Griesemer: Institutional ecology, 'translations‘ and boundary objects: Amateurs and professionals in Berkeley's Museum of Vertebrate Zoology 1907–39, Social Studies of Science 19, 1988, 387–420.

6 A.-M. Moulin/I. Löwy: La double nature de l'immunologie: L'histoire de la transplantation rénale, Fundamenta Scientiae 4, 1983, 201–218.

7 A.-M. Moulin: Text and context in biology: In pursuit of chimera, in: P. Bieri/B. Hrushovsky (Hrsg.), From Gene to Social Context, Poetics Today 9 (1), 1988, 145–161.

8 Löwy, Anm. 1.

9 Moulin, Anm. 7.

10 Löwy, Anm. 1.

11 R. E. Kohler: The enzyme theory and the origin of biochemistry, Isis 64, 1973, 181–196.

12 P. M. Mazumdar: The antigen-antibody reaction and the physics and chemistry of life, Bulletin of the History of Medicine 48, 1974, 1–21.

13 C. Portier/C. Richet: De l'action anaphylactique de certains venins, Comptes Rendus de la Société de Biologie 54, 1902, 170.

14 C. Richet: Anaphylaxis (1913), in Nobel Lectures: Physiology or Medicine, Bd. 1, Amsterdam – London 1967, S. 469–490, auf S. 488.

15 C. Richet: L'anaphylaxie, Paris 1911, S. 250f.

16 Richet, Anm. 14, S. 489.

17 K. Landsteiner: Zur Kenntnis der antifermentativen lytischen und agglutinierenden Wirkungen des Blutserums und der Lymphe, Zentralblatt für Bakteriologie 24, 1900, 362.

18 A. Carrel: Remote results of the transplantation of the kidneys and the spleen, Journal of Experimental Medicine 12, 1910, 146.

19 A. Carrel: Unpublished research report, 1911, Rockefeller Archives, Terrytown, N.Y., Alexis Carrel Papers 450-C252, box 2.

20 A.-M. Moulin: Le dernier langage de la médecine: Histoire de l'immunologie de Pasteur au Sida, Paris 1991, S. 235–238.

21 A. Silverstein: A history of theories of antibody formation, Cellular Immunology 91, 1985, 263–283.

22 G. Schöne: Über Transplantationsimmunität, Münchener Medizinische Wochenschrift 59, 1912, 457; E. Holman: Protein sensitization in iso-skin grafting: Is the latter of practical value?, Surgery, Gynecology and Obstetrics 38, 1924, 100.

23 I. Löwy: Biomedical research and the constraint of medical practice: James Bumgardner Murphy and the early discovery of the role of lymphocytes in immune reactions, Bulletin of the History of Medicine 63, 1989, 356–391.

24 C. C. Little: The genetics of tissue transplantation in mammals, Journal of Cancer Research 8, 1924, 75–95.

25 L. Hirschfeld: Konstitutionsserologie und Blutgruppenforschung, Berlin 1928.

26 K. Landsteiner: Über heterogenetisches Antigen und Hapten, Biochemische Zeitschrift 119, 1921, 294.

27 L. Fleck: Some specific features of the serological way of thinking: A methodological study (1937), Science in Context 2, 1988, 343f.

28 H. G. Wells: Chemical Aspects of Immunity, Chemical Catalog, New York 1925; J. Bordet: L'immunité dans des maladies infectieuses, Paris 1920.

29 F. M. Burnet: Changing Patterns: An Atypical Biography, Melbourne 1968.

30 F. Fenner: Frank Macfarlane Burnet, 3 September 1899 – 31 August 1985, Biographic Memoirs of Fellows of the Royal Society 33, 1987, 101–162.

31 Burnet, Anm. 29, S. 70–72.

32 F. M. Burnet, in Zusammenarbeit mit M. Freeman, A. V. Jackson, und D. Lush: The Production of Antibodies: A Review and Theoretical Discussion, Melbourne 1941.

33 Burnet, Anm. 32, S. 46.

34 F. M. Burnet/F. Fenner: The Production of Antibodies, 2nd ed., Melbourne 1949.

35 Burnet/Fenner, Anm. 34, S. 86.

36 R. W. Owen: Immunogenetic consequences of vascular anastomoses between bovine twins, Science 102, 1945, 400f.; Burnet/Fenner, Anm. 34, S. 76 und 86.

37 P. B. Medawar: Notes on the problem of skin homografts, Bulletin of War Medicine 4, 1943, 1–4; P. B. Medawar: Immunity to homologous grafted skin, British Journal of Experimental Pathology 27, 1946, 15.

38 N. K. Jerne: The natural selection theory of antibody formation, Proceedings of the National Academy of Sciences (USA) 41, 1955, 849–857; F. M. Burnet: A modification of Jerne's theory of antibody production using the concept of clonal selection, Australian Journal of Science 20, 1957, 67f.; D. W. Talmage: Allergy and immunology, Annual Review of Medicine 8, 1957, 239f.

39 P. M. Mazumdar: Working out of the theory, in: P. M. Mazumdar (ed.), Immunology 1930–1980: Essays on the History of Immunology, Toronto 1989, S. 1–12.

40 Ebenda, S. 3.

41 D. W. Talmage: Is theory necessary, in: P. M. H. Mazumdar (ed.), Immunology 1930–1980: Essays on the History of Immunology, Toronto 1989, S. 67–72, auf S. 70.

42 S. Gard, Presentation Speech, in: Nobel Lectures: Physiology or Medicine, Bd. 3, Amsterdam – London 1967, S. 685–688, auf S. 687.

43 F. M. Burnet: Immunological recognition of the self, in: Nobel Lectures: Physiology or Medicine, Bd. 3, Amsterdam – London 1967, S. 689–701, auf S. 689.

44 N. K. Jerne: Summary: Waiting for the end, Cold Spring Harbor Symposia on Quantitative Biology 32, 1967, 591–603, auf S. 601.

45 NIAD Study Group Report, New Initiatives in Immunology, National Institute of Health, Publication No 81-2215, Bethesda, Maryland 1981.

46 R. Billingham/L. Brent/P. B. Medawar: Actively acquired 'tolerance' of foreign cells, Nature 172, 1953, 603–606; P. B. Medawar: Memoirs of a Thinking Radish: An Autobiography, Oxford 1986, S. 134f.; Löwy, Anm. 23.

47 Moulin/Löwy, Anm. 6.

48 E. S. Golub: Immunology: A Synthesis, Southerland, MA 1987.

49 Jerne, Anm. 44.

50 N. K. Jerne: Toward a network theory of the immune system, Annales d'Immunologie de l'Institut Pasteur, 125C, 1974, 373–389; N. K. Jerne/J. Roland/P. A. Cazenave, Recurrent idiotypes and internal images, EMBO Journal 1, 1982, 243–246.

51 R. Root-Berenstein: Do we know the cause(s) of AIDS?, Perspectives in Biology and Medicine 33, 1990, 480–500.

52 J. H. Ziegler/D. P. Sites: Hypothesis: AIDS as an autoimmune disease directed at the immune system and triggered by a lymphotropic virus, Clinical Immunology and Immunopathology 41, 1986, 305–313; D. D. Ho/R. J. Pomaranz/J. C. Kaplan: Pathogenesis of infection with Human Immunodeficiency Virus, New England Journal of Medicine 317, 1987, 278–286; G. W. Hoffman/T. A. Kion,/M. D. Grant: An idiotypic network model for AIDS immunopathologies, Proceedings of the National Academy of Sciences (USA) 88, 1991, 3060–3064; J. Maddox: AIDS research turned upside down, Nature 353, 1991, 297.

53 J. Goodfield: Cancer under Siege, London 1974.

54 O. Amsterdamska: Stabilizing instability: The controversy over cyclogenic theories of bacterial variation during the interwar period, Journal of the History of Biology 24, 1991, 191–222.

55 R. Whitley: The Intellectual and Social Organization of the Sciences, Oxford 1984, S. 119–152.

56 J. Gusfield: The Culture of Public Problems: Drinking, Driving and the Symbolic Codes, Chicago 1981.

57 A. Abbot: The System of Professions: An Essay on the Division of Expert Labor, Chicago 1988.

PETER MCLAUGHLIN

Der neue Experimentalismus in der Wissenschaftstheorie

In den 1980er Jahren haben die Philosophen das Experiment wiederentdeckt; d. h., sie haben bemerkt, daß sie zwar immer die Wichtigkeit des Experiments für die moderne Naturwissenschaft beschworen, sich aber niemals ernsthaft damit befaßt hatten. Ich möchte dieses Phänomen zum Anlaß nehmen, einmal systematisch darüber zu reflektieren, was denn eigentlich ein Experiment ist. Ich werde im folgenden 1. kurz auf das Phänomen des neuen Interesses am Experiment in der Wissenschaftstheorie sowie auf die Beziehung dieses Interesses zu dem parallelen neuen Experimentalismus in der Wissenschaftsgeschichte eingehen; 2. versuchen, den Zusammenhang zwischen dem herrschenden empiristischen Begriff des Experiments und dem bisherigen mangelnden Interesse am Experiment in der Philosophie aufzuzeigen; und 3. eine entgegengesetzte – eben rationalistische – Vorstellung vom Experiment aufgreifen, die zwar nicht ohne ihre eigenen Schwierigkeiten ist, die aber vielleicht eher in der Lage ist, einen adäquaten Begriff des Experiments zu fördern. Der Sinn dieser Überlegungen liegt darin, etwas Klarheit zu erlangen über die unterschiedlichen und möglicherweise unvereinbaren Absichten, die wir verfolgen, wenn wir vom Experiment sprechen.

1. Die Wiederentdeckung des Experiments in Wissenschaftsgeschichte und -theorie

Es gehört zu den Selbstverständlichkeiten der Betrachtung der neuzeitlichen Naturwissenschaft, daß sie als mathematisch und experimentell gesehen wird. Aber trotz der Vorwortweisheit, daß die modernen Naturwissenschaften sich durch den Gebrauch des Experiments auszeichnen, haben die Philosophen der Wissenschaft – jedenfalls die des 19. und 20. Jahrhunderts – das Experiment als solches größtenteils ignoriert. In der Zeit vor 1980 gab es m. W. nur eine einzige Monographie, die vorwiegend den epistemologischen Status des Experiments zum Thema hatte – und sie stammte von einer Randfigur der Wissenschaftsphilosophie (Hugo Dingler, *Das Experiment,* 1927). Eine ähnliche Situation, wenngleich nicht ganz so extrem, läßt sich auch für die Wissenschaftsgeschichtsschreibung konstatieren.

Seit etwa 1980 sieht es ganz anders aus in der Wissenschaftstheorie und -geschichte. Es gibt inzwischen mehrere Bücher und Dutzende von Aufsätzen zum Thema Experiment, und es wird zu diesem Thema eine Tagung nach der anderen abgehalten. Eine Reihe von Historikern hat wichtige Ergebnisse produziert und neue Einsichten vermitteln können über die tatsächliche Rolle des Experiments in vielen Episoden der Wissenschaftsgeschichte.[1] Aber das Thema ist auch Mode geworden. Das Stichwort „Experiment" ist so populär geworden, daß man in dieser Hinsicht nicht mehr von dem Wort „Experiment" im Titel einer Schrift auf deren Inhalt schließen darf.[2]

Das *Phänomen* der Wiederentdeckung des Experiments ist unübersehbar. Es stellt sich die Frage nach den Gründen und auch nach den Konsequenzen dieser Entwicklung. Woher kommt dieses neue Interesse am Experiment, insofern es mehr als eine Modeerscheinung ist, und was für Auswirkungen hat es auf die beiden Disziplinen, Wissenschaftstheorie und Wissenschaftsgeschichte? Darüber hinaus muß man sich auch fragen, warum das jetzt immer größer werdende Interesse am Experiment früher gefehlt hat.

In der Wissenschaftsgeschichte scheint die Wiederentdeckung des Experiments etwas früher eingesetzt zu haben als in der Philosophie, und die Auswirkungen auf das Fach sind auch größer. Über die Gründe, warum die Wissenschafts*geschichte* früher das Experiment vernachlässigt hat, möchte ich hier nicht spekulieren – ich werde über die Wissenschafts*theorie* sprechen. Über die Geschichte möchte ich hier nur konstatieren, daß das Experiment tatsächlich (mindestens vergleichsweise) vernachlässigt wurde, und daß dies im Fach selbst anerkannt wird – wie man z. B. am Titel einer einflußreichen historischen Arbeit („The Neglect of Experiment") sieht. Was die Wende betrifft, so glaube ich, daß der Anstoß zur Wiederbeschäftigung mit dem Experiment in beiden Bereichen, Wissenschaftsgeschichte und -theorie, denselben Ursprung hat, nämlich die Geschichte; d. h., daß der Impuls auch in der Philosophie im wesentlichen aus der Geschichtswissenschaft, nicht aus der Philosophie selbst kommt. Jedenfalls gab es keine offenkundige philosophieimmanente Tendenz zur Beschäftigung mit dem Experiment: Die Wissenschaftstheorie behandelte weiterhin Fragen der Demarkation, Theoriestruktur, Theorienwandel, Annäherung an die Wahrheit, Realismus usw. Allerdings, seit Kuhn, Toulmin u. a. spielte die Geschichte der Wissenschaften eine viel größere Rolle in der Wissenschaftstheorie als vorher, so daß ein neuer Experimentalismus in der Wissenschaftsgeschichte auch in der Philosophie Auswirkungen haben mußte.

Die Geschichtswissenschaft selbst hat sich in den 60er und 70er Jahren verändert – es gab eine Aufwertung von Sozialgeschichte, Institutionsgeschichte, Mentalitätengeschichte und historischer Soziologie gegenüber der traditionellen politischen Geschichte auf der Grundlage von Regierungsdokumenten sowie den öffentlichen Reden und Memoiren der Mächtigen. Andere Quellenarten wurden entdeckt und herangezogen, andere Ansätze ausprobiert. Diese Entwicklungen in der Geschichtswissenschaft, wie auch der Einbruch der historischen Soziologie, haben die Wissenschaftsgeschichte nicht unberührt gelassen. Wenn man die Geschichte Englands nicht allein aus den Absichten und Ansichten der handelnden Eliten deutet, warum soll man die Geschichte der Physik auf der Grundlage der erfolgreichsten theoretischen Systeme allein erzählen? Man darf bei der Untersuchung der Geschichte einer Wissenschaft nicht einfach alles das ignorieren, was die wirkliche wissenschaftliche Praxis ausmachte.

Es ist also ziemlich deutlich, daß eine befriedigende Geschichte der Wissenschaft die experimentelle Praxis berücksichtigen muß, wenn tatsächlich der Großteil dessen, was die Wissenschaftler tun, Experimentieren ist. Eine reine Theoriegeschichte *vernachlässigt* eindeutig das Experiment. In der Wissenschafts*theorie* allerdings ist die Problemlage etwas anders. Warum z. B. hat die ältere Wissenschaftstheorie das Experiment vernachlässigt? Oder hat sie dies überhaupt? Das Experiment wurde – dies ist sicher – zum größten Teil *ignoriert*, aber Vernachlässigung kann man dies nur dann nennen, wenn dem Experiment weniger Aufmerksamkeit geschenkt wird, als ihm zusteht. Es könnte aber sein, daß in der Wissenschaftstheorie dem Experiment nicht sehr viel zusteht. Deshalb muß geklärt werden, ob nicht die Philosophen Gründe für ihr mangelndes Interesse am Experiment und seinen technischen Details gehabt haben.

Entwicklungen (wie der neue Experimentalismus) in der Wissenschaftsgeschichte müssen nicht automatisch Änderungen in der Wissenschaftstheorie herbeiführen. Diese Problematik möchte ich mit einem einfachen historischen Beispiel erläutern. Kein Historiker würde heute versuchen, die Entdeckung Amerikas einfach durch die Absichten und Ansichten der handelnden Personen zu erklären: durch den *Wunsch* Ferdinands und Isabels, mit Indien Handel zu treiben in Verbindung mit der *Theorie* von Kolumbus, daß die Erde rund sei. Traditionell hat jemand, der nach Indien wollte und den Weg blockiert fand, es wie Alexander gemacht (sofern er es sich leisten konnte): Er nahm eine Armee und marschierte durch die Levante. Die Tatsache, daß Kolumbus es anders versuchte, erwächst aus einer Reihe von Faktoren: Ende des 15. Jahrhunderts gab es andere technische Möglichkeiten und bestimmte soziale und politische Bedingungen: verbesserte Schiffe, Verarmung der Hidalgos in Südwesteuropa und die Stärke der Türken im Osten. Eine historische Erklärung der Entdeckung Amerikas müßte u. a. berücksichtigen: die politische Geschichte der Levante, die Wirtschaftsgeschichte Westeuropas, die Technikgeschichte der Seefahrt sowie das Lokalphänomen der Überproduktion von furcht-, rücksichts- und landlosen Edelmännern. Eine historische „Erklärung" einer Entdeckung kann es sich nicht leisten, die Frage zu ignorieren, woher die Entdecker und die Mittel zur Entdekkung kommen und wie die Konstellation von Faktoren entstand, die es den Entdeckern erst ermöglichte, die Mittel richtig zu erkennen und einzusetzen. Dies gilt auch unabhängig von der noch weitergehenden Frage, wie die bestimmten seemännischen Handlungen von Kolumbus und seiner Mannschaft im Laufe der späteren Geschichte zur „Entdeckung Amerikas" wurden.

Die historischen Voraussetzungen einer solchen Entdeckung gehören aber nach den herrschenden philosophischen Theorien zum *context of discovery* und nicht zum *context of justification,* mit dem die Wissenschaftstheorie sich eigentlich befaßt. Es mag sein, daß Amerika unter diesen oder jenen Bedingungen entdeckt wurde oder entdeckt werden mußte. Aber es wurde auch deshalb entdeckt, *weil es da war.* Es mag sein, daß die notwendigen Mittel erst entwickelt werden mußten, oder gar daß die richtigen Subjekte der Erkenntnis produziert werden mußten. Aber der Gegenstand der Erkenntnis (eine Landmasse auf der Westseite des Atlantiks) war schließlich da, und zwar nicht erst deshalb, weil es die Subjekte und die Mittel gab, sondern unabhängig davon. Es war, so könnte man sagen, nur eine Frage der Zeit, bis die Landmasse entdeckt werden würde. Es ist also möglich, die große historische (psychologische, wissenschaftssoziologische etc.) Bedeutung des Experiments als Erkenntnismittel anzuerkennen, ohne ihm irgend einen besonderen epistemischen Status für die Geltung von Theorien zu verleihen.

Was ist dann der epistemische Status des Experiments?

2. Der empiristische Begriff des Experiments – Wissenschaft als Entdeckung

Die traditionelle empiristische Wissenschaftstheorie hat ihrem Selbstverständnis nach das Experiment gar nicht vernachlässigt, sondern ihm genau die marginale Aufmerksamkeit geschenkt, die ihm angemessen ist. Den Widerspruch zwischen dem offiziellen Selbstbild der modernen Naturwissenschaften und dem Ergebnis der philosophischen Analyse kann man auch so auflösen, daß man das Bild so ändert, daß es der Analyse entspricht.

Aber auch unabhängig davon, wie wichtig das Experiment für das Selbstbild der spezifisch modernen Wissenschaft ist, hängt sein besonderer epistemischer

Status von der Rolle ab, die ihm im Erkenntnisprozeß zugeschrieben wird. Wenn ein Experiment abgeleitete Aussagen einer Theorie mit der empirischen Erfahrung oder mit einigen von der Erfahrung veranlaßten Aussagen konfrontiert, ist es dann wirklich relevant, *wie* es dies tut? Da gibt es möglicherweise viele und komplizierte technische Probleme zu überwinden und auch raffinierte technische Lösungen zu solchen vertrackten Problemen; aber im Prinzip: Ob ich die Büchse mit einer Säge oder mit einem Laserstrahl aufmache, ist eine bloß technische Frage – es sind dieselben Bohnen drin, die ich auskippen und beobachten kann. Um zu erfahren, ob die Bohnen grün oder gelb sind, muß ich irgendwie die Büchse öffnen (ohne die Farbe zu ändern), aber die Geltung der Aussage über die Farbe ist unabhängig von der Art und Weise, wie ich davon erfahre, und insbesondere davon, was ich unternehmen mußte, um in der Lage zu sein, es zu erfahren. Diese praktisch äußerst wichtige, aber epistemologisch unwichtige Angelegenheit kann ich in den *context of discovery* abschieben und den Einzelwissenschaften überlassen. Die Herkunft der Wahrheiten verschwindet in ihrer Geltung. Wenn das Experimentieren in diesem Sinne wirklich zum *context of discovery* gehört, dann hat es keinen besonderen Platz in der Wissenschaftstheorie.

Die klassischen empiristischen Analysen des Experiments, etwa bei John Stuart Mill, Claude Bernard oder gar Pierre Duhem, begreifen es in letzter Instanz bloß als eine besondere Form der Beobachtung natürlicher Vorgänge. Obgleich es sehr wichtige praktische Unterschiede zwischen Beobachtung und Experiment gibt, schreibt Mill, „gibt es mit einem Wort keinen Gattungsunterschied, keine wirklich logische Unterscheidung zwischen den beiden Verfahrensweisen".[3] Bernard führte den Zusatz ein, daß ein Experiment nicht nur Beobachtung, sondern auch Intervention involviert: „Im Grunde ist Experiment nur induzierte Beobachtung."[4] Duhem begriff zwar das „gewöhnliche Experiment" als die künstliche Hervorbringung von Tatsachen, aus denen andere Tatsachen resultieren, aber sein wahres Interesse galt dem theoriebeladenen spezifisch *physikalischen* Experiment, bei dem er die materielle Seite der Produktion der „Tatsachen" schlichtweg ignorierte: „Ein physikalisches Experiment ist die genaue Beobachtung einer Gruppe von Erscheinungen, die verbunden wird mit der Interpretation derselben."[5]

Duhem ist in dieser Hinsicht besonders wichtig, weil aus anderen Stellen hervorgeht, daß er das manipulative Element im Experiment kennt und auch darüber reflektiert hat: „Das Resultat des gewöhnlichen Experiments ist die Konstatierung einer Beziehung zwischen verschiedenen Tatsachen. Eine bestimmte Tatsache wurde künstlich hervorgebracht, eine andere resultierte daraus."[6] Ein Experiment impliziert einen Eingriff, aber nicht jeder Eingriff oder jede Manipulation macht aus einer Beobachtung ein Experiment: Die einfache anatomische Zergliederung eines Körpers ist noch lange kein Experiment. Im Experiment manipuliert man einen Parameter und zeigt die funktionale Abhängigkeit eines anderen Parameters. Das eigentlich Neue an der modernen Naturwissenschaft ist die Berücksichtigung von funktionalen Abhängigkeiten mit den entsprechenden mathematischen Mitteln. Man variiert eine unabhängige Variable und betrachtet die abhängige. Da die Natur von sich aus diese Parameter nicht auf Wunsch systematisch variiert, tun *wir* es im Experiment; aber dies ist eine rein praktische Frage. Die Abhängigkeiten sind Tatsachen, und das Experiment ist ein Mittel, die Feststellung der Tatsachen effektiver zu gestalten: Man ruft sie hervor. Daß das Experiment typisch für die neuzeitliche Wissenschaft ist, ist also ein Nebenprodukt des neuzeitlichen Interesses an funktionalen Abhängigkeiten als den grundlegenden Tatsachen. Die moderne Wissenschaft interessiert sich für andere Tatsachen als die aristotelische. Aber eine Tatsache ist – genau wie die Lage Amerikas an der Westseite des Atlantiks – eine Tatsache, ob sie gemacht oder gefunden wird. Und es ist die Feststellung bzw. Beobachtung einer Tatsache, die epistemologisch relevant ist: Das Experiment könnte man also als eine Art Beobachtung betrachten, womit es zur Wissenschaft zu zählen wäre, oder einfach als eine Art und Weise, Beobachtungen zu ermöglichen, womit es eigentlich zur Technik gehörte.

Der wissenschaftstheoretische Empirismus dieses Jahrhunderts hält an der Gleichsetzung von Beobachtung und Experiment fest. In Ernest Nagels klassischem Lehrbuch „The Structure of Science“ werden Experimente unter Beobachtung subsumiert; „experimental laws“ sind schlicht und einfach phänomenologische Gesetzmäßigkeiten.[7] Viele Lehrbücher benutzen die Fortschrittsreihe: Beobachtung, Messung, Experiment.[8] Experiment wird gesehen als Beobachtung mit Meßinstrumenten unter Manipulierung des Gegenstandes. Typisches Beispiel zur Erläuterung des Experiments ist das Kochen einer Flüssigkeit: Um ihren Siedepunkt festzustellen, *beobachtet* man die Flüssigkeit in dem Topf *auf dem Herd* mit einem *Thermometer* drin und notiert das Meßergebnis.[9]

Die beiden Hauptrichtungen[10] der empiristischen Wissenschaftstheorie dieses Jahrhunderts, der Logische Empirismus und der Kritische Rationalismus bzw. „Post-Positivismus“, interessierten sich hauptsächlich für das Verhältnis von Theorien und Tatsachenfeststellungen: Sie stritten sich eher über den Status dieser Feststellungen und darüber, wie sie sich auf Erfahrung stützen. Beobachtung, Messung und Experiment sind der Anlaß von „Protokoll-“ oder „Basissätzen“. Carnap/Neurath und Popper stritten darüber, ob man durch Verallgemeinerung aus Protokollsätzen eine Theorie aufstellt bzw. bestätigt, oder ob man eher frei erfundene Theorien mit dezisionistisch affirmierten Basissätzen falsifiziert. Der Streit geht im wesentlichen darum, erstens, wie man von der Tatsache *x erfährt y* zu der Behauptung „es gibt (an der Stelle k ein) y" kommt, und, zweitens, was man anschließend mit den Behauptungen tut. Der Streit um den Übergang von „x erfährt/x's Protokoll: y" zu „es gibt y" spielt zwar eine Rolle beim Gegensatz zwischen induktiven und deduktiven Zugängen, er hat aber relativ wenig mit der Frage nach der Produktion der Erfahrung selbst zu tun. Das Experiment oder die Beobachtung interessierte nur als Quelle oder Anlaß der Beobachtungs*aussagen,* die dann in Beziehung zur Theorie gesetzt werden konnten.

Es scheint also, daß das Experiment in der herrschenden empiristischen Wissenschaftstheorie keinen besonderen Platz verdient. Wenn man wissen will, wie eine Uhr funktioniert, nimmt man die Rückseite ab und schaut nach. *Daß* man die Rückseite aufkriegt, ist sehr wichtig, aber *wie* man dies tut, ist im Prinzip egal, so lange es gelingt, ohne die Räder zu beschädigen. Im Rahmen eines solchen epistemologischen Ansatzes *kann* die Beschäftigung mit dem Experiment nur von nebensächlicher Bedeutung sein. Wenn Experimente dennoch zeitweilig eine große Rolle gespielt haben sollten, so wäre dies wahrscheinlich als eine Ansteckung durch den Experimentalismus in der Wissenschafts*geschichte* zu deuten. Umgekehrt, wenn man meint, daß man sich doch ernsthaft epistemologisch mit dem Experiment beschäftigen soll, dann muß man das Experiment anders konzeptualisieren als der Empirismus dies bis jetzt getan hat. Das Experiment ist nicht einfach ein neuer Gegenstand für die Wissenschaftstheorie, es verlangt einen anderen Ansatz in der Wissenschaftstheorie.

Eine scheinbare Ausnahme liegt in dem Hinweis, daß die Gegenstände der wissenschaftlichen Entdeckung möglicherweise vom Experiment erst hergestellt werden oder mindestens dadurch erst zum Phänomen werden. Insbesondere Hacking[11] hat diese Frage aufgegriffen. Die Herkunft der Subjekte der Wissenschaft und der technischen Mittel könne man vielleicht den Historikern und Soziologen überlassen, nicht aber die Produktion der Erkenntnisgegenstände selbst, wie etwa in der Elementarteilchen-Physik und der industriellen Chemie. Phänomene können im Experiment hergestellt werden, die außerhalb des Labors nicht existieren oder mindestens nicht in reinem Zustand. In einem solchen Fall kann man sagen, daß gewissermaßen die Existenz des Gegenstands der Erkenntnis selbst von den Mitteln abhängt und deshalb, daß der Gegenstand erst durch das Experiment überhaupt „da" ist, als wären es die Reisen von Kolumbus, die Amerika erst produzierten. Die Erkenntnisbeziehung zwischen Theorie und Gegenstand bleibt zwar dieselbe, aber die Gegenstände müssen nicht mehr natürliche sein: Ein Experiment kann (künstliche) Phänomene produzieren, die Gegenstand von wahren Aussagen sein können. Die Erkenntnisbeziehung dieser „Kunstgegenstände" zu den Subjekten der Wissenschaft ist aber keine andere, als es die der „Naturgegenstände" gewesen ist. Und Hacking nimmt solche hergestellten Phänomene auch nicht als paradigmatisch für experimentelle Gegenstände überhaupt, sondern plädiert für *verschiedene* Vorstellungen vom Experiment und von der Beziehung zwischen Theorie und Experiment („wishy-washy Pluralism").

Der Ansatz von Hacking scheint eine gewisse Radikalisierung durch Latour zu erfahren,[12] der die Gleichsetzung von Beobachtung und Experiment, die er von Bernard übernimmt, benutzt, um *alle* Tatsachen als hergestellte zu begreifen. Auch die Küste von Amerika (oder in Latours Beispiel: Tasmaniens) nimmt erst Gestalt an durch ihre „Inskription" in Europa. Erst dadurch wird es zur *Tatsache,* daß sie so dort liegt wie sie liegt. Da aber Latour darauf verzichtet, zu behaupten, daß die Beobachtung der Küste Tasmaniens durch den Forscher Baudin einer der Bestandteile des kausalen Prozesses war, wodurch die Steinformationen der Insel entstanden, ist es unklar, inwieweit er sich eigentlich über Duhem hinaus wagt, der auch nur theoretisch *interpretierte* Sachverhalte zu „Phänomenen" (Tatsachen) erhob.[13]

3. Der rationalistische Begriff des Experiments – Wissenschaft als Erfindung

Neben dem neuen Experimentalismus gibt es auch einen älteren Experimentalismus, der eher mit dem philosophischen Rationalismus verbunden ist und der den Technikcharakter des Experiments als gerade das epistemisch Relevante betrachtet. Das heißt, während der Empirismus das Experiment für epistemisch irrelevant hält, insofern er es als Technik betrachtet, und für relevant nur, insofern er es zur Beobachtung assimilieren kann, assimiliert der Rationalismus das Experiment zur Technik und hält es gerade deshalb für wissenschaftlich relevant. Janich z. B. schreibt: „Experimentieren ist eher eine Tätigkeit, die technische Effekte produziert – sie ist eine Konstruktion von Maschinen eher als eine Untersuchung der Natur, ein Versuch künstliche Prozesse oder Zustände zu produzieren, eher als die Suche nach wahren Sätzen."[14] Das Experiment, und entsprechend die experimentelle Wissenschaft, sucht nicht wahre Sätze (also auch nicht die diesen zugrundeliegenden Tatsachen), sondern baut künstliche Systeme bzw. „Maschinen" und führt technische Effekte herbei. Wenn Wissenschaft zur Technik assimiliert wird, dann ist „Wahrheit" die falsche Kategorie für ihre kognitiven Ansprüche. Technik ist anwendbar oder nicht anwendbar, aber eine Dampfmaschine ist weder wahr noch falsch. Heute wird diese Art von Position normalerweise, wenn sie überhaupt zur Kenntnis genommen wird, schlicht als Instrumentalismus mißverstanden (der immerhin auch den Wahrheitsanspruch der Theorien leugnet). Instrumentalismus ist jedoch eigentlich nur eine Spezialform des Empirismus, die *Theorien* als Instrumente zur erfolgreichen Aufstellung von Voraussagen betrachtet, also gerade zur Produktion von Tatsachenbehauptungen, die sich durch Beobachtung als wahr (oder falsch) erweisen.[15] *Hier* soll es aber nicht um die Voraussage von zu beobachtenden Tatsachen gehen, die in derselben Erkenntnisbeziehung zur Theorie stehen wie die „natürlichen" Tatsachen, sondern um eine andersartige Erkenntnisbeziehung.

Erinnern wir uns des Anspruchs, den der klassische Rationalismus an die wissenschaftliche Erkenntnis stellte. Descartes leugnete, daß es die Aufgabe der Wissenschaft sei, deskriptive Wahrheiten zu suchen, z. B. zu beschreiben wie die Erde (oder der Mensch) tatsächlich entstanden ist. In seiner berühmten Analogie der zwei unterschiedlich gebauten Uhren, die trotzdem dieselben Zeigerbewegungen produzieren können, behauptet er, wissenschaftliche Erkenntnis betreffe nicht die Dinge, wie sie tatsächlich sind, sondern wie wir sie *nachbauen* könnten.[16] Die Wissenschaft erklärt nicht, wie ein bestimmtes System S tatsächlich produziert wurde, sondern wie ein beliebiges System wie S produziert werden könnte, bzw. wie wir ein funktionales Äquivalent von S *reproduzieren* könnten. Über seine eigene Hypothese über die Enstehung der Erde sagte Descartes:

„Aber auch wenn diese Hypothese für falsch erachtet wäre, so meine ich, daß ich viel erreicht haben würde, wenn alles, was aus ihr abgeleitet wird, mit den Experimenten übereinstimmt. Denn dadurch werden wir genau soviel Nutzen für das Leben erhalten wie durch die Kenntnis der Wahrheit selbst."[17]

Hier spielt Descartes die Übereinstimmung mit Experimenten, bzw. mit der handelnden Erfahrung, gegen die Übereinstimmung mit der Wirklichkeit (Wahrheit) aus und behauptet, daß experimentelles Wissen für die Zwecke des Lebens genauso nützlich sei wie die Kenntnis der Wahrheit. Diese Position bekräftigt er in dem daran anschließenden Absatz, wo er sogar unterstellt, daß die Phänomene, die er durch seine Theorie *erklären* will, tatsächlich *nicht* so entstanden sind, wie seine Theorie sie erklärt:

„Wenn wir daher gewisse Prinzipien ausdenken können, die einfach und leicht faßbar sind, und aus denen wir demonstrieren können, daß die Gestirne und die Erde und alles, was wir in der sichtbaren Welt antreffen, wie aus Keimen hätten entstehen können – obgleich wir wissen, daß sie nicht so entstanden sind – so werden wir auf diese Weise ihre Natur weit besser erklären, als wenn wir sie nur so, wie sie nun sind, beschreiben."[18]

Descartes erklärt also nicht, wie unsere Erde wirklich entstanden ist, sondern wie wir sie sozusagen mit einem funktionalen Äquivalent ersetzen könnten. Das heißt, ein Experiment führt nicht zu einer Aussage wie „Es gibt an der Stelle k ein x", sondern zu einer Aussage wie „Es ließ sich an der Stelle k ein x herbeiführen." Ist das Experiment aber wiederholbar, muß man nicht mehr sagen „es ließ sich", sondern auch „es *läßt* sich ein x herbeiführen". Das Phänomen gehört dann zu den technisch beherrschten, instrumentell angeeigneten Teilen der Natur.

Nach einem solchen Verständnis sind wissenschaftliche Theorien im Grunde gar nicht wahrheitsfähig im Sinne einer Korrespondenz zwischen theoretischer Aussage und Zustand der Welt, denn die Theorie bezieht sich nicht direkt auf die Natur wie sie wirklich sein soll oder gewesen sein soll, sondern auf funktionale Äquivalente der Dinge, wobei „funktional" meint, funktional für die Zwecke des Lebens. Wir vergleichen nicht bloß eine (Vor-)Aussage mit einem Sachverhalt, sondern ein Produkt mit einem Ideal bzw. einer Produktionsnorm. Im cartesischen Bild der Welt als Maschine wird die aristotelische Unterscheidung zwischen natürlichen und erzwungenen (künstlichen) Vorgängen aufgehoben. Die mechanisch kontrollierte Bewegung ist nicht mehr widernatürlich, sondern zeigt bzw. realisiert die natürliche Bewegung in reiner, idealer Form. Eine Theorie, als Idealisierung begriffen, korrespondiert nicht einem Gegenstand oder Sachverhalt; sie läßt sich empirisch *realisieren* oder eben nicht; aber als Norm kann sie nicht empirisch *bestätigt* oder *widerlegt* werden. Bestätigung oder Widerlegung ist nur möglich, wenn sie als Aussage über das, was wir technisch leisten können, gedeutet wird.

Im Experiment also vergleichen wir nicht unsere Repräsentation der Natur mit der Natur als solcher, sondern mit der Natur, soweit wir sie manipulieren können; wir vergleichen unsere Repräsentation der Natur unter der Form des Machbaren mit der technisch angeeigneten Natur. Die Korrespondenz, die gesucht wird, ist nicht eine Übereinstimmung zwischen einer „künstlichen" (sprachlichen) Entität und einer „natürlichen" (physischen) Entität, sondern zwischen zwei Sorten von Artefakten: denen, die wir benutzen, um die Welt zu repräsentieren und denen, die wir benutzen, um sie zu manipulieren. Ein Experiment ist also der Versuch, unsere Repräsentationsmittel und unsere Manipulationsmittel in Übereinstimmung miteinander zu bringen. Im Experiment fragt man die Natur nicht *Bist du so?*, sondern *Läßt du dir dies von uns gefallen?* Und nur auf diese letzte Frage erwidert die Natur eindeutig mit Ja oder Nein.

4. Wo bleibt denn die Wahrheit?

Ist es notwendig, den Wahrheitsanspruch der Wissenschaft aufzugeben, um das Experiment epistemologisch ernst zu nehmen? Bei der empiristischen Reduktion des Experiments auf Beobachtung war das Experiment zwar in letzter Instanz epistemologisch irrelevant, aber die Wissenschaft hatte noch Wahrheitsansprüche erhoben. Die rationalistische Alternative, die ja nicht gerade neu ist, bietet uns einen zentralen Platz für das Experiment; sie verlangt anscheinend als Ausgleich nur, daß wir auf die Suche nach Wahrheit verzichten (oder, was praktisch auf dasselbe hinausläuft, daß wir unseren Wahrheitsbegriff entsprechend ändern). Der Preis scheint wohl etwas hoch zu sein.

Ansprüche aufzugeben fällt leichter oder schwerer, je nachdem an *wen* man sie abtritt. Wenn wir sagen, daß die Wissenschaft nicht erklärt, wie die Dinge sind, sondern wie sie hätten sein können, bzw. wie sie nachzubauen wären, schaffen wir Wahrheitsansprüche nicht als solche ab. In Descartes' Beispiel der Entstehung der Erde hat er explizit die Möglichkeit einer wahren Beschreibung ihrer Genesis eingeräumt (im Buch „Genesis"). Diese Beschreibung zu leisten sei aber nicht die Sache der Naturwissenschaft, die das Wiederholbare oder Machbare erklärt, sondern der Historie, oder wie immer man die Disziplin nennen will, die das Einmalige und Faktische beschreibt.[19] Das heißt, auch ein pseudo-instrumentalistischer Ansatz – wie der von Descartes oder von solchen heutigen Nachfolgern wie Pragmatisten, Konstruktivisten, Strukturalisten usw. – verzichtet nicht unbedingt auf Wahrheit und Wahrheitsansprüche überhaupt, sondern nur auf solche Ansprüche in der *experimentellen* Wissenschaft. Es könnte sein, daß der Verzicht auf Wahrheit schlicht die Konsequenz des Anspruchs ist, nicht nur eine (wahre) Beschreibung von Fakten, sondern auch eine experimentell nachprüfbare Erklärung funktionaler Abhängigkeiten zu leisten. Bei solchen Erklärungen ist es prinzipiell immer möglich, daß ein bestimmtes natürliches Phänomen *tatsächlich* in einem bestimmten Fall von einer ganz anderen Art Ursache abhängt, als die, die wir einsetzen, um das Phänomen (wieder) herbeizuführen. Ob uns dies wichtig ist, hängt davon ab, ob wir uns für das wissenschaftlich Reproduzierbare interessieren oder für das historisch Wahre.

Anmerkungen

1 Vgl. vor allem S. Schaffer/S. Shapin: Leviathan and the Air-Pump, Princeton 1985; A. Franklin: The Neglect of Experiment, Cambridge 1986; P. Galison: How Experiments End, Chicago 1987.

2 Nur zwei Beispiele: „Nature, Experiment and the Sciences" (Dordrecht 1990) benennt nicht einen Traktat über das Experiment, sondern die Festschrift für den Galileo-Forscher Stillman Drake; J. Leplins „The Role of Experiment in Theory Construction" (International Studies in the Philosophy of Science 2, 1987, 72–83) sagt nichts über experimentelle Praxis, sondern nur über die mögliche Rolle des Wissens um die Ergebnisse eines bestimmten, aber nicht einmal näher beschriebenen Experiments (Michelson-Morley) in der Beurteilung der Bestätigung der speziellen Relativität.

3 J. S. Mill: A System of Logic Ratiocinative and Inductive. Bk. III, vii, § 2, Collected Works, Bd. VII, London 1973, S. 381.

4 C. Bernard: An Introduction to the Study of Experimental Medicine, New York 1957, S. 19.

5 P. Duhem, Ziel und Struktur der physikalischen Theorie, Hamburg 1978, S. 192.

6 Ebenda, S. 193.

7 E. Nagel: The Structure of Science. Problems in the Logic of Scientific Explanation, London 1971, Kap. 5.

8 Vgl. insbesondere M. Bunge: Scientific Research II, Berlin 1967, Kap. 12–14.

9 Vgl. Nagel, Anm. 7, S. 80; H. Radder: The Material Realization of Science, Assen – Maastricht 1988, S. 61.

10 Über Kritischen Rationalismus als abweichende Antwort innerhalb der empiristischen Fragestellung, vgl. P. Feyerabend: Trivializing knowledge: A review of Popper's postscript, Inquiry 29, 1986, 93–119; über das Verhältnis von Basissätzen zu Protokollsätzen vgl. K. Popper: Logik der Forschung (1934), Tübingen 1966, Kap. 6; Carnaps Rezension in: Erkenntnis 5, 1935, 290–294 und O. Neurath: Pseudo-Rationalismus der Falsifikation, Erkenntnis 5, 1935, 353–365.

11 I. Hacking: Representing and Intervening, Cambridge 1983; ders.: Philosophers of Experiment, PSA 1988, Phil. of Sci. Assoc., East Lansing 1989.

12 Vgl. B. Latour: The force and reason of experiment, in: H. E. Le Grand (Hrsg.), Experimental Inquiries, Dordrecht 1990, S. 49–80.

13 Die Tatsache, daß Latours Diskussion des epistemischen Status des Experiments sich am Beispiel der Beobachtung eines Einzeldings konzentriert, das also prinzipiell nicht wiederholbar ist, macht eine Beurteilung etwas schwierig. Er scheint ferner zu meinen, daß, wenn sich der Sinn des Ausdrucks „Tasmanien" ändert, das durch den Namen bezeichnete Ding auch geändert wird.

14 P. Janich: Physics – natural science of technology?, in: W. Krohn/E. T. Layton/P. Weingart (Hrsg.): The Dynamics of Science and Technology, Dordrecht 1978, S. 10f. Vgl. auch H. Tetens: Experimentelle Erfahrung. Eine wissenschaftstheoretische Studie über die Rolle des Experiments in der Begriffs- und Theoriebildung der Physik, Hamburg 1987.

15 Über Instrumentalismus als Spielart des Empirismus vgl. N. Rescher: Scientific Realism: A Critical Reappraisal, Dordrecht 1987, Kap. 4.

16 R. Descartes: Principia Philosophiae, Buch IV, § 204, in: Oeuvres de Descartes, Paris 1964–74, Bd. VIII, S. 327.

17 Ebenda, S. 99.

18 Ebenda, S. 100.

19 Es soll damit nicht behauptet werden, daß die historischen Wissenschaften – ob Geschichtswissenschaft, Paläontologie oder Astronomie – nur Fakten sammeln und keine Erklärungen geben, und schon gar nicht, daß Fakten einfach herumliegen. Es geht hier lediglich um den Unterschied zwischen dem Einmaligen (Waterloo, Cambrium, Milchstraße) und dem Wiederholbaren.

Christoph Meinel

Experimentalstrategien – Realstrategien?

Wer als Kommentator zu einer Tagung gebeten wird, sieht den Zweck seines Beitragens im Dialog selbst schon erreicht. Kommentare leben aus dem gesprochenen Wort. Sie abzudrucken, ist ein Notbehelf. Er sollte den Kommentator weder dazu verleiten, einen eigenen Aufsatz nachzuschieben, um den er nicht gebeten war, noch dazu, die Rolle des Rezensenten zu spielen. Wo doch jeder gerne den Wolf spielt, wer sollte den Wolf erst im Schafspelz kaufen wollen? Solchen Versuchungen trotzend, will ich im folgenden nichts anderes tun, als einige Beobachtungen mitzuteilen, die sich mir aus eigener Arbeitserfahrung aufdrängen. Dabei werde ich mich auf drei Aspekte der in diesem Band vorgestellten Experimentalsysteme beschränken: (i) auf ihre Typologie, d. h. auf die Frage, was als ein ‚Experimentalsystem' gelten darf; (ii) auf die unterschiedliche Weise, wie sich in solchen Systemen Strategien ausdrücken, sei es als Systemeigenschaften, sei es in der Art, wie Wissenschaftler mit ihnen umgehen; (iii) auf Probleme, die sich zu ergeben scheinen, wenn wir den abgeschlossenen Charakter solcher Systeme überbetonen.

Experimentalsysteme

Ein wichtiges gemeinsames Merkmal der beschriebenen Experimentalsysteme tritt aus allen Beiträgen deutlich hervor: das ihrer Komplexität. Bettina Wahrig-Schmidt hat dies im schönen Bild des mechanischen Resonators mit seinen verschiedenen Grund- und Oberschwingungen, Schwebungen und Interferenzen, internen und externen Kopplungen, Echos und Resonanzen ausgedrückt. Bei Michael Hagner wird deutlich, wie sich das System ‚Lokalisation von Hirnfunktionen durch elektrische Stimulation' gewissermaßen erst durch verstärkende Resonanzkopplung mit den etablierten Forschungstraditionen der Neurochirurgie einerseits und der Aphasieforschung andererseits stabilisieren muß, um stabile Repräsentationen hervorzubringen. Hans-Jörg Rheinbergers Beschreibung des fluktuierenden Gebrauchs unterschiedlicher Darstellungstechniken, die einander verstärken, aber auch auslöschen können, fügt sich diesem Bild.

Ganz im Rahmen der Bildmetaphorik des mechanischen Resonatormodells bleibt auch die von Soraya de Chadarevian vorgestellte graphische Methode, die ja gerade darin besteht, aus dieser Komplexität gewissermaßen wie ein mechanischer Fourier-Analysator einzelne Signale herauszufiltern. Die Apparatur dient hier dazu, die Komplexität des Gesamtsystems durch mechanische Kopplung zu reduzieren, anstatt sie durch Einbeziehung des Teilsystems ‚Beobachter' abermals zu erhöhen. Wenn auch selbst kein eigentliches System, vielmehr eine auf beliebige Experimentalsysteme anwendbare Methode – glänzend symbolisiert durch Mareys an beliebige Orte transportablen und universell einsetzbaren „Polygraphen" –, machen die instrumentell vermittelten graphischen Darstellungsverfahren gerade eine wesentliche Eigenschaft von Experimentalsystemen deutlich.

Doch sollten wir darin bereits eine allgemeine Aussage über den Wissenschaftsprozeß und sein Material vermuten dürfen? Was hier als Komplexität – selbst noch in jedem scheinbar ganz isolierten Meßvorgang – in Erscheinung tritt, rührt nämlich auch von zwei weiteren und doch sehr spezifischen Eigenschaften der hier vorgestellten Experimentalsysteme her: ihrem Substrat und ihrem Ort im System der Wissenschaften.

In allen Fällen haben wir es mit außerordentlich komplexen biologischen Systemen zu tun, deren Art und Weise, auf experimentelle Manipulationen zu antworten, im Oszillatormodell der ‚flexible response' vermutlich zutreffend beschrieben ist. Eindeutige Antworten sind hier nicht zu erhalten, dic Manipulation selbst verändert die Systemeigenschaften. Signalverstärkung hier hat Signalschwächung dort zur Folge. In Heinz-Peter Schmiedebachs Gegenüberstellung von Virchow und Traube wird deutlich, wie Virchow die Resonatoreigenschaften gewissermaßen autokratisch benutzt, um sein eigenes pathophysiologisches Programm zu verstärken, während Traube am gleichen Substrat einzelne Komponenten differenzierend aus der Komplexität herauszulösen sucht, um sie dann arbeitsteilig mit den Methoden des Chemikers oder des Physikers zu untersuchen. Doch Einzelexperimente mit hoher Entscheidungskraft, wie Traube sie sich vorstellte, sind in biologisch-medizinischen Systemen die Ausnahme. Traubes methodologische Anleihe bei Physik und Chemie deutet aber zugleich darauf hin, daß andere Wissenschaften doch offenbar Substrate besitzen, die sich experimentellen Verfahren gegenüber anders verhalten. Die Bestimmung einer Kometenbahn, die Frage, ob Silizium para- oder diamagnetisch ist, die Strukturaufklärung eines Moleküls, die Spektralanalyse stehen, wie es scheint, für Experimente und Experimentalsysteme ganz anderer Art. Die Komplexität biologisch-medizinischer Systeme dürfte also im wesentlichen auch eine Eigenschaft der betreffenden Substrate sein. Ob sie Erkenntnisse über ‚die' Wissenschaft vermittelt, sei daher dahingestellt.

Als zweite Grundeigenschaft der hier vorgestellten biologischen Systeme erscheint mir der Umstand bemerkenswert, daß sie ausnahmslos in einer relativ gut ausdifferenzierten disziplinären Matrix zu verorten sind, sei es als Kern einer sich erst bildenden Disziplin, wie in der Gruppe um Helmholtz, du Bois-Reymond und Ludwig oder in der Mendelschen Genetik; sei es als Subsystem bereits etablierter Forschungsrichtungen wie der Virologie und Cytomorphologie; sei es als „boundary concept" (Ilana Löwy) zwischen Biochemie und Medizin oder als „Zukunftsgenerator" (Michael Hagner) zwischen Physiologie und klinischer Medizin. Auf den Zusammenhang zwischen Disziplinbildung und Experimentalsystemen wurde mehrfach hingewiesen. In einigen Fällen schien es so, als seien Experimentalsysteme gewissermaßen die Kristallisationskeime entstehender Disziplinen, in anderen, als bildeten sich an ihnen Disziplingrenzen heraus oder strukturierten sich um. Allgemeine Aussagen zum Verhältnis von Disziplinbildung und Experimentalsystem kann ich darin jedoch noch nicht erblicken. Vielmehr denke ich, daß beides sich kaum wird miteinander verknüpfen lassen, wenn wir am Begriff wissenschaftlicher Disziplinen festhalten, wie ihn die Geschichtsschreibung benutzt. Hier hat der Disziplinbegriff nämlich vor allem mit der schul- und unterrichtsmäßigen Identität und Traditionsbildung eines Faches zu tun und ist eher soziologisch, denn inhaltlich bestimmt. So scheidet schon die Scholastik disciplina („quando discitur") streng von scientia („quando in mente habitur"). Die Herausbildung des modernen Systems wissenschaftlicher Disziplinen ist einer der interessantesten und bestuntersuchten Aspekte der Wissenschaftsgeschichte des ausgehenden 18. Jahrhunderts. Mit Forschung oder gar Experimentalforschung im modernen Sinne hat er überhaupt nichts zu tun, sehr viel hingegen mit Funktionswandel von Institutionen und Prozessen sozialer Differenzierung. Doch dieser Aspekt steht hier nicht zur Debatte. Was sollten wir denn etwa am Beispiel der Physiologie als die Disziplin bezeichnen: die Gesamtheit all dessen, was damals in physiologischen Laboratorien geforscht wurde oder bloß eine jener Teiltraditionen, die Claude Bernard nach den drei Typen von physiologischen Antworten auf Reize unterschied – den physikalischen, den chemischen und den vitalen Zugang? Doch selbst für die graphische Methode, so zentral und prägend sie für das Fach gewesen sein mag, gilt doch, daß sie auf einen seiner Teilbereiche, die chemische Physiologie nämlich, nicht angewandt wurde. Experimentalsysteme sind also eher Teilstrukturen einer Forschungslandschaft, die sich nur begrenzt einer disziplinären Topographie unterwirft.

Vielleicht ist der Disziplinbegriff in unserem Zusammenhang überhaupt nicht sehr hilfreich. Denn mir scheint, daß viele der hier behandelten Experimentalsysteme ihre besonderen Eigenschaften, ja ihre Existenz genau der Tatsache verdanken, daß sie zwar das ausdifferenzierte System der modernen, naturwissenschaftlichen Disziplinen voraussetzen, sich einer einfachen Zuordnung innerhalb dieses Rasters aber entziehen. Das Hervortreten von Experimentalsystemen scheint also ein Phänomen einer Zeit zu sein, in der sich das traditionelle Disziplinenmuster überhaupt auflöst, zumindest aber seine Bedeutung für die Forschungspraxis verliert. Die wachsende Bedeutung von substratorientierter (Hochtemperatur-Supraleitung) oder problemorientierter (Saurer Regen) Forschung mag darauf hindeuten, daß die Disziplinen als die entscheidenden Strukturelemente des Wissenschaftsprozesses dabei sind, von etwas abgelöst zu werden, was mit dem Begriff des Experimentalsystems gewiß besser zu fassen ist.

Experimentalstrategien

Hinsichtlich dessen, was wir uns unter Experimentalstrategien vorstellen sollten, sehe ich deutliche Differenzen. Das Spektrum reicht von Heinz-Peter Schmiedebachs Darstellung der Art und Weise, wie sowohl Traube als auch insbesondere Virchow mit ihrem System und ihrer Methode zielgerichtet und auf Wirkung bedacht umgehen: Traube versucht, die naturwissenschaftlich-exakte Physiologie als Nische innerhalb eines klinischen Faches zu etablieren, Virchow will die mit seiner eigenen Person verknüpfte Richtung der Zellularpathologie institutionalisieren. Bei beiden sind wissenschaftliche Intention und ‚außerwissenschaftliche‘ Ambition untrennbar verbunden. Auf der anderen Seite des Spektrums Hans-Jörg Rheinberger, der dem Begriff der Experimentalstrategie ausdrücklich jede Intentionalität und Finalität absprechen und statt dessen lieber von einem blinden Herumtappen sprechen möchte oder von Michel Serres das Bild eines turbulenten Flußbettes übernimmt.

Offenbar ist der Begriff ‚Strategie‘ mit seiner explizit militärischen Metaphorik mißverständlich und müßte ersetzt oder zumindest präzisiert werden. Doch bleiben wir zunächst beim Bilde des turbulenten Flußbettes als Analogon zum Wissenschaftsprozeß. Dann wäre der Fluß selbst die *strateia*, das im Kampfe hin- und herflutende Heer. Seine Makro- und Mikroturbulenzen lassen sich aus mindestens drei unterschiedlichen Perspektiven erfassen, und in jedem Fall entsteht ein völlig anderes Bild:

– Vom Standpunkt des fremden und fernen Betrachters, der mit erstaunten Augen auf ein ihm unverständliches Getümmel blickt, müßte der stochastische

Aspekt, die Akausalität und Regellosigkeit aller Vorgänge, als angemessene Beschreibung des Ganzen erscheinen.

– Mit den Augen eines Mitkämpfenden sähe die gleiche Schlacht schon ganz anders aus, da tauchten hier Geländevorteile auf, öffnete sich da eine Bresche, schiene dort ein Durchbruch möglich. Seine Beschreibung wäre die des Taktikers. Aus lokalen Zuständen des Systems ergeben sich Handlungsmotive, die im gesamten Schlachtverlauf vielleicht unmotiviert, ja kontraproduktiv erscheinen mögen, im konkreten Fall aber durchaus Gründe und Intentionen besitzen.

Löwy spricht hier von „technischen" im Gegensatz zu „strategischen" Aufgaben, und Hagner hat im Zusammenhang mit dem Entstehen von Forschungsrichtungen und der Ablösung eines alten durch ein neues Experimentalsystem darauf hingewiesen, welche Bedeutung dem Kriterium der „Machbarkeit" zukommt. Dies ist gewiß eine typisch ‚taktische' Betrachtungsweise, und von dieser Art sind wohl die meisten Entscheidungen, die ein experimentell arbeitender Wissenschaftler trifft. Die Chemie, die sich ja weniger aufs Repräsentieren von Wirklichkeit denn im buchstäblichen Sinne aufs Herstellen verlegt hat, liefert dafür Beispiele zuhauf. Auch Rheinberger scheint diesem taktischen Denkmodell zu folgen, wenn er die Offenheit des Experimentalsystems beschreibt und zeigt, wie sich aus dem je aktuellen Zustand der jeweils nächste Schritt ergibt und in dieser Weise das Problem der adäquaten Repräsentation scheinbar beliebig von einer Methode zur nächsten hin- und hergeschoben wird, ohne einer Gesamtlogik zu folgen – aber eben doch nur scheinbar beliebig, weil jeder Methodenwechsel durch einen vorübergehenden Zuwachs an Machbarkeit motiviert ist.

– Vom Feldherrnhügel schließlich ergibt sich erst der strategische Blick. Erst hier, wo die Schlachtordnung geplant wird, Gewinn und Verlust bilanziert, vielleicht auch politisch bewertet werden – in jedem Fall aber kräftig daran verdient wird, erst hier ließe sich eigentlich von Strategie sprechen. Doch sollten wir in den Experimentalwissenschaften Strategien dieser Art nicht eher dem Repertoire von Sonntagsreden und Drittmittelanträgen zurechnen?

Den Arzt Nikolaus Friedreich haben wir kennengelernt als einen Forscher, der Daten in sein resonierendes System so einträgt, daß Eigenschwingungen verstärkt, Resonanzen hergestellt und Dissonanzen gedämpft werden. Doch ist dies Beschreibung dessen, was Friedreich tut und weshalb er es tut, oder eher eine der gewählten Metapher geschuldete Redeweise? Und wenn wir mit Virchow ein Beispiel für die Realität dieses strategischen Typus kennengelernt haben, so hat Heinz-Peter Schmiedebach doch zugleich quellenkritisch darauf hingewiesen, daß sich dieses Bild auch der rhetorischen Selbststilisierung der benutzten Schriftzeugnisse verdankt. Hier liegen Grenzen und Gefahren sowohl des Resonatormodells als auch des Feldherrnverständnisses von Strategie.

Daß die letztere Art Strategie aus den Wissenschaften gleichwohl nicht fortzudenken ist, wird immer dann deutlich, wenn es um Geltung, sozialen Status und Expertenmacht geht, wenn sich der Behauptungs- und Gestaltungswille einer Forschergruppe mit einem Forschungsprogramm und einer Institutionalisierungsstrategie verbindet. Auf der Ebene der Experimentalsysteme und der Laboratoriumspraxis aber, um die es hier geht, spielen vermutlich jene kurzreichweitigen, ‚taktischen' Strategien von begrenzter Intentionalität und einer im nachhinein nur bedingten rationalen Rekonstruierbarkeit die weit wichtigere Rolle. Sie bilden die eigentliche Feinstruktur eines Experimentalsystems.

Systemcharakter

Die Hinwendung zum Experiment innerhalb der theoretisch reflektierten Wissenschaftshistoriographie hat ein eigentümliches Wahrnehmungsmuster zur Folge: den Eindruck einer relativ hohen, oft geradezu hermetischen Abgeschlossenheit des Wissenschaftsprozesses. Der Begriff des Experimentalsystems und viele der um diesen Begriff versammelten Beispiele leisten dem Vorschub. Es hat fast den Anschein, als bringe das neuerwachte Interesse an dem, was tatsächlich im Laboratorium vor sich geht, etwas hervor, was auf den ersten Blick der guten alten internalistischen Historiographie ähnelt. Sollte es sich hier um einen Versuch handeln, nach den Aporien des naiven erkenntnistheoretischen Realismus und nach der Einsicht in die Kontextbeladenheit aller Wissenschaft doch wieder einen autonomen Bereich „epistemischer Dinge" zu retten? So autonom, daß vom handelnden Menschen, seinen Motiven, Hoffnungen, Ängsten, am Ende gar nicht mehr die Rede ist?

Der Historiker sollte hier Ideologieverdacht anmelden. Dies sei an einem einzigen Fall verdeutlicht. Nelly Oudshoorn beschreibt am Beispiel der menschlichen Sexualität, wie experimentelle Praxis die Verwendung klassifikatorischer Raster beeinflußt. Wir sehen mehr oder minder anonyme Gruppen von Sexualwissenschaftlern, Psychiatern und Juristen, die ihren jeweiligen Traditionen entsprechend meist binäre, qualitativ-wertende Kategorien verwenden. Wir erfahren sodann, wie sich diese Form der Klassifikation durch die von den Endokrinologen eingebrachte experimentelle Praxis verändert, indem nun mit Hilfe der Vorstellung von kausalen und lokalisierbaren Testinstanzen, den Sexualhormonen, die Entweder/Oder-Unterteilung in ein wertneutral-quantitatives, lineares Spektrum verwandelt wird. Das Beispiel soll zeigen, wie sich das Kategoriensystem einer klassifizierenden Wissenschaft nicht unter dem Einfluß von Ideen bzw. Intentionen, sondern unter dem Einfluß von experimenteller Praxis verändert.

Aber ist es denn nicht so, daß diese Praxis erst auf dem Hintergrund ganz handgreiflicher Ideen und massiver Interessen erfolgreich ist? Müssen wir uns erst von Vertreterinnen der feministischen Wissenschaftsforschung (z. B. Diana L. Hall und Estelle Ramay) daran erinnern lassen, daß es hier um durchaus angebbare Interessen ging? Interessen an der Aufrechterhaltung der Differenz von biologischem und sozialem Geschlecht sowie des entsprechenden Geschlechtsverhaltens als eines Grundmusters moderner Gesellschaften mit kapitalistischer Produktionsweise und machtförmigem Umgang mit der Natur, als einer Grundvoraussetzung auch der militärischen Verwendbarkeit und der stabilen Sozialordnung. Verfügbar, manipulierbar und ‚therapierbar' – bis hin zur invasiv-operativen Ausschaltung vorgeblicher „Weiblichkeitszentren" im Hypothalamus – wurde dieses ‚Experimentalsystem' erst mit der Ablösung der gewissermaßen ‚archaischen' Dichotomie männlich/weiblich durch die moderne, ‚naturwissenschaftliche' Methode der Linearisierung, Quantifizierung und Lokalisierung. Das Experimentalsystem Sexualität-Geschlecht ist also vermutlich viel weniger ein geschlossenes System, ein „Batesonscher Garten", als ein Kampfplatz angebbarer Außeninteressen, die sich in Positionen und Methoden der Wissenschaft äußern.

Wenn wir also tatsächlich annehmen wollen, daß Laborwissenschaft in erster Linie auf frühere Wissenschaft reagiert und weniger auf Bewegungen im Umfeld, oder wenn Intentionalität und Finalität als bloß perspektivische Effekte gelten sollen, dann sollten wir uns – ob als Historiker oder als Naturwissenschaftler – auch der Gefahr bewußt sein, damit möglicherweise gar der Verschleierung solcher Zusammenhänge und der klassischen Schutz- und Statusbehauptung des Naturwissenschaftlers von der Autonomie der Wissenschaft Vorschub zu leisten. Hinweise wie der auf Traubes Judentum als mögliche Einflußgröße bei der Wahl seines Systems und seiner Methode sind deshalb nötig und wichtig, ohne daß ich damit einer alten ‚Intern-extern'-Dichotomie das Wort reden wollte. Offenbar tauchen Erfahrungen außerhalb des Experimentalsystems, also in der sozialen, politischen, ökonomischen Welt, innerhalb des Experimentalsystems bereits als Teil der wissenschaftlichen Fragestellung auf, ohne ihre Herkunft zu verraten. Da genau dieser Verschleierungsmechanismus aber Teil einer Statusansprüche absichernden Wissenschaftsideologie ist, sollte der Historiker hellhörig bleiben und versuchen, diesen Übersetzungsvorgängen von nicht zum System gehörigen Dingen in Elemente des Experimentalsystems besondere Aufmerksamkeit zu schenken. Denn das Idyll von Batesons Garten könnte trügen. Es wäre deshalb so unverantwortlich, seine Bestellung allein den gelernten Gärtnern zu überlassen, wie es gefährlich wäre, sie nur den Nicht-Gärtnern anzuvertrauen.

Bernhard Siegert

Schein versus Simulation, Kritik versus Dekonstruktion

Wie man von Experimentalstrategien in den biologischen Wissenschaften (nicht) spricht
Ein außerdisziplinärer Kommentar

We know now that in the early years of the twentieth century this world was being watched closely by intelligences greater than man's and yet as mortal as his own. We know now that as human beings busied themselves about their various concerns, they were scrutinized and studied perhaps almost as narrowly as a man with a microscope might scrutinize the transient creatures that sworm and multiplie in a drop of water.
Orson Welles, The War of the Worlds

Vorbemerkung

Wie man von den biologischen Wissenschaften des 19. Jahrhunderts nicht spricht, sagt einem die Disziplin. Einem den Disziplinen des Biologischen nicht angehörender Teilnehmer des Kolloquiums, dessen Beiträge dieser Band versammelt, mag daher eine außerdisziplinäre Rede gestattet sein, die davon und so spricht, wie und wovon man innerhalb der Disziplin vielleicht nicht unbedingt spricht.

Kaum eine Wissenschaft ist seit dem 19. Jahrhundert so nahezu vollständig chemo- und medientechnischen Verfahren der Sichtbarmachung und der Speicherung ausgeliefert wie die Biologie; kaum eine Wissenschaft ist daher so umfassend von der technologisch induzierten Krise der Referenz betroffen wie die moderne Biologie. Trotzdem oder gerade deshalb macht sich die zuständige Wissenschaftsgeschichte wenig bzw. nur marginale Gedanken über die Bewandtnis, welche die Hardware ihres Fachs in bezug auf das eigene Tun, das Schreiben von Geschichte nämlich, haben könnte.[1] Mit einigem Grund vermutlich, denn was dabei auf dem Spiel steht, ist das Subjekt dieser Geschichte selber: der Experimentator, dessen kritischem oder unkritischem Blick die Gegenstände zugestellt bleiben. Für ihn entfaltet sich nach wie vor – wenn auch inzwischen verschlagen, unwillig, komödiantisch – das Spiel der Repräsentationen. Und was fährt er nicht alles auf an Apparaten in seinem Laboratorium, um die Komödie der Zeichen zu durchschauen, das Wesen zur Erscheinung zu zwingen. Doch wie sehr auch das „epistemische Ding" Hans-Jörg Rheinbergers eine Vorstellung wird, die die Maschinen geben, die Zentralperspektive des Experimentatorenblicks bleibt zumeist gewahrt, nicht nur im Experiment, auch in der Geschichte. Ein Blick allein auf die Ordnungsverfahren der auf dieser Tagung gehaltenen Vorträge genügt: Fast alle ordnen die Geschichte einem monographischen Prinzip unter, dem Ordnungsprinzip des Experimentatorensubjekts: Fritsch und Hitzig, Virchow und Traube, Friedreich, Helmholtz, Bateson. Gegenüber all der versammelten wissenschaftsgeschichtlichen Fachkompetenz gestattet vielleicht aber gerade der fremde Blick auf die historischen Reden vom Körper und vom Leben und auf die Praktiken ihrer Erforschung, der einem Kommentator auferlegt ist, der sich für die internen Angelegenheiten der Biologie gänzlich unzuständig erklären muß, diesen Reden und Praktiken die Ereignishaftigkeit ihres schieren Ergangenseins zurückzuerstatten. Das bloße Ereignis, das es darstellt, wenn etwa mit der graphischen Methode eine neue Regel in den physiologischen und medizinischen Diskurs eingeführt wird, oder wenn ein Mikroskop nicht mehr auf einen Gegenstand, sondern auf den Aufzeichnungsvorgang dieses Gegenstandes gerichtet wird, ist einer Wissenschaftsgeschichte ja notwendig entgangen, die die Aussagen nur nach Maßnahme ihres Abstandes von einem Korpus „wahrer" oder zumindest „anerkannter" Aussagen zitierte. Das Ereignis ihres Ergangenseins wird nicht sichtbar, wenn Aussagen als „richtige" oder „falsche" unter dem Apriori von Institutionen den Geschichten einzelner Disziplinen zugeordnet werden, sondern erst durch die Aufdeckung ihrer Vernetzung und Allianz mit anderen Diskursen, Techniken und Machtpraktiken. Auf diese Weise könnten Strategien des Wissens sichtbar werden, die nicht namhaften Experimentatorensubjekten zuschreibbar wären, sondern vielmehr in einem Geflecht von Medientechniken und Diskursregeln ihre Wirksamkeit entfalteten. Vor dem Hintergrund eines solchen Dispositivs erschiene dann als Grundproblematik der Tagung die Frage, ob das Ereignis der Problematisierung der Referenz – in dem die clôture der Epoche der abendländischen Metaphysik sich ankündigt – zu verorten wäre in einer Archäologie der Medien und Diskurse auf dem Feld der Wissenschaftsgeschichte des 19. und 20. Jahrhunderts. Die Problematik der Referenz solcherart, d. h. nicht mehr als erkenntnistheoretisches Problem, aufzufassen, hätte – konsequent betrieben – Folgen für diese Wissenschaftsgeschichte selber, insofern sie als Geschichte wachsender Erkenntnisse selbst auf den Konzepten der „Intention" und der „Realität" fußt, d. h. auf dem Phantasma der Möglichkeit einer Repräsentation, die ganz und gar von der Präsenz ihres Referenten durchdrungen wäre. Die Dekonstruktion der Repräsentation müßte also eine Geschichte des Erkenntniszuwachses unweigerlich mit in ihren Sog ziehen. Umgekehrt tritt – wo die metaphysischen

Grundlagen der Wissenschaftsgeschichte unberührt bleiben – die Frage nach der Konstituiertheit der Gegenstände als „Ideologiekritik" auf und mithin deren disziplinerhaltender und institutionstragender Charakter zutage. Wissenschaftsgeschichte – und sei sie noch so erkenntniskritisch – gehört zu den Praktiken, mit denen Disziplinen des Wissens ihren Autoritätsanspruch legitimieren; Kritik ist seit Kant ein unabdingbares Ritual von Legitimationsverfahren. Kritik des Scheins versus Dekonstruktion der Repräsentation: das scheint mir die theoretische Spannung zu sein, die die Tagung als ein Ergebnis produziert hat, ohne diese Differenz benannt zu haben.

Skizze der Biopolizei im 19. Jahrhundert

Eines der auffälligsten Ereignisse in den Wissenschaften vom Leben im 19. Jahrhundert ist die Positivierung des Handicaps. Sei es, daß einem lebenden Tier eine pathologische Schädigung zugefügt wird, um später am toten Tier makro- und mikroskopische Untersuchungen vorzunehmen, wie bei Virchow (vgl. den Beitrag von Schmiedebach) oder sei es, daß die im Krieg durch Schußwaffen in willkürlicher Weise produzierten Läsionen des Gehirns der Lokalisation der Hirnfunktionen Aufschwung geben (vgl. den Beitrag von Hagner), oder sei es, daß ein angeborenes Handicap wie die Farbenblindheit Helmholtz die Chance bietet, seine Theorie des Farbensehens zu verifizieren (vgl. den Beitrag von Lenoir). Doch sind zufällige oder gezielt herbeigeführte Ausfälle von Körperfunktionen nicht nur die via regia der Wissenschaft, sie sind gleichermaßen Ausgangspunkte für die Erfindung technischer Medien. Die Schreibmaschine entsprang den Bemühungen eines dänischen Pfarrers um die Schriftkompetenz von Blinden, weshalb ein dreiviertelblinder Philosoph namens Nietzsche auch zu ihren ersten Benutzern gehörte; das Telephon resultierte aus der Vereinigung der Bemühungen des Taubstummenlehrers Alexander Graham Bell um die ökonomischere Ausnutzung von Telegraphenkupferdrähten und um die Sprachkompetenz seiner Schüler; die Negativphotographie Henry Talbots war ein Substitut seiner eigenen mangelnden Kompetenz als Zeichner. Der Herkunftsort dieser Positivierung des Handicaps, aus der physiologisches und medizinisches Wissen einerseits und technische Medien andererseits im 19. Jahrhundert hervorgehen, ist der von Foucault beschriebene Übergang der Macht zu Praktiken der Normalisierung um 1800. Das Wissen vom Menschen und der Machteffekt der Normalität entsteht aufgrund einer Inkorporation der Devianz, in deren Zug das Deviante und Perverse nicht ausgeschlossen wird, sondern sorgfältig vermehrt, und die Beziehungen zwischen Körper und Macht intensiviert werden, um ein positives Wissen über die Wahrheit des Körpers (des Sexes) zu produzieren. Dieser Strategie der Macht, die Produktion eines Wissens vom Körper und seinen Funktionen abhängig zu machen von einer Positivierung seiner Gebrechen, entspricht zugleich die Kopplung von Klinik und Anatomie. Im Maße die Läsion zum Sitz der physiologischen Wahrheit wird, wird die Klinik zum wissenschaftlich-anatomischen Laboratorium. Krankheit ist ein von der Natur betriebenes Experiment zum höheren Ruhme der Wissenschaft (von diesem Zeitpunkt an vermutlich machen Ärzte besonders klaren Krankheitsbildern Komplimente – als sei der Patient ein MTA). Wo Krankheiten oder Perversionen nicht bereits selber experimentieren, etwa im Laboratorium des Physiologen, müssen Skalpelle, Gifte und Elektroschocks an ihre Stelle treten (wobei hier nicht weiter der Frage nachgegangen werden soll, ob dabei das Kunstexperiment das Naturexperiment, die Krankheit, simuliert oder umgekehrt).

An der Linie dieser Kopplung von Anatomie und Klinik könnte man eine ganze Reihe der hier versammelten Beiträge eintragen. Doch das hieße zu übersehen, daß die Techniken, die das Leben in seiner Organisation und Logik sagbar und sichtbar machen, etwa seit der Mitte des Jahrhunderts auf einer doppelten Linie operieren, die von einer Verdopplung des Körpers ausgeht. Den Disziplinartechniken des 18. Jahrhunderts, die sich im wesentlichen auf den Körper konzentrierten, dem sie durch eine permanente Überwachung die Geständnisse seiner Individualität ablauschten, tritt im Laufe des 19. Jahrhunderts eine andere Technologie der Macht an die Seite. Eine Technologie, die nicht per se disziplinierend ist, weil sie das Menschenwesen nicht als Körper, sondern als Lebewesen behandelt. Sie richtet ihren Blick auf das Menschenwesen als Population, als Gesellschaftskörper, der von Prozessen des Lebens betroffen ist wie Geburtenraten, Sterblichkeit, Selbstmordraten, Gesundheitsniveau oder Lebensdauer. Im Maße Statistik (Demographie) ein Wissen von den biologischen Grundlagen des Staates erzeugt, kommt es zu einer „Verstaatlichung des Biologischen“,[2] in deren Zuge das Menschenwesen in Relation zu seinem Milieu betrachtet wird, seiner hydrographischen, klimatischen, bakteriellen oder sonstigen Umwelt. Eine Reihe neuer Institutionen nimmt die Sorge um dieses neue Menschenwesen in ihre Obhut: das Amt für Statistik, die medizinische Polizei, das Gesundheitsamt und später das Rassenamt. Sie schaffen einen neuen Körper: eine Bevölkerung, die reguliert, kontrolliert und in einem komplizierten Gleichgewicht gehalten werden muß. „Die Disziplinen des Körpers und die Regulierungen der Bevölkerung bilden die beiden Pole, um die herum sich die Macht zum Leben organisiert hat.“[3] Doch die beiden Pole wirken aufeinander ein: im Lauf des 19. Jahrhunderts durchdringt die Population den Einzelorganismus. Die biologischen Laboratorien fangen an, vorrangig mit der Veränderung von Milieuparametern zu experimentieren. Claude Bernard stellt die Theorie auf, daß die höheren Lebewesen in einem „inneren Milieu“ leben.[4] Man stellt fest, daß man die Funktionen des Körpers als eine Art Bevölkerung auffassen kann, innerhalb der die Lebensmechanismen als Regulatoren wirken. Wenn Leben möglich ist, sagt Bernard, dann, weil Regulationsmechanismen der Kompensation ein Gleichgewicht herstellen und aufrechterhalten.[5] Das Geheimnis des Lebens ist eine Biopolitik der Mikroorganismen, das Geheimnis des Staates ebenfalls, wenn man nur ein entsprechend großes Auge hat. Solche Teleskopaugen haben außer Marsmenschen nur noch Autoren: In perfekter Abbildung von Mikrobiologie auf Biopolitik erklärte Émile Zola im Vorwort zu seinen Rougon-Macquart, es seien „la lente succession des accidents nerveux et sanguins qui se déclarent dans une race, à la suite d'une première lésion organique, et qui déterminent, selon les milieux, chez chacun des individus de cette race, les sentiments, les désirs, les passions, toutes les manifestations humaines, naturelles et instinctives, dont les produits prennent les noms convenus de vertus et de vices“.[6]

So entdeckt man analog zur Klinik auch in der Bevölkerung Krankheiten wie etwa die Degeneration als Erscheinungsformen des Lebens.

Von diesem Stand der Dinge zeugt z. B. Nikolaus Friedreichs Entdeckung der amöboiden Bewegung, Kontraktion und Teilung der roten Blutkörperchen (vgl. den Beitrag von Hildebrandt und Wahrig-Schmidt): im pathologischen Fall zeugen die Erythrozyten von ihrer Herkunft (aus den weißen Blutkörperchen) und lassen sogar hoffen, dem Geheimnis des Lebens selber auf der Spur zu sein. Bei seinen Experimenten – und den seiner Kollegen auf dem Gebiet der Zellpathologie – werden die Zellen zu einer Population von „perversen“ Individuen. Das Experimentieren wird Biopolitik: Da das Auftreten der devianten Phänomene offenbar mit dem Milieu zusammenhängt, läßt es sich durch Veränderung etwa der „klimatischen“ und „hygrostatischen“ Verhältnisse (heizbarer Objekttisch und feuchte Kammer) steuern.[7] Das pathogene Milieu erzeugt entsprechend der Kriminalpsychologie seit Schiller Verbrecher, Perverse oder Genies, in diesem Fall perverse oder geniale Blutkörperchen, und eben diese sagen seit 1800 den Humanwissenschaften die Wahrheit über den Menschen oder über das Geheimnis des Lebens.[8] Die Verflechtung mit dem Diskurs der Kriminalpsychologie spiegelt schon der Titel von Friedreichs Aufsatz: „Beitrag zur Lebensgeschichte der rothen Blutkörperchen“. Lebensgeschichten oder gar Entwicklungsgeschichten hatten bis dahin nur Individuen. Aufgeschrieben wurden sie von Dichtern, Psychologen oder von Kriminalisten. Sie gehören zur großen Diskurspraktik, die seit dem Mittelalter im Abendland die Wahrheit des Individuums hörbar und sichtbar gemacht hatte: Beichte, Geständnis, Autobiographie, Fallgeschichte. Unterm klinisch-anatomischen Blick, der nicht mehr das Feld der Symptome erfaßt, sondern in die Tiefe sieht,[9] das Objekt erspäht, verraten auch Zellen ihre Lebensgeschichte.

Am Kreuzungspunkt von medizinischer Polizei und Kriminalpolizei, von Biopolitik und Überwachung entsteht die Genetik (vgl. den Beitrag von Olby). Seit Mendel und seinen Nachfolgern formuliert die scientia sexualis die Wahrheit des Individuums in Vererbungsgesetzen. Sie macht den Sex (das Individuum) zum Subjekt (d. h. Untertan) zugleich der Statistik wie der Laborbedingungen der Cytologie. Das Individuum ist statistischer Effekt der in der Population ablaufenden Hybridbildungen, deren Wahrheit (seit der Chromosomentheorie jedenfalls) zugleich aber nur im Labor unter dem Mikroskop „sichtbar" wird. Den Kurzschluß zwischen Kriminalpolizei und Gesundheitspolizei verkörperte geradezu Francis Galton, der schließlich nicht nur ein bekannter Genetiker und Anhänger der Züchtungsidee war, sondern ebenfalls der Erfinder des Fingerabdrucks.[10] Die Identität der Körper ist ein Produkt polizeilicher und genetisch-statistischer Erfassungstechniken. Mit dem „genetischen Fingerabdruck" unserer Tage erfüllt sich vermutlich der Traum Galtons: der polizeiliche Durchgriff wird mit dem des Biologen identisch; kriminalistische und genetische Spurensicherung des Individuums wird ununterscheidbar.

Der Zusammenhang polizeilicher und biologischer Methoden der Identifizierung von Körpern im Sexualitätsdispositiv wird schließlich mit der Verlagerung des Sexes in den Diskurs der Endokrinologie überdeutlich (vgl. den Beitrag von Oudshoorn). Die Entdeckung der Hormone beendet das Zeitalter der Nerventelegraphie als Regulationsmedium der Körperfunktionen und eröffnet das Zeitalter der chemischen Kontrolle.[11] Wenn der Sex nicht mehr wie ein Morsezeichen nur zwei Zustände – kurz oder lang, männlich oder weiblich – annehmen kann, sondern n Zustände zwischen 0 und 1, wird Identität zu einem Verhältnis von männlichen und weiblichen Sexualhormonen. Sexualität wechselt von Boolescher Algebra ins Reich der Reellen Zahlen. Gleichzeitig wird die Perversion namens Homosexualität der Normalität namens Heterosexualität inkorporiert; im Maße Sexualität mit Hilfe analoger standardisierter Testverfahren meßbar wird, wird Normalität nur eine Untermenge der Perversität. Fortan sind wir alle mehr oder weniger bisexuell. Entsprechend landen Homosexuelle nicht mehr in den Gefängnissen der Psychiatrie, wo sie ihren Platz im Klassifikationsschema der Geisteskrankheiten einnahmen, sondern in den Laboratorien der Biologie, wo der Test Männern und Frauen das Geheimnis entlockt, bis zu welchem Grad sie in Wahrheit Frauen und Männer sind. Die Grenze zwischen normal und abnormal wird nicht mehr von den Mauern der Asyle gezogen, sondern verläuft unsichtbar durch jedes Mitglied der Bevölkerung. Folglich ist die lust- oder angstvolle Frage an das eigene Selbst, wer oder was es „in Wirklichkeit" sei, ebenso universell wie allein von Labortests zu beantworten. Triumph der modernen Biopolizei.

So läßt sich ein Bogen schlagen von der Kriminalpsychologie und den Wahrheitsprozeduren um 1800 über die Zellpathologie, die Genetik bis zur endokrinologischen Sexualwissenschaft Anfang des 20. Jahrhunderts, der womöglich bis zur immunologischen Konzeption des Selbst und den immunologisch begründeten Biopolitiken im Zeitalter von AIDS reicht (vgl. den Beitrag von Löwy). Immerhin wird in den Theorien des Biologen Francisco Varela die Auffassung des biologischen Systems als soziales System endgültig perfekt.

Das technische Apriori der skizzierten Überlagerung von kriminalistischem und biopolitischem Diskurs sind „neue" Medien der Sichtbarmachung bzw. Fixierung: Mikroskop und Biochemie. Kaum zufällig fällt die Zelltheorie Schwanns, mit der die Zelle nicht nur zum letzten Term der Analyse, sondern auch zur Einheit des Lebens und zum Ursprung der Individualität wird, ins zweite Viertel des 19. Jahrhunderts, als nach der Verbesserung der (1775 von J. Dollond entwickelten) achromatischen Linsenkombinationen durch P. Dollond, Ramsden und von Fraunhofer sowie der erstmaligen Berechnung starker Mikroskopobjektive durch Amici die Auflösungsstärke der Mikroskope ungeheuer gesteigert werden konnte.[12] Während das Mikroskop als mediale Voraussetzung für die Produktion der Wahrheit vom Leben und vom Individuum zum Apriori der biologischen Disziplinen im 19. Jahrhundert wird, beruht die Physiologie dieser Zeit auf anderen Medientechniken. Von diesen handelt der Beitrag von Soraya de Chadarevian. Ein neues analoges Aufschreibesystem entlockt den Körpern das Geständnis der in ihnen ablaufenden Prozesse des Lebens. Die graphische Methode als Handschrift des Lebens, als Sprache, in der der Körper selber seine Geheimnisse verrät, konstituiert die Disziplin der Physiologie als Wissenschaft wie ein knappes Jahrhundert zuvor das intime Tagebuch, die Autobiographie und der Privatbrief eine Psychologie konstituierten. Die Handschrift, die In-Dividualität schlechthin,[13] verläßt den Menschen und wandert in Kymographen, Myographen, Pulsschreiber und vor allem Sphygmographen aus. Den Beweis dafür, daß technische Apparate die Produktion von In-Dividualität okkupiert haben, tritt der Telegraph von Pollak und Virág an. Handschrift wird eine Form der Kurvenschrift physiologischer Vorgänge unter anderen.[14]

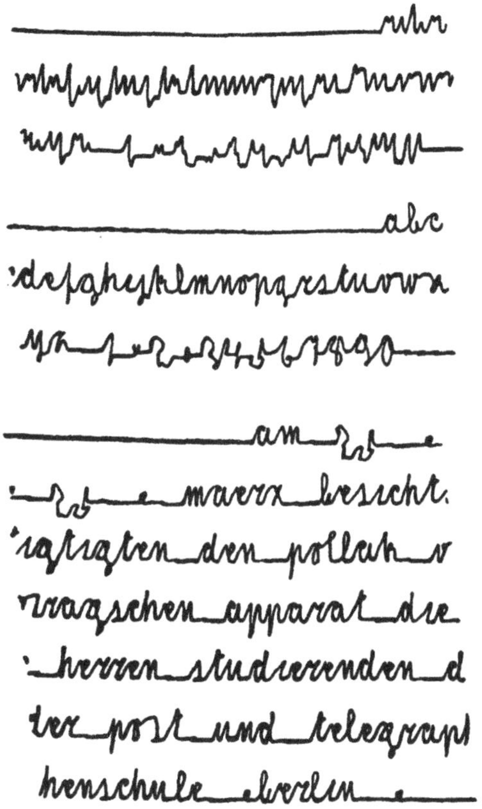

Der Telegraph von Pollak und Virág

Kurvenschreiber der physiologischen Laboratorien sprengen den alphabetischen Code, auf dem das Wissen vom Individuum bislang beruhte. Psychologie, Philosophie und ihr Lautsprecher, die Literatur, verlieren ihr Monopol auf die Produktion und Distribution dieses Wissens. Doch beschränkt sich diese Entthronung von Handschrift und Stimme als Medien des Geständnisdiskurses nicht allein auf die graphische Methode. Allerorten treten technische Medien auf, die ein Selbstschreiben der Natur, das authentische Bekenntnis des Lebens versprechen. Henry Fox Talbot nennt seine Negativphotographie den „pencil of nature".[15] Der bereits erwähnte Galton erfindet die kriminalistische Verwertung des Fingerabdrucks, in deren Folge Archive von photographierten Fingerabdrücken die Stelle der anthropometrischen Archive Bertillons einnehmen. Die

Praxis der Tatbestandsaufnahme wird in erster Linie eine mit chemischen und photographischen Techniken arbeitende Spurensicherung und besteht erst in zweiter Linie aus dem Verhör. Das Eindringen technischer Aufschreibesysteme in die Kriminalistik verursacht das Ende des neuzeitlichen Inquisitionsverfahrens und den Triumph des Indizienbeweises. Die Wahrheit haust nun nicht mehr in der Herzensschrift, sondern in den Spuren des Realen. Weil die Geständnis- oder Zeugen-Rede des Betrugs fähig ist, ziehen die im Gefolge des Kymographen entwickelten Geräte auch in die Gerichtsräume ein. An dieser Stelle muß also kurz die kriminalistische Bewandtnis, welche die Geschichte von Ludwigs *Untersuchungen über den Einfluß der Respiration auf den Blutkreislauf* hatte und die die Geschichte des Lügendetektors ist, nachgetragen werden.[16] In den 70er Jahren des 19. Jahrhunderts erfand der italienische Physiologe Angelo Mosso den Blutdruckschreiber (Plethysmograph), mit dem er die Einflüsse der Angst auf den Blutdruck studierte, wobei er sich auf die Arbeiten von Vierordt *(Die Lehre vom Arterienpuls)* und Traube stützte. Mossos Lehrer war der Kriminologe Cesare Lombroso gewesen, der in der zweiten Auflage des *L'uomo delinquente* die Anwendung von Sphygmographen und Plethysmographen bei der Befragung von Verbrechern beschrieb und Blutdrucktests selber in der Polizeipraxis anwandte.[17] Das von Kiesow 1895 angegebene Sphygmomanometer verbesserte Mossos Erfindung insofern, als es den Blutdruck nach dem Vorbild von Edisons Phonographen auf eine Walze notierte. 1908 schlug Hugo Münsterberg, Experimentalpsychologe in Freiburg/Breisgau und Harvard sowie Begründer der Psychotechnik, die kombinierte Anwendung einer ganzen Batterie von Apparaten zur Aufzeichnung emotionaler Vorgänge vor, die alle folgenden Lügendetektortestverfahren versammelte: Münsterberg vermehrte die verräterischen Kurven des Blutdrucks und des Pulses um die der Atmung, der Augenbewegung, der Blutzirkulation, des Hautwiderstandes – mittels Galvanometer –, der Körpertemperatur u. a. und schlug überdies die Kopplung all dieser Registrierapparate mit dem (wiederum) von Francis Galton erfundenen Wortassoziationstest vor.[18] Larsons 1921 durch Münsterberg und Marston angeregter Polygraph, Keelers verbesserter Polygraph von 1930 und Lees „Berkeley Psychograph“ von 1936 setzten schließlich die relative Registratur von Blutdruck, Puls und Atmung als eine Art Standard-Lügendetektortest durch.[19]

Auch technische Medien verdanken sich diesem Selbstschreiben der Natur. Phonographen protokollieren, Telephone übertragen grundsätzlich die Stimme in Gestalt ihrer untrüglichen, das Subjekt seiner Wahrheit überführenden, physikalischen Parameter. Alexander Graham Bell suchte nach einem sensibleren Phonautograph als dem von Léon Scott, um seinen taubstummen Schülern eine optische Rückkopplungsmöglichkeit ihres Sprechens zu liefern, und baute mit Hilfe des Otologen Clarence John Blake den human ear phonautograph. Lenkte man den Output des Leichenohrs nicht auf eine Walze, sondern auf einen Elektromagneten, besaß man ein Telephon.[20]

Wenn Helmholtz schließlich die Objektivlinse eines Mikroskops auf die vertikal schwingende Zinke einer Stimmgabel montiert und auf ein horizontal schwingendes Stärkekörnchen richtet (vgl. den Beitrag von Lenoir), wird der Autograph der Natur zur untersuchten Natur selber. Die im Mikroskop sichtbar werdende Schrift der Lissajousfiguren ist nicht die graphische Repräsentation der am Farbensehen oder am Hören der Klangfarbe beteiligten physikalischen Parameter, sie ist das Leben dieser Parameter selber. Isoliert und herauspräpariert tanzt da unterm Mikroskop, was für das Auge und das Ohr Farbe ist.

Der Tod der Referenz

Fast alle Beiträge dieses Kolloquiums befassen sich in irgendeiner Form – im Anschluß an Ian Hacking und andere – mit dem Problem der Repräsentation des Referenten im Experiment. Wir hören, wie Traube in umfangreichen Versuchsserien, in denen durch Permutation von Bedingungen Ätiologien pathologischer Phänomene ergründet werden, im Prinzip nichts anderes tut, als mit Hilfe von Chemie und Skalpell das Reale, den Leib, zu logifizieren. Eine Tatsache ist schließlich bewiesen, wenn es dem Körper unter Anleitung von Skalpell und Giften glückt, eine Argumentationsstrategie zu imitieren. Ähnlich verlieh auch im Fall von Friedreichs „krummen Bläschen“ erst ein ganzes Netz von Diskursen, ein Resonanzraum des Gesagten und des Sagbaren dem Beobachteten einen Ort im Wissen, an dem es seine Bedeutung, seinen Sinn erhielt. Und offenbar herrscht auch unter den Geschichtsschreibern des Mendelschen Experiments eine andauernde Diskussion über die Konstruktion von Tatsachen und ihre rhetorische Präsentation.

Doch wie gerade Batesons Verdacht, daß Mendels Experimente, die zum berühmten 3 : 1-Verhältnis geführt hatten, nicht so durchgeführt worden waren wie sie beschrieben wurden, zeigt, ist diese Debatte über die Konstruktion von Tatsachen viel eher eine über deren Fälschung. Die Kritik an der Interpretation statistischen Materials ist meist eine Kritik an der Vernachlässigung abweichender Ergebnisse und mithin nichts anderes als die Emphase der Möglichkeit einer vollkommenen Repräsentation des untersuchten Gegenstands (hier der Heredität), die erreichbar wäre, wenn bloß sämtlichen statistisch beobachtbaren Phänomenen eine biologische, möglichst mit dem Auge beobachtbare Ursache zugeordnet werden könnte (daher die Bedeutung des Mikroskop-Nachweises der Chromosomen).

Daher ist eine Analyse etwa der Helmholtzschen Theoriebildung, in der das Beschreibungsmodell nicht das Beschriebene manipuliert, sondern dessen Stelle einnimmt (vgl. den Beitrag von Lenoir), von einer kritischen Reflexion strukturell unmöglich zu leisten. Alle Kritik und die Kritik des Experiments par excellence bleibt einer Onto-Logik von Sein und Schein verhaftet. Der Begriff der Manipulation, der vom ideologiekritischen Diskurs gepflegt wird (oder wurde), oder der Intervention, der zugibt, daß Beobachten und Experimentieren nicht zu trennen ist, verbleibt doch im Denken der Repräsentation, insofern beide eine Präsenz des Referenten unterstellen, die jeder Repräsentation, jedem Zeichen, jeder medialen Darstellung ontologisch vorausgeht (ein schönes Beispiel für dieses Denken, für das „die Wahrheit" immer schon da und es nur eine Frage der Zeit ist, bis sie entdeckt wird, liefert der Beitrag von McLaughlin). Dabei ist das Experiment nicht zufällig das Modell für die Produktion dieses Scheins, der das wahre Sein der Dinge zugleich erscheinen läßt und verstellt. Denn das Experiment ist ja historisch der Repräsentation und der von ihr hervorgebrachten Konzeption von Gegenständlichkeit eingeschrieben. Es sei in diesem Zusammenhang nur kurz an die Grundbedingung aller modernen naturwissenschaftlichen Erkenntnis erinnert, die in Leibniz' Explizierung des principium rationis (nihil est sine ratione) als principium reddendae rationis formuliert ist. Nichts ist, ohne daß ein Grund der Erkenntnis zugestellt wird. Das Sein der Dinge ist ontologisch an den Menschen adressiert; ihre Ordnung ist zentralperspektivisch: die Dinge erscheinen allein unter der Bedingung, daß sie sich an das Subjekt eines Beobachters wenden. Daß die Gegenständigkeit der Dinge ihren Grund hat in der Vor-Stellung, ist Bedingung für das Experiment. Das Experiment als das dem Menschen Hin- und Vor-Stellen des Grundes von Seiendem ist mithin der Konstitution des Gegenstandes selber ursprünglich eingeschrieben. Wenn Erkennen prinzipiell Experiment ist und der Schein das Sein konstituiert, dann kann das Experiment nichts sein, was die Dinge in ihrem wahren authentischen Sein verändert, manipuliert. Erkennen im Zeitalter der Repräsentation heißt vorstellend-herstellend sich Dinge „einbilden". Imaginär ist also nicht das medial oder experimentell vermittelte Abbild der „Realität" im Wissen, imaginär ist die sogenannte Realität selber.

Die Forderung der Kritik nach objektiveren Methoden des Experimentierens, nach pluralistischer Vermehrung der Ursachen von Phänomenen oder nach Absicherung des Experiments durch einen allgemeinen Relativismus reicht an das Problem des Referenten/der Repräsentation also nicht heran. Jeder kritische Versuch, den Schein „zu reinigen" oder die Erkenntnis des Seins zu relativieren, setzt weiterhin die Kraft der Repräsentation voraus.

„Ausgangspunkt der Repräsentation ist ein Prinzip der Äquivalenz zwischen Zeichen und Realem [...]. Ausgangspunkt der Simulation dagegen ist die Utopie des Äquivalenzprinzips, die radikale Negation des Zeichens als Wert, sowie die Umkehrung und der Tod der Referenz. Während die Repräsentation versucht, die Simulation aufzusaugen, indem sie sie als falsche Repräsentation interpretiert, schließt die Simulation das ganze Gebäude der Repräsentation als Simulakrum ein."[21]

Bei Helmholtz' Versuch, das Farbensehen in Analogie zur Theorie der Klangfarbe als Verhältnis der Amplituden der Obertöne zu erklären, wird der Stimmgabel-Apparat zur Materialität des Signifikanten, die an die Stelle des Referenten tritt. Der Apparat ist keine Imitation, keine Verdopplung oder Parodie des Apparats im Ohr (wie Helmholtz vielleicht möchte), statt dessen „geht es um die Substituierung des Realen durch Zeichen des Realen".[22] Die Klavier-Metapher erweist sich als das, was allererst den Referenten zustellt, weil das Sein selber, mit Derrida gesprochen, metaphorisch ist.[23] Es gibt keinen Referenten jenseits der Metapher des Klaviers im Ohr, weil es das Klavier ist, daß allererst dem Hören der Klangfarben (und per analogiam dem Farbensehen) seinen „Ursprung", sein „Wesen" zustellt. Das wird um so klarer, wenn man den Beitrag von Lenoir um den Hinweis ergänzt, daß die Materialität des „Schnecken-Claviers" nicht nur Helmholtz' Stimmgabel-Resonatoren-Apparat ist, sondern schlicht das Klavier selber, in dem nicht nur die musikalischen Elemente wohnen, sondern auch das, was die Sprachlaute ausmacht, und das seit dem Ende des 18. Jahrhunderts allgemeines Äquivalent aller Instrumente und Speicher transzendentaler Signifikate ist.[24] Das „Clavier im Ohr" war „eine Vorstellung, eine Phantasie, ein Modell oder die Kehrseite der einhundert Jahre Musikerziehung an Klavieren, die über die Individuen ergangen war; angetreten, der ‚Physiologie ihres Unbewußten' ein (musikalisches) Gedächtnis, das geistige Vermögen des ‚musikalischen Hörens' und alle Subroutinen der Klavierreproduktion und der Tonvorstellung einzuprägen."[25] Wenn die klassische Definition der Realität im Zeitalter der experimentellen Bedingtheit von Gegenständen war, das zu sein, wovon man eine äquivalente Reproduktion herstellen kann, steht Helmholtz' Modell des inneren Ohres, dessen Referent eine Metapher ist, die keine ist, sondern die Materialität eines Diskurses, am Beginn des Endes der Ära der Reproduzierbarkeit, an dem Realität nicht nur das ist, was reproduziert werden kann, sondern das, was immer schon reproduziert ist: das Hyperreale.[26]

Seit dem Rückzug der Biologie aus dem zoologischen Park, dem botanischen Garten oder dem Museum ins Laboratorium[27] lebt eine kritische Experimentalwissenschaft mit der Einsicht, daß ihre Referenten mehr oder weniger fiktiv sind. Das ist nicht unbedingt beunruhigend, denn solange Experimente im intentional gerichteten Forschen des experimentierenden Subjekts transzendental begründet sind, haben ihre fiktionalen Ergebnisse zumindest eine ästhetische Realität. In diesem Sinne entdecken die kritischen Beiträge dieses Bandes die Fiktionalität der Gegenstände von Virchows, Traubes, Friedreichs oder Mendels Experimenten, deren Realität jedoch in einer intentionalen Experimentalstrategie gründet.

Der Beitrag Hans-Jörg Rheinbergers über die Identifizierung der „kleinen Partikel" des Cytoplasmas verortet die Geschichte des „Mikrosoms" dagegen jenseits von Sein und Schein. Es ist keine Geschichte mehr von intentional erfüllten Strategien, sondern von kontingenten Schnitten, zwischen denen die Zuordnung nicht intentional präfiguriert ist, sondern erst nachträglich mühsam konstruiert werden muß. Die Repräsentationen, die die Technik der Hochgeschwindigkeitszentrifugation liefert, gehen jedem Repräsentierten voraus. Es sind mithin im genauen Sinn Baudrillards Simulationen. Die Hyperrealität der zwischen Zentrifuge und Elektronenmikroskop entstandenen „Dinge" „macht Fragen nach wahr und falsch, Wirklichkeit und Schein gegenstandslos".[28] Ebensowenig werden die Dinge von einer Intention getragen und gehalten. Denn eine intentio recta des zu Repräsentierenden wird ja durch den Medienwechsel zwischen Darstellungen in situ und Darstellungen in vitro, zwischen optischen Medien, Technologien des Imaginären, und Zentrifugen, Technologien des Realen, diskontinuiert. Schmeichelt das Mikroskop unseren gestaltverliebten Augen, produziert die Zentrifuge ein Rauschen, das allein strukturierbar ist durch das Setzen willkürlicher Schnitte und nicht durch Gestalterkennung, dieser Funktion des Imaginären. Partikel sind nichts mehr, was man sieht, sondern etwas, das im Schwerefeld sedimentiert. Das Problem ist mithin das einer klassischen Medientransposition: Wie bezieht man die Ordnung der Schwerkräfte auf die Ordnung des Sichtbaren? Der nochmalige Übergang zum Elektronenmikroskop zeigt: Es gibt keine Übersetzung zwischen Medien. Was man als Mikrosomenfraktion unter den Partikeln des Cytoplasmas isoliert hat, bleibt unterm Elektronenmikroskop unauffindbar. Der Inhalt des einen Mediums, etwa des Elektronenmikroskops, ist getreu nach McLuhan immer ein anderes Medium, etwa die analytische Ultrazentrifugation, und mitnichten die Repräsentation eines Referenten. Nur was zwischen Medien kommunizierbar ist, ist überhaupt.

Baudrillard entwickelte seine Diagnose, daß wir ins hyperreale Zeitalter eingetreten seien, ausgehend u. a. von den digitalen Informationsverarbeitungsmaschinen und der Entdeckung des genetischen Codes, der DNS. Der Höhepunkt der Vernichtung der Referenzen ist die Entdeckung des „digitalen und programmatischen Zeichens, [...] dessen Struktur ein mikromolekularer Code von Kommando und Kontrolle ist".[29] Das metaphysische Heiligtum der Natur, die letzte Referenz des biologischen Experiments liegt seither diesseits der Signifikanten;

Leben ist eine Information, deren Botschaft letzten Endes nur die Wiederholung von Information zu sein scheint: Code statt Referenz. Seit die Zelle zu einer Rechenmaschine geworden ist, zu einer calculatrice, wie François Jacob schrieb,[30] ist Leben selber eine Computersimulation. Programme werden kopiert, übertragen, übersetzt (kompiliert würde man im Jargon der Programmierer sagen), gelinkt und schließlich exekutiert. Eine Archäologie der Problematisierung der Referenz wird wohl um die Materialität der Kommunikation namens Computer als historische Bedingung der Dekonstruktion der Repräsentation nicht herumkommen können. Wenn es seitdem noch einen Referenten biologischer Experimentalstrategien gibt, dann ist dieser vermutlich der Source-Code eines Programms namens LIFE.EXE.

Anmerkungen

1 Eine große Ausnahme von dieser Regel kündigt sich gerade an: T. Lenoir (Hrsg.): Writing/ Science, Stanford (im Druck).

2 Vgl. M. Foucault: Faire vivre et laisser mourir: la naissance du racisme, Les temps modernes 46, 1991, No. 535, S. 38.

3 Vgl. M. Foucault: Sexualität und Wahrheit. Bd. I: Der Wille zum Wissen, Frankfurt/M. 1979, S. 166.

4 Vgl. F. Jacob: La logique du vivant. Une histoire de l'hérédité, Paris 1970, S. 206.

5 Ebenda, S. 207.

6 É. Zola: Les Rougon-Macquart. Histoire naturelle et sociale d'une famille sous le Second Empire. Édition integrale publiée sous la direction d'Armand Lanoux. Bd. I: La fortune des Rougon, Paris 1960, S. 3 (Hinweis von Friedrich Kittler).

7 Vgl. dazu Jacob, Anm. 4, S. 205: „Pour faire naître une phénomène, il suffit de placer un être vivant, un organe, un morceau de tissu, voire un extrait, dans les conditions de milieu aussi définies que possible, puis de faire varier systématiquement chacun des paramètres du milieu. Il n'est pas exagéré de dire que, depuis lors, cette manière de procéder constitue la principale activité des laboratoires de biologie."

8 Vgl. M. Foucault: Wahnsinn und Gesellschaft. Eine Geschichte des Wahns im Zeitalter der Vernunft, 3. Aufl., Frankfurt/M. 1978, S. 545–550.

9 Vgl. M. Foucault: Die Geburt der Klinik. Eine Archäologie des ärztlichen Blicks, Frankfurt/M. – Berlin – Wien 1976, S. 149–154. Dieser Blick in die Tiefe bestimmt etwa auch die Forschung Traubes, die sich gerade auf diejenigen Krankheiten konzentriert, die durch Auskultation und Perkussion besonders gut zu diagnostizieren waren (vgl. den Beitrag von Schmiedebach). Laennec hat hier Pate gestanden.

10 1880 erschienen seine *Inquiries into human faculty and its development* (New York), 1892 sein Werk *On Fingerprints* (London – New York).

11 Vgl. Jacob, Anm. 4, S. 208.

12 Vgl. H. Freund/A. Berg (Hrsg.): Geschichte der Mikroskopie. Bd. 2: Medizin, Frankfurt/M. 1964. Außerdem: Jacob, Anm. 4, S. 131f.

13 Vgl. dazu F. A. Kittler: Aufschreibesysteme 1800/1900, München 1985, S. 89, 268.

14 Vgl. A. Kraatz: Maschinentelegraphen (= Telegraphen- und Fernsprechtechnik in Einzeldarstellungen, hrsg. von Th. Karras, Bd. 1), Braunschweig 1906. Mit Dank an Peter Berz (Berlin).

15 Vgl. H. von Amelunxen: Die aufgehobene Zeit. Die Erfindung der Photographie durch William Henry Fox Talbot, Berlin 1988.

16 Vgl. zum folgenden P. V. Trovillo: A history of lie detection, Journal of the American Institute of Criminal Law and Criminology 29, 1938/39, 848–881; 30, 1939/40, 104–119. Den Hinweis auf diesen Text verdanke ich Manfred Schneider: Liebe und Betrug. Die Sprachen des Verlangens, München – Wien 1992, S. 399f.

17 Vgl. Trovillo, Anm. 16, S. 862f.

18 Ebenda, S. 113. Über Galton und die Weiterentwicklung des Assoziationstest durch Wundt, Wertheimer, Klein und Jung vgl. S. 865–869.

19 Ebenda, S. 871, 875–880.

20 Vgl. Ch. Snyder/C. J. Blake/A. G. Bell: Otology and the telephone, The Annals of Otology, Rhinology & Laryngology, Suppl. 13, Vol. LXXXIII, July/August 1974, No. 4, Pt. 2, 3–32.

21 Vgl. J. Baudrillard: Die Präzession der Simulakra, in: ders., Agonie des Realen, Berlin 1978, S. 14.

22 Ebenda, S. 9.

23 Vgl. J. Derrida: Der Entzug der Metapher, in: V. Bohn (Hrsg.), Literatur und Philosophie. Internationale Beiträge zur Poetik, Frankfurt/M. 1987, S. 338–341.

24 Vgl. dazu W. Scherer: Klavier-Spiele. Die Psychotechnik der Klaviere im 18. und 19. Jahrhundert, München 1989, passim.

25 Ebenda, S. 182f. Hier auch Belege für die ungemeine Popularität der Vorstellung vom „Clavier im Ohr".

26 Vgl. J. Baudrillard: Der symbolische Tausch und der Tod, München 1982, S. 116.

27 Vgl. Jacob, Anm. 4, S. 199.

28 N. Bolz: Eine kurze Geschichte des Scheins, München 1991, S. 111.

29 Baudrillard, Anm. 26, S. 90.

30 Vgl. dazu M. Foucault: Croître et multiplier. „La logique du vivant" de François Jacob, Le Monde, 15/16 nov. 1970, S. 13.

Autorenverzeichnis

Dr. Soraya de Chadarevian, Department of History and Philosophy of Science, University of Cambridge

Dr. Michael Hagner, Institut für Geschichte der Medizin, Georg-August-Universität Göttingen

Dr. Friedhelm Hildebrandt, Universitäts-Kinderklinik, Albert-Ludwigs-Universität Freiburg

Prof. Dr. Timothy Lenoir, Program in the History of Science, Stanford University, Stanford, California

Dr. Ilana Löwy, INSERM, Hôpital Necker-Enfants Malades, Paris

Dr. Peter McLaughlin, Institut für Philosophie, Universität Konstanz

Prof. Dr. Christoph Meinel, Institut für Philosophie, Universität Regensburg

Prof. Dr. Robert C. Olby, Department of Philosophy, University of Leeds

Dr. Nelly Oudshoorn, Wetenschapsdynamica, Universiteit van Amsterdam

Dr. Hans-Jörg Rheinberger, Institut für Medizin- und Wissenschaftsgeschichte, Medizinische Universität zu Lübeck

Prof. Dr. Heinz-Peter Schmiedebach, Institut für Geschichte der Medizin, Ernst-Moritz-Arndt-Universität, Greifswald

Dr. Bernhard Siegert, Germanistisches Institut, Ruhr-Universität Bochum

Dr. Bettina Wahrig-Schmidt, Institut für Medizin- und Wissenschaftsgeschichte, Medizinische Universität zu Lübeck

Namenverzeichnis